1+X 职业技能等级证书（运动控制系统开发与应用）配套教材

运动控制系统开发与应用（初级）

主　编　周　军　盛　倩
副主编　史新民　丁宝杰　程晓峰
参　编　李　莉　刘　飞　吴小龙
　　　　贺喔豪　谢祥强

机械工业出版社

本书为1+X职业技能等级证书（运动控制系统开发与应用）配套教材之一，参照1+X《运动控制系统开发与应用职业技能等级标准》（初级），根据自动化设备和生产线、数控装备、机电一体化装备等制造类企业的设计、安装、调试、二次开发、操作编程、技术支持以及营销与服务等岗位所涉及职业技能要求编写而成，通过5个项目，介绍了控制器的安装、气缸与各种传感器的特性及使用、基于运动控制卡控制的三相异步电动机、步进电动机、伺服电动机的调试、运动控制卡函数库的调用编程、XYZ模组搬运流水线物料的工艺流程等内容。全书内容丰富、结构合理、理论与实践相结合。

本书可作为1+X职业技能等级证书——运动控制系统开发与应用（初级）的培训教材，也可作为职业院校机电一体化技术、电气自动化技术、机电设备维修与管理、计算机应用技术等相关专业的配套教材，还可作为自动化企业从业人员的培训用书。

为方便教学，本书配有免费电子课件、微课视频、模拟试卷及答案等，供教师参考使用。凡选用本书作为授课教材的教师，均可登录机械工业出版社教育服务网（www.cmpedu.com）网站，注册、免费下载，或来电（010-88379564）索取。

图书在版编目（CIP）数据

运动控制系统开发与应用：初级/周军，盛倩主编. —北京：机械工业出版社，2021.5（2023.10重印）
1+X职业技能等级证书（运动控制系统开发与应用）配套教材
ISBN 978-7-111-68122-9

Ⅰ.①运… Ⅱ.①周… ②盛… Ⅲ.①自动控制系统-高等职业教育-教材 Ⅳ.①TP273

中国版本图书馆CIP数据核字（2021）第080252号

机械工业出版社（北京市百万庄大街22号 邮政编码100037）
策划编辑：冯睿娟 责任编辑：冯睿娟 王 良
责任校对：张晓蓉 责任印制：常天培
北京机工印刷厂有限公司印刷
2023年10月第1版第5次印刷
184mm×260mm · 10.25印张 · 271千字
标准书号：ISBN 978-7-111-68122-9
定价：39.80元

电话服务
客服电话：010-88361066
010-88379833
010-68326294

网络服务
机 工 官 网：www.cmpbook.com
机 工 官 博：weibo.com/cmp1952
金 书 网：www.golden-book.com
机工教育服务网：www.cmpedu.com

运动控制技术综合运用了机械、电气、传感、通信、计算机以及自动化等相关技术，在工业生产中占有非常重要的地位。随着人工智能、大数据等新技术的高速发展，我国的运动控制还有很大的发展空间。

2019年，教育部、国家发展改革委等联合印发了《关于在院校实施“学历证书+若干职业技能等级证书”制度试点方案》，在职业院校和应用型本科高校部署启动了“学历证书+若干职业技能等级证书”（简称“1+X证书”）制度试点工作。“1+X证书”制度将学校学历证书和企业用人需求、职业技能等级证书有效地结合在一起，能进一步激发职业技能人才积极提升综合素质。“运动控制系统开发与应用职业技能等级证书”是“1+X证书”制度第三批试点项目。

本书可作为1+X职业技能等级证书——运动控制系统开发与应用（初级）的培训教材，也可以作为职业院校机电一体化技术、电气自动化技术、机电设备维修与管理、计算机应用技术等相关专业的配套教材，还可作为自动化企业从业人员的培训用书。

通过对本书的学习，学生应该掌握运动控制系统开发与应用初级技能，能根据工业现场需要完成自动化设备的安装调试、操作编程、运行维护以及二次开发等相关工作，能够胜任技术支持、培训、营销与服务等岗位。

教学建议如下：

项 目	理论学时	实操学时
控制器的安装	6	6
供料系统的搭建	10	12
物料输送系统的搭建	16	14
搬运系统的搭建	12	12
综合供料系统应用案例	10	10

本书由职教专家和企业专家共同担任主编，并邀请了中、高职院校专业教师、企业运动控制工程师参与编写。全书共有5个项目，其中项目1由固高派动（东莞）智能科技有限公司丁宝杰、东莞市技师学院刘飞编写，项目2由常州信息职业技术学院史新民、东莞市技师学院吴小龙编写，项目3由湖北工程职业学院程晓峰、东莞市技师学院贺曜豪编写，项目4由东莞市技师学院周军、广西电力职业技术学院谢祥强编写，项目5由固高派动（东莞）智能科技有限公司盛倩、济南职业学院李莉编写。周军、盛倩作为本书主编统筹组稿。

本书主编为《1+X运动控制系统开发与应用职业技能等级标准》主要起草者，曾多次组织国家级技能大赛，长期从事教学和管理工作，具有大量职业教育论文和相关专业教材编写经验。副主编及参编曾获得中国职工教育和职业培训协会优秀科研成果奖一等奖、国家级优秀教材奖等奖项，并多次作为全国职业院校技能大赛指导老师带领学生获奖。

本书在编写过程中得到了机械工业出版社和湖北机电学会的大力支持，同时固高派动

（东莞）智能科技有限公司卢洋、王盼、胡华波、冉秀敏、王格格，济南职业学院任国华，浙江水利水电学院姚玮，广西第一工业技术学校刘唐选、覃业彬，广西水利电力职业技术学院黎元柳，东莞市中科箐晟科技有限公司古家顺等对本书的成稿提供了硬件支持，参与了本书的书稿校对、插图绘制、微课录制等工作，在此一并表示感谢！

由于编者水平有限，书中出现不足之处在所难免，恳请广大读者予以批评指正。

编　者

目录
CONTENTS

项目 1

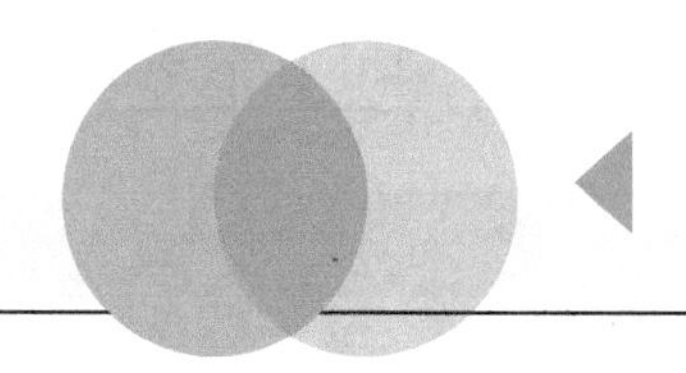

控制器的安装

任务 控制器的安装

任务引入

某工厂从固高科技购入运动控制器，应用于工业自动化设备。运动控制器可通过发送脉冲的方式控制伺服驱动器或步进驱动器来驱动伺服电动机或步进电动机，通过读取输入信号、控制输出信号来实现对继电器、传感器、气缸等 I/O 的控制。本任务具体要求如下：

以固高 8 轴运动控制器为例，认知运动控制系统的各部分组成。识别运动控制器的外形、功能特点、各信号接口及其外部设备的构成，并完成运动控制器的软硬件安装。

相关知识

一、运动控制系统的组成

运动控制
系统的组成

运动控制起源于早期的伺服控制。简单来说，运动控制就是对机械运动部件的位置、速度等进行实时的控制，使其按照预期的运动轨迹和规定的运动参数进行运动。早期的运动控制依赖于复杂的机械设计，随着电子元器件、微处理器以及通信技术的发展成熟，计算机成了主流设备，复杂、高速、高精度的运动控制可通过被称作运动控制器的特殊计算机来实现。人们可以使用运动控制器软件完成电子齿轮、电子凸轮等的设置，并运行程序，接收各轴的反馈，形成闭合回路，实现运动控制。

如图 1-1 所示，一个完整的运动控制系统包括以下七个部分：

1）人机交互接口。

2）运动控制器。

3）驱动器。

4）执行器。

5）传动机构。

6）负载。

7）反馈。

二、运动控制器

1. 概述

运动控制器是一种可编程序装置，是运动控制系统的核心组成部分，相当于人类的“大

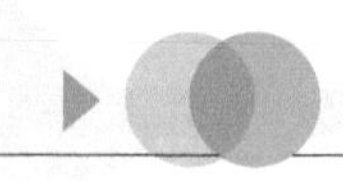

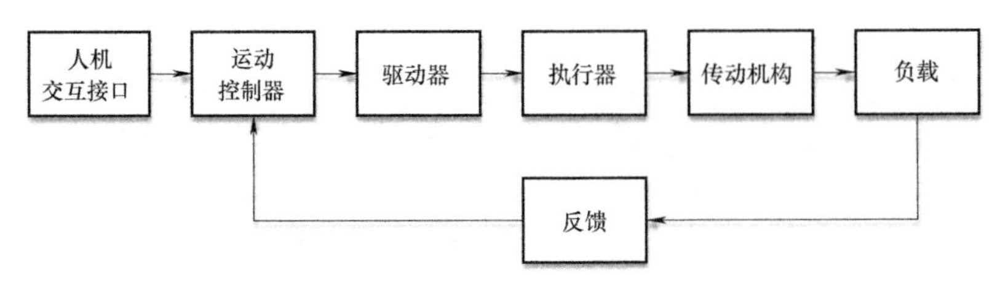

图 1-1　运动控制系统的组成

脑”。它将规划的运动曲线分配到各轴，并能够监控 I/O 信号，构成闭环回路，最终将预定的控制方案转变为期望的机械运动。本书选用固高公司生产的 GTS-800-PV-PCIe 运动控制器，可以实现高速的点位运动控制。其核心由 DSP（Digital Signal Processing）和 FPGA（Field-Programmable Gate Array）两个芯片组成，可以实现高性能的控制计算。它适用领域广泛，如机器人、数控机床、木工机械、印刷机械、装配生产线、电子加工设备、激光加工设备以及 PCB 钻铣设备等。

GTS-800-PV-PCIe 运动控制器以 IBM-PC 及其兼容机为主机，提供标准的 PCIe 总线接口产品。运动控制器提供 C 语言等函数库和 Windows 动态链接库，实现复杂的控制功能。用户能够将这些控制函数与自己控制系统所需的数据处理、界面显示、用户接口等应用程序模块集成在一起，搭建符合特定应用需求的控制系统，以适应各种应用领域的要求。

在进行运动控制系统的设备调试时，用户可通过专用调试软件完成各轴的运动模式控制，并能控制 I/O 信号的输入输出。当需要使用该运动控制器的编程控制时，要求用户具有 C 语言或 Windows 下使用动态链接库的编程经验。

2. 外形

GTS-800-PV-PCIe 运动控制器分为控制板 CN17 和转接板 CN18 两部分，两者之间通过 CN7 接口，使用扁平线缆进行连接。安装时直接将运动控制器插入计算机主机的 PCIe 插槽固定，并与端子板上对应的接口连接。

（1）控制板

GTS-800-PV-PCIe 运动控制器的控制板 CN17 如图 1-2 所示。

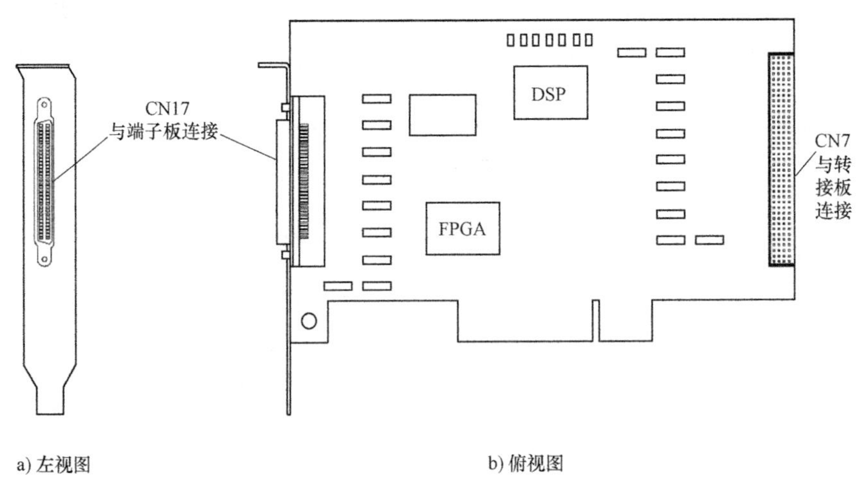

图 1-2　GTS-800-PV-PCIe 运动控制器控制板 CN17

（2）转接板

GTS-800-PV-PCIe 运动控制器的转接板 CN18 如图 1-3 所示。

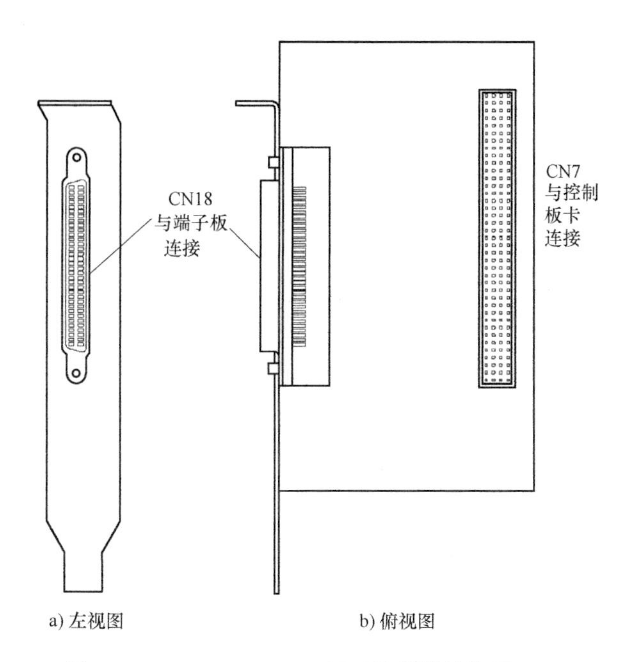

图 1-3　GTS-800-PV-PCIe 运动控制器转接板 CN18

3. 功能特点

GTS-800-PV-PCIe 运动控制器的功能列表见表 1-1。

表 1-1　GTS-800-PV-PCIe 运动控制器功能列表

功　能		PV（标准版）
伺服控制周期	125μs（不可调）	√
控制周期	250μs（不可调）	√
模拟量输出	8 路轴控，范围：-10~10V，16 位 DAC 4 路非轴，范围：0~10V，12 位 DAC	√ *
脉冲量输出	8 轴	√
编码器输入	8 路四倍频增量式，最高频率 8MHz（四倍频后）	√
辅助编码器	2 路四倍频增量式，1 路手轮接口专用 最高频率 8MHz（四倍频后）	√
手轮信号输入	1 路四倍频增量式手轮编码器输入 最高频率 10kHz（四倍频后） 7 路轴选、倍率开关输入	√
限位信号输入	每轴正负限位光耦隔离	√
原点信号输入	每轴 1 路光耦隔离	√
驱动报警信号输入	每轴 1 路光耦隔离	√
驱动使能信号输出	每轴 1 路光耦隔离	√
驱动复位信号输出	每轴 1 路光耦隔离	√
通用数字信号输入	16 路光耦隔离	√

（续）

功　　能		PV（标准版）
通用数字信号输出	16 路光耦隔离	√
位置比较输出	2 路差分位置比较输出信号	√
模拟量输入	8 路输入，电压范围：-10～10V	*
点位运动	S 曲线、梯形曲线、Jog 运动、电子齿轮运动	√
同步运动	电子凸轮运动模式	√
PT 运动	位置时间运动模式	√
PVT 运动	位置、速度和时间运动模式	√
插补运动	直线、圆弧、螺旋线等插补运动	√
运动程序	在运动控制器上直接运行程序	√
滤波器	PID+速度前馈+加速度前馈	√
扩展模块	支持数字量扩展和模拟量扩展	√
硬件捕获	编码器零位信号	√
	原点信号	√
	探针信号	√
安全措施	设置跟随误差极限	√
	设置输出电压饱和极限	√

注：“√”为具备功能；“*”为可选功能。

三、运动控制器端子板介绍

运动控制器通常具有配套的端子板，端子板是控制器与各控制信号（如电动机轴信号、编码器反馈信号、I/O 信号等）交换信息的媒介。

1. 端子板外形

本书选用的 GTS-800-PV-PCIe 运动控制器配套端子板为 8 轴端子板，其外形如图 1-4 所示。

运动控制器
端口介绍

2. 端子板接口

端子板包含轴信号、通用数字输入/输出信号、限位信号、原点信号、辅助编码器、模拟量、手轮等多种类型的接口，用来连接运动控制系统的其他组成部分，如电动机驱动器、传感器等。

（1）轴信号接口

端子板的 CN1～CN8 接口是轴信号接口。CN1～CN8 接口的引脚号说明如图 1-5 所示，其 25 针引脚定义见表 1-2。

（2）通用数字输入/输出信号、原点信号和限位信号接口

端子板 CN9、CN10 和 CN11 接口是通用数字输入/输出信号（简称通用 I/O 信号）、原点输入信号（简称 HOME）、限位输入信号（简称 LIMIT）接口。三个连接端子支持整体拆卸，在更换端子板时，松开接口两端固定螺钉可以整体拆除后接入新的端子板。三个接口的接口定义分别见表 1-3～表 1-5。

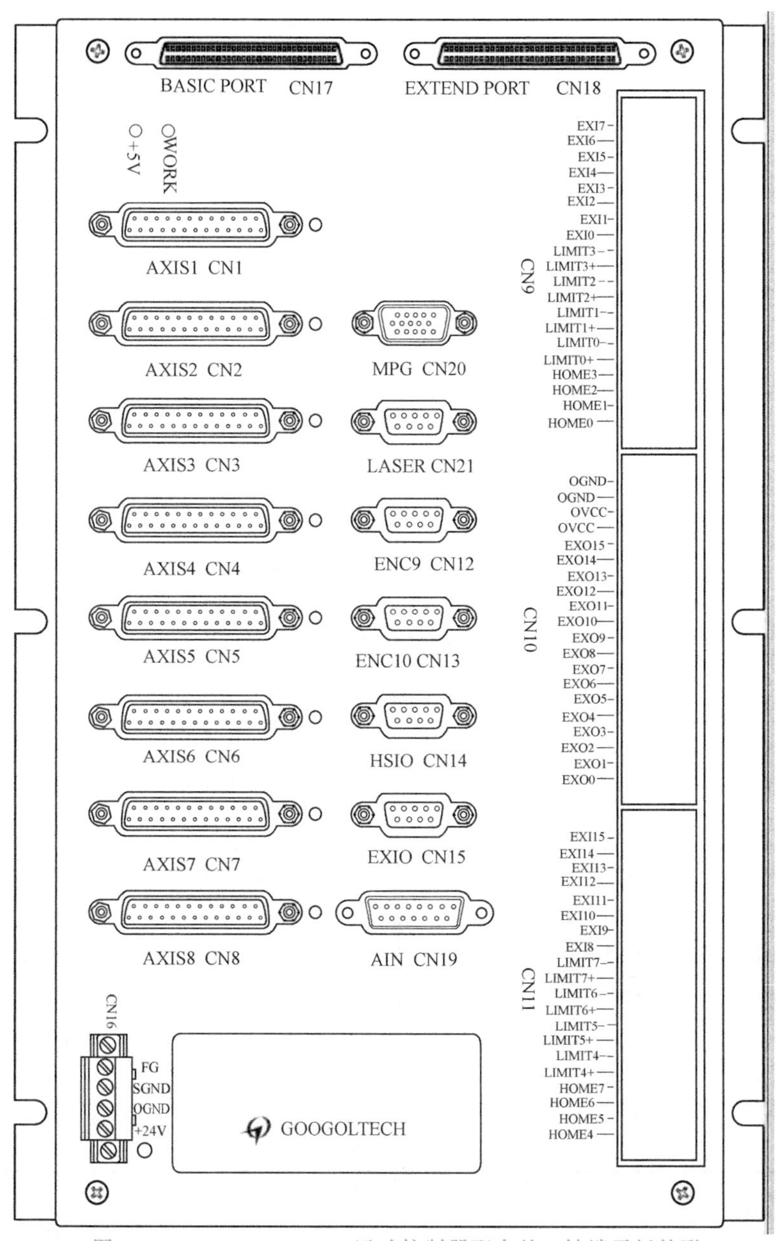

图 1-4 GTS-800-PV-PCIe 运动控制器配套的 8 轴端子板外形

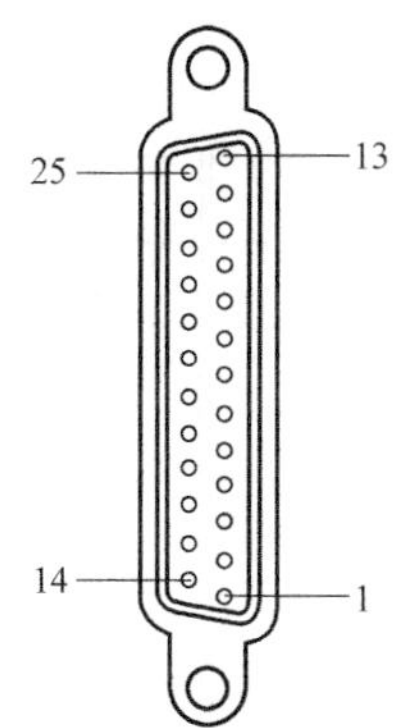

图 1-5 端子板 CN1～CN8 接口引脚号说明

表 1-2 端子板 CN1～CN8 轴信号引脚定义表

引脚	信号	说明	引脚	信号	说明
1	OGND	外部电源地	14	OVCC	+24V 输出
2	ALM	驱动报警	15	RESET	驱动报警复位
3	ENABLE	驱动允许	16	SERDY	电动机到位
4	A-	编码器输入	17	A+	编码器输入
5	B-	编码器输入	18	B+	编码器输入
6	C-	编码器输入	19	C+	编码器输入
7	+5V	电源输出	20	GND	数字地
8	DAC	模拟输出	21	GND	数字地
9	DIR+	步进方向输出	22	DIR-	步进方向输出
10	GND	数字地	23	PULSE+	步进脉冲输出
11	PULSE-	步进脉冲输出	24	GND	数字地
12	备用	备用	25	备用	备用
13	GND	数字地			

表 1-3 端子板 CN9 接口定义

引脚	信号	说明	引脚	信号	说明
1	HOME 0	1 轴原点输入	11	LIMIT 3+	4 轴正向限位
2	HOME 1	2 轴原点输入	12	LIMIT 3-	4 轴负向限位
3	HOME 2	3 轴原点输入	13	EXI 0	通用输入/探针输入
4	HOME 3	4 轴原点输入	14	EXI 1	通用输入
5	LIMIT 0+	1 轴正向限位	15	EXI 2	通用输入
6	LIMIT 0-	1 轴负向限位	16	EXI 3	通用输入
7	LIMIT 1+	2 轴正向限位	17	EXI 4	通用输入
8	LIMIT 1-	2 轴负向限位	18	EXI 5	通用输入
9	LIMIT 2+	3 轴正向限位	19	EXI 6	通用输入
10	LIMIT 2-	3 轴负向限位	20	EXI 7	通用输入

表 1-4 端子板 CN10 接口定义

引脚	信号	说明	引脚	信号	说明
1	EXO 0	通用输出	11	EXO 10	通用输出
2	EXO 1	通用输出	12	EXO 11	通用输出
3	EXO 2	通用输出	13	EXO 12	通用输出
4	EXO 3	通用输出	14	EXO 13	通用输出
5	EXO 4	通用输出	15	EXO 14	通用输出
6	EXO 5	通用输出	16	EXO 15	通用输出
7	EXO 6	通用输出	17	OVCC	+24V 供电输出
8	EXO 7	通用输出	18	OVCC	+24V 供电输出
9	EXO 8	通用输出	19	OGND	+24V 电源地
10	EXO 9	通用输出	20	OGND	+24V 电源地

表 1-5　端子板 CN11 接口定义

引脚	信号	说明	引脚	信号	说明
1	HOME 4	5 轴原点输入	11	LIMIT 7+	8 轴正向限位
2	HOME 5	6 轴原点输入	12	LIMIT 7-	8 轴负向限位
3	HOME 6	7 轴原点输入	13	EXI 8	通用输入/探针输入
4	HOME 7	8 轴原点输入	14	EXI 9	通用输入
5	LIMIT 4+	5 轴正向限位	15	EXI 10	通用输入
6	LIMIT 4-	5 轴负向限位	16	EXI 11	通用输入
7	LIMIT 5+	6 轴正向限位	17	EXI 12	通用输入
8	LIMIT 5-	6 轴负向限位	18	EXI 13	通用输入
9	LIMIT 6+	7 轴正向限位	19	EXI 14	通用输入
10	LIMIT 6-	7 轴负向限位	20	EXI 15	通用输入

（3）辅助编码器接口

端子板 CN12 和 CN13 接口是辅助编码器接口。辅助编码器接口接收 A 相、B 相和 C 相（Index）信号，不能用于捕获功能。CN12 和 CN13 接口引脚号说明如图 1-6 所示，其 9 针引脚定义见表 1-6。

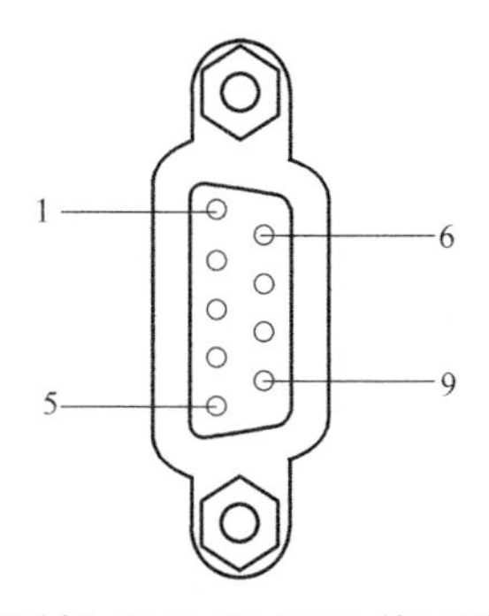

图 1-6　端子板 CN12 和 CN13 接口引脚号说明

表 1-6　端子板 CN12、CN13 接口定义

引脚	信号	说明	引脚	信号	说明
1	A+	编码器输入	6	A-	编码器输入
2	B+	编码器输入	7	B-	编码器输入
3	C+	编码器输入	8	C-	编码器输入
4	备用	备用	9	GND	数字地
5	+5V	电源输出			

（4）高速输入输出接口

端子板 CN14 接口是高速输入输出接口（简称 HSIO），有两路位置比较输出通道，对于带非轴模拟量版本，其 PIN4 和 PIN5 脚增加 DAC 输出接口。CN14 接口引脚号说明如图 1-7 所示，其 9 针引脚定义见表 1-7。

（5）模拟量接口

端子板 CN19 接口是模拟量输入（AIN）接口。有 8 路模拟量输入通道，每个通道的模拟量与控制轴（CN1～CN8）中的模拟量输入复用，同一时刻只能接其中的一路。CN19 接口引脚号说明如图 1-8 所示，其 15 针引脚定义及轴中模拟量输入关系见表 1-8。

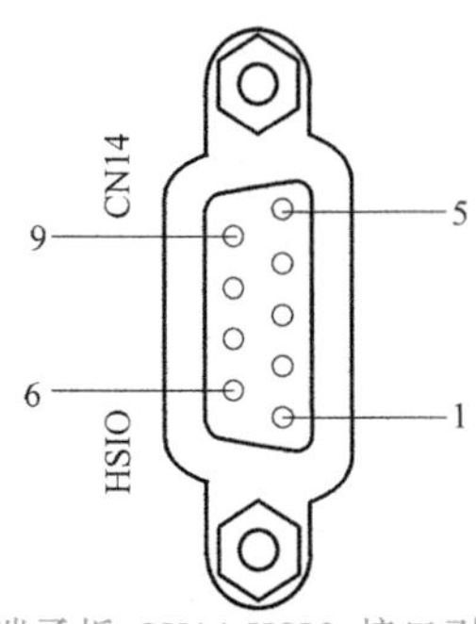

图 1-7　端子板 CN14 HSIO 接口引脚号说明

表 1-7　端子板 CN14 HSIO 接口定义

引脚	信号	说明	引脚	信号	说明
1	HSIO_A+	差分位置比较输出通道 0,复位后状态为高电平	5	+5V	5V 电源
2	HSIO_B+	差分位置比较输出通道 1,复位后状态为高电平		DAC11	非轴 DAC11 通道,范围 0~10V,复位后状态为 0V
3	备用	备用	6	HSIO_A-	差分位置比较输出通道 0,复位后状态为低电平
4	备用	备用	7	HSIO_B-	差分位置比较输出通道 1,复位后状态为低电平
	DAC12	非轴 DAC12 通道,范围 0~10V,复位后状态为 0V	8	备用	备用
			9	GND	数字地

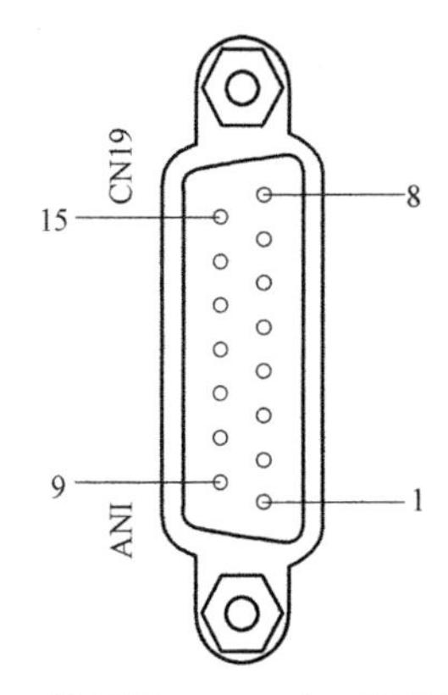

图 1-8　端子板 CN19 接口引脚号说明

表 1-8　端子板 CN19 接口定义

引脚	信号	说明	引脚	信号	说明
1	模拟量输入通道 1	模拟输入	9	GND	模拟地
2	模拟量输入通道 2	模拟输入	10	GND	模拟地
3	模拟量输入通道 3	模拟输入	11	GND	模拟地
4	模拟量输入通道 4	模拟输入	12	GND	模拟地
5	模拟量输入通道 5	模拟输入	13	GND	模拟地
6	模拟量输入通道 6	模拟输入	14	GND	模拟地
7	模拟量输入通道 7	模拟输入	15	GND	模拟地
8	模拟量输入通道 8	模拟输入			

（6）手轮接口

端子板 CN20 接口是手轮（简称 MPG）接口，其引脚号说明如图 1-9 所示。

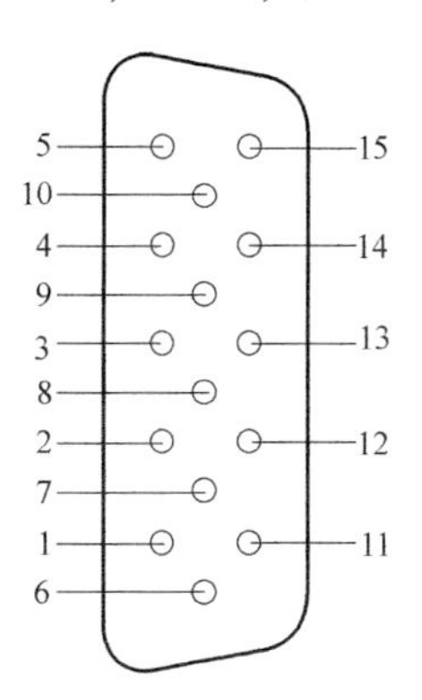

图 1-9　端子板 CN20 手轮接口引脚号说明

CN20 手轮接口有 1 路辅助编码器输入［接受 A 相和 B 相差分输入（5V 电平）］，7 路数字量 I/O 输入（默认 24V 电平，低电平输入有效）。其接口定义见表 1-9。

表 1-9　端子板 CN20 接口定义

引脚	信号	说明	引脚	信号	说明
1	OGND	+24V 电源地	9	MPGB-	编码器输入 B 负向
2	MPGI2	数字量输入	10	MPGA-	编码器输入 A 负向
3	MPGI0	数字量输入	11	MPGI6	数字量输入
4	MPGB+	编码器输入 B 正向	12	MPGI5	数字量输入
5	GND	5V 电源地	13	MPGI4	数字量输入
6	OVCC	24V 电源	14	MPGA+	编码器输入 A 正向
7	MPGI3	数字量输入	15	+5V	5V 电源
8	MPGI1	数字量输入			

四、运动控制器指示灯状态检测

1. GTS-800-PV-PCIe 运动控制器指示灯说明

GTS-800-PV-PCIe 运动控制器上包含 3 个 LED 指示灯，分别为 DSP、FPGA 和 Power（电源）的指示灯，各指示灯状态说明见表 1-10。

表 1-10　GTS-800-PV-PCIe 运动控制器指示灯说明

指示灯名称	通电后初始状态	正常工作状态	异常状态
LED1、LED3 （DSP、FPGA 状态）	快闪	快闪	不闪：卡固件出现问题，需要重新烧录固件
LED2 （Power）	常亮	常亮	不亮：检查主机或者主卡 PCIe 接口是否正常

2. 端子板指示灯状态说明

GTS-800-PV-PCIe 运动控制器端子板上包含 4 个指示灯，分别为+24V、WORK、+5V、Serve（轴使能）的指示灯，各指示灯状态说明见表 1-11。

表 1-11　GTS-800-PV-PCIe 的端子板指示灯状态说明

指示灯名称	通电后工作状态	正常工作状态
+24V	常亮	常亮
WORK	慢闪	与控制器连接之后快闪
+5V	常亮	常亮
Serve	常灭	与控制器连接之后，伺服使能打开时常亮，伺服使能关闭时常灭

任务实施

控制器的安装

一、将运动控制器插入计算机

1）首先关闭计算机电源。

2）打开计算机机箱，选择一条空闲 PCIe 插槽，用螺钉旋具卸下对应插槽的挡板条，将运动控制器可靠地插入该槽，拧紧其上固定螺钉。

3）卸下临近插槽的一条挡板条，用螺钉将转接板固定在机箱该插槽上。

4）盖上机箱盖，打开计算机电源，启动计算机。

二、安装运动控制器驱动程序

各 Windows 操作系统安装驱动程序方法基本一致，在此以 Windows10 操作系统为例进行图解说明。

1）启动计算机，硬件安装好后，进入计算机“设备管理器”界面，Windows 10 操作系统将自动检测到运动控制器（PCI 内存控制器），如图 1-10 所示。

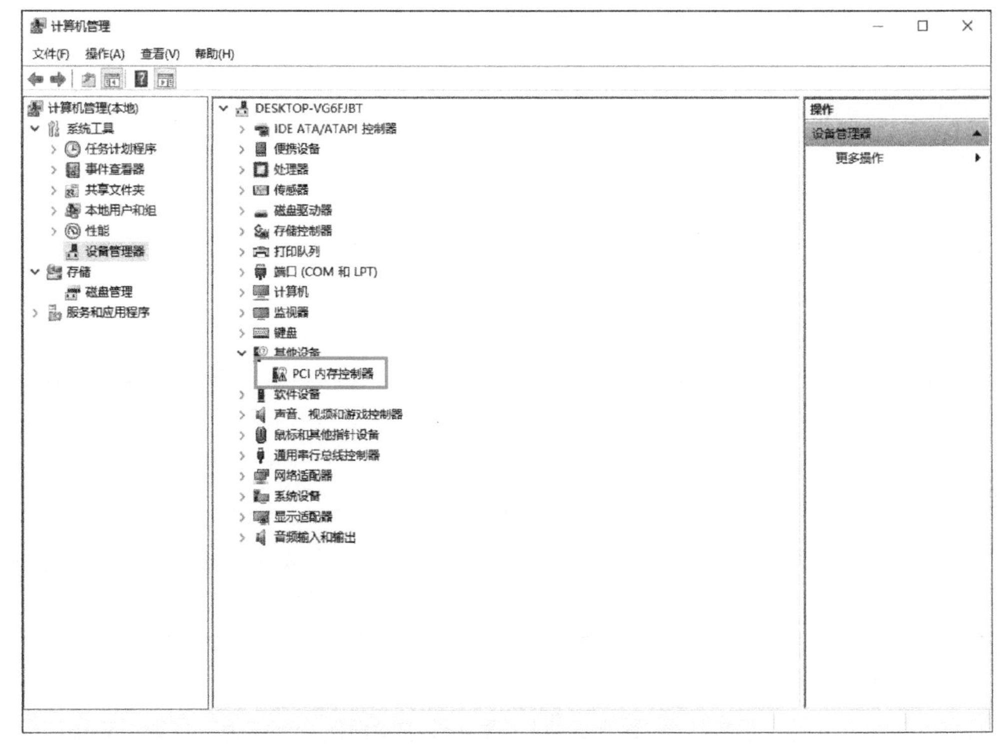

图 1-10　计算机检测到运动控制器图示

2）找到光盘中的驱动程序，将其复制到计算机中（驱动程序在光盘中的路径为“ \chinese\windows\Driver 或者\english\windows\Driver”）。示例中将驱动程序复制在 D:\ 2 GTS-PCIe\driver 路径下。

3）右击“PCI 设备”，单击“更新驱动程序软件”，显示界面如图 1-11 所示。

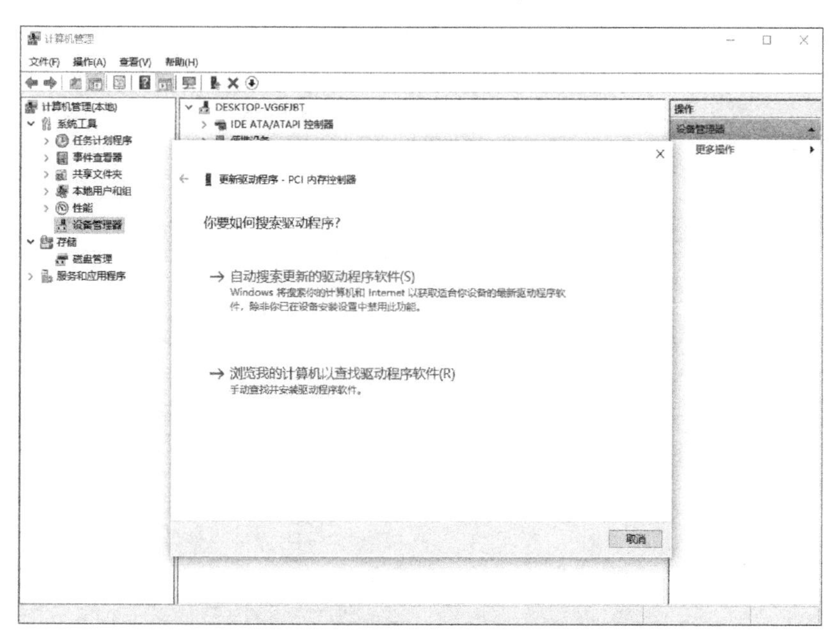

图 1-11　运动控制器驱动程序更新图示

4）在图 1-11 所示界面中，单击“浏览我的计算机以查找驱动程序软件”，在弹出的界面中单击“浏览”按钮，找到驱动程序所在的位置（本计算机为 64 位操作系统，故安装 64 位驱动程序，若用户计算机为 32 位操作系统，则安装相应的 32 位驱动程序），选中后单击“确定”按钮，如图 1-12 所示。

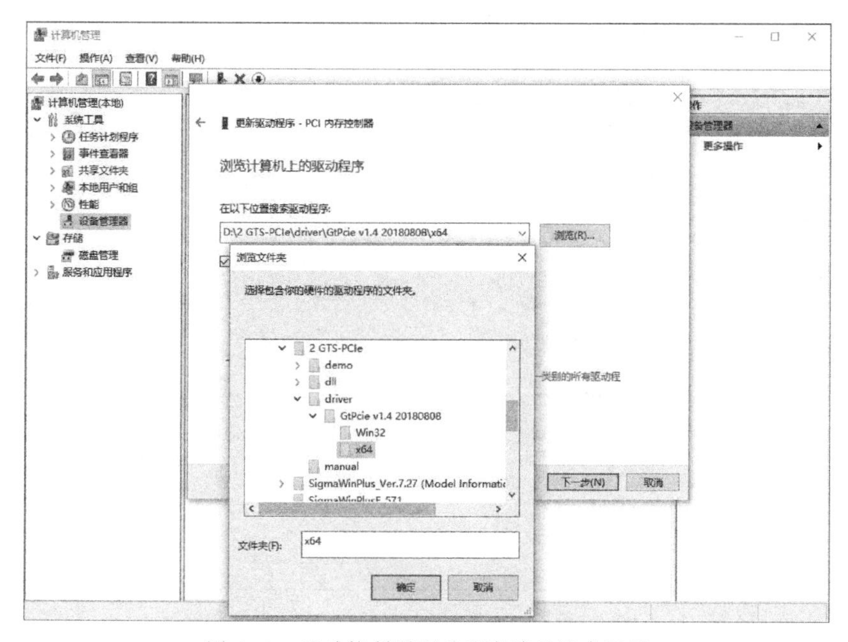

图 1-12　运动控制器驱动程序路径搜索图示

5）在找到驱动程序所在位置之后，在图 1-12 所示界面中单击“下一步”按钮，驱动程序即开始安装。

6）驱动程序安装成功后，弹出图 1-13 所示的提示界面，单击“关闭”按钮，“设备管理器”Motion Controller Drivers 分支下显示“GtPcie Device”，如图 1-14 所示，说明驱动程序已经安装成功。

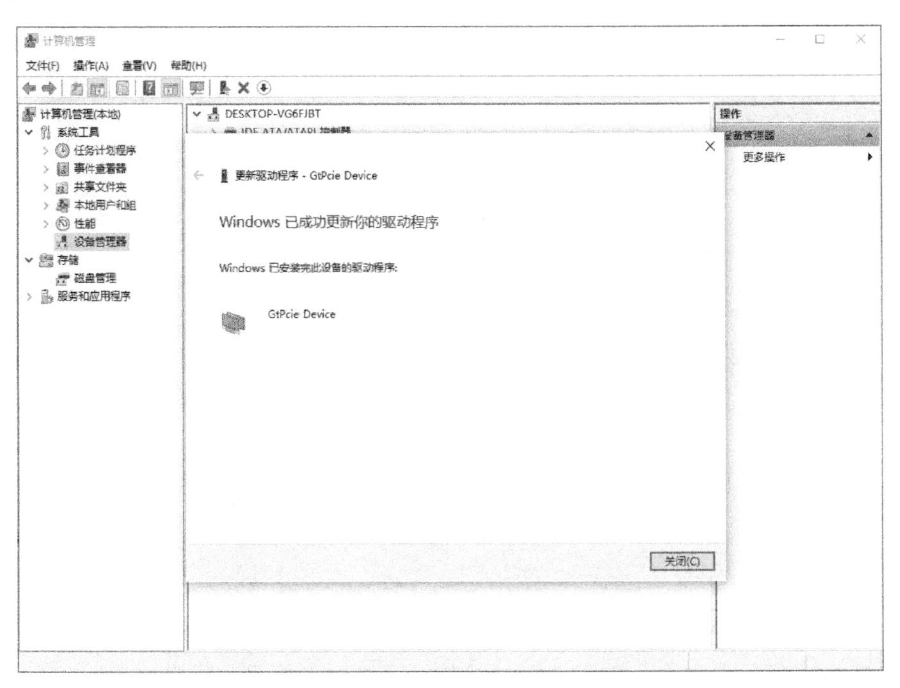

图 1-13 运动控制器驱动程序安装完成图示

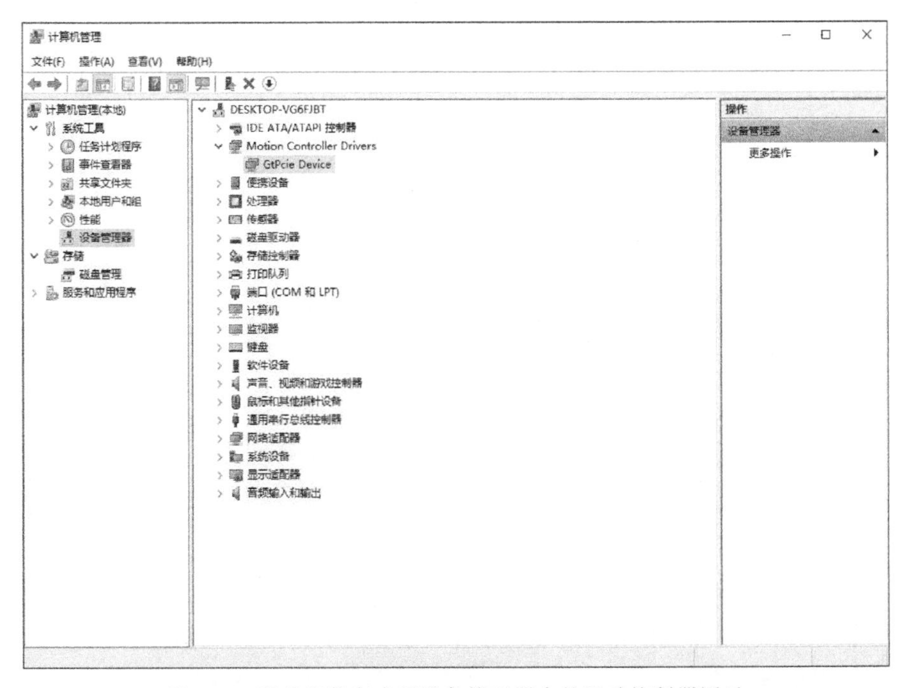

图 1-14 驱动安装完成后设备管理器中的运动控制器图示

三、建立主机和运动控制器的通信

驱动程序安装成功后，打开运动控制器系统调试软件 Motion Controller Toolkit 2008（以下简称 MCT2008），测试主机是否和运动控制器建立了联系。如果 MCT2008 能正常工作，证明运动控制器通信正常，如图 1-15 所示，否则会提示错误信息“打开板卡失败，可能原因：1 板卡没有插好；2 有其他的程序正在对板卡操作。”，如图 1-16 所示，此时请参考运动控制器说明文档确定问题所在，排除故障后重新测试。

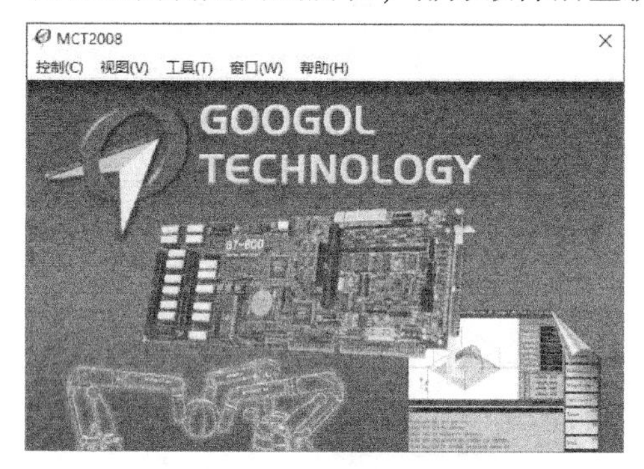

图 1-15 运动控制器通信正常软件界面

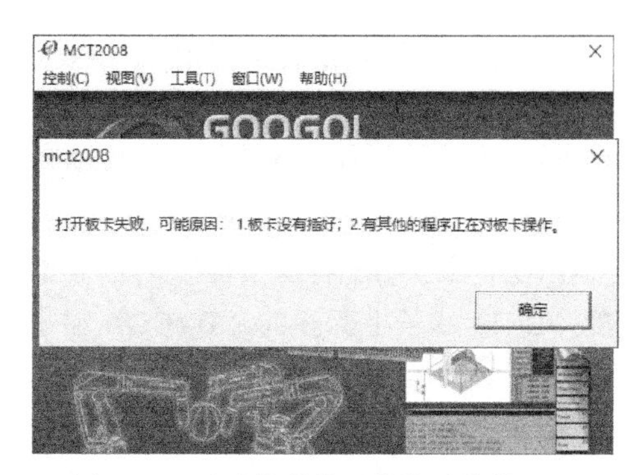

图 1-16 运动控制器通信失败软件界面

四、外部硬件接线

1. 连接运动控制器和端子板

关闭计算机电源，取出产品附带的两条屏蔽电缆。一条屏蔽电缆连接控制器的控制板 CN17 与端子板的 CN17，另一条屏蔽电缆连接转接板的 CN18 与端子板的 CN18，如图 1-17 所示。为保证外部电路正常运行，必须进行上述连接。

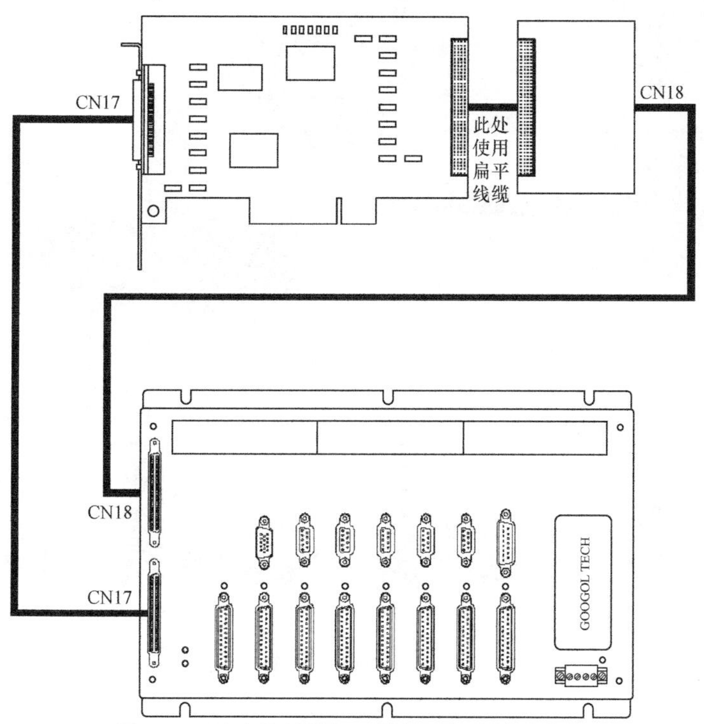

图 1-17 运动控制器与 8 轴端子板连接示意图

注意

控制器与端子板的连接电缆插头 CN17 和 CN18 为 SCSI 头，插针扁平，因此在插接 CN17 和 CN18 插头时务必要对准位置垂直插入，否则有可能造成插针弯曲变形而影响信号稳定。

2. 连接端子板电源

端子板的 CN16 端子接用户提供的外部电源，板上标有“+24V”的端子接外部电源+24V，标有“OGND”的端子接外部电源地，标有“FG”的端子接大地，“SGND”端子用于特殊情况下的信号地连接。CN10 端子上标注的“OVCC”端子在端子板内部直接与+24V 相连，接线如图 1-18 所示。

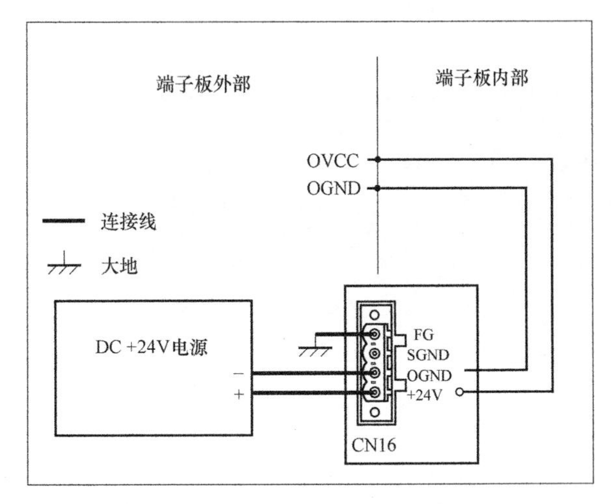

图 1-18 端子板电源连接示意图

3. 连接端子板及驱动器

根据实际控制需求将端子板及驱动器连接好。一般应用的整体连接图如图 1-19 所示。具体连接方法需认真参考运动控制器说明书以及所接外部设备的厂家资料。

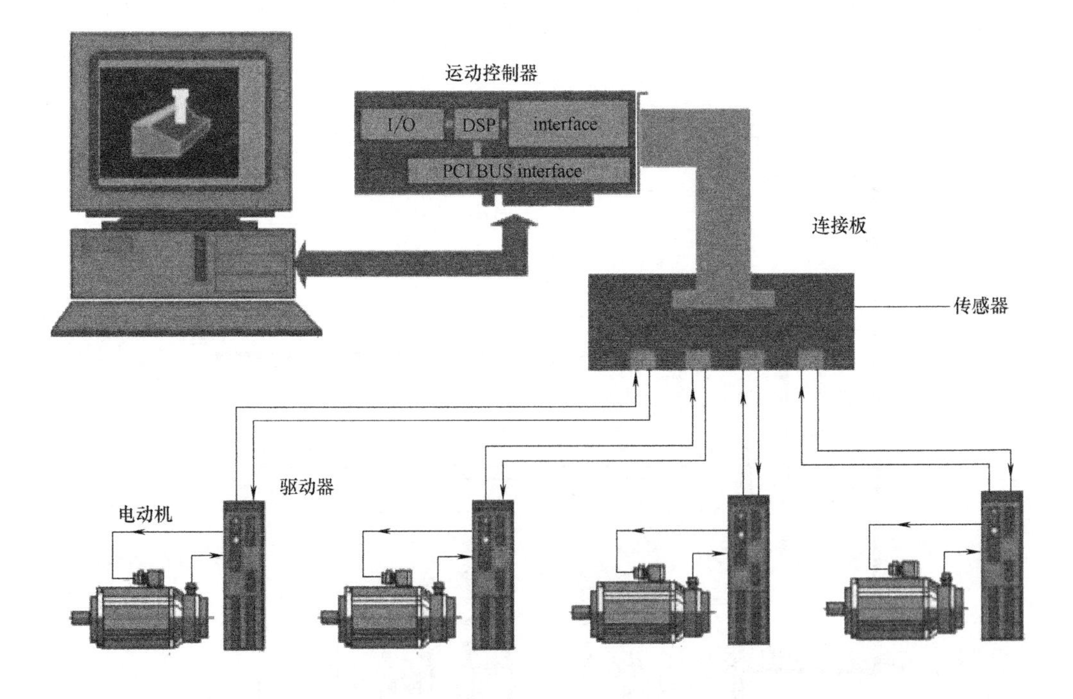

图 1-19 典型运动控制系统连接示意图

拓展知识 国内外控制器介绍

国内外控制器介绍

一、固高嵌入式控制器

1. GNC 系列嵌入式多轴网络运动控制器

GNC 系列嵌入式多轴网络运动控制器是一款基于 gLink-Ⅱ总线（固高自有知识产权）或 EtherCAT 总线的嵌入式多轴运动控制器，外形如图 1-20 所示。用户可根据自身需求，选择不同类型的轴控模块（4 轴/6 轴模块），快速搭建运动控制系统，满足其对分布式现场运动控制和控制系统柔性化的需求。gLink-Ⅱ千兆网络协议基于等环网架构，可级联的站点高达 240 个，实现多机精确跟随和同步控制。千兆协议传输速度快、信息量大，系统主站可调试和管理所有从站的控制信息和传感器信息，极大地便捷了设备调试和扩展，非常适合于数字化和智能化工厂的应用。通过控制器提供的 VC、VB、C#等开发环境下的库文件，用户可轻松实现对控制器的编程和构建自动化控制系统。

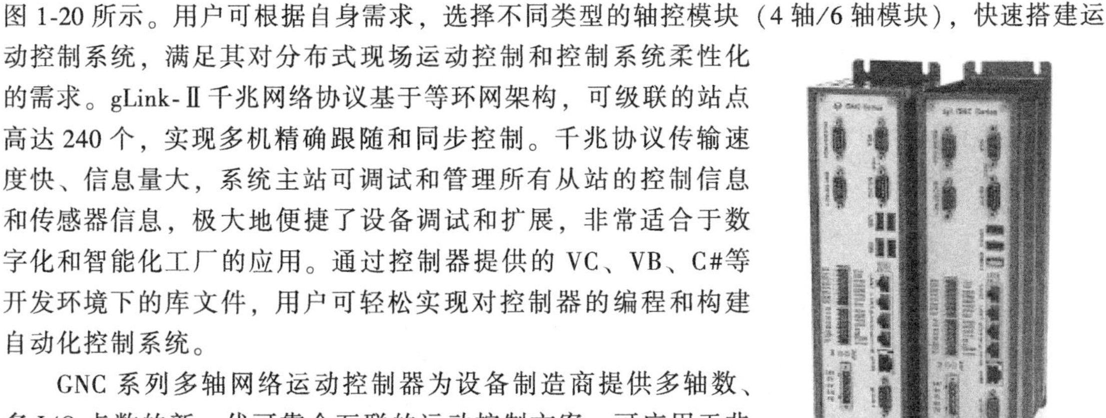

GNC 系列多轴网络运动控制器为设备制造商提供多轴数、多 I/O 点数的新一代可靠全互联的运动控制方案，可应用于非标自动化装备、3C 设备、锂电池设备、纺织、包装、流水线工作站等。

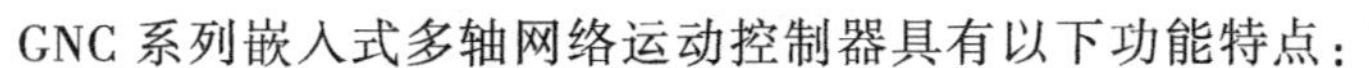

图 1-20　GNC 系列嵌入式多轴网络运动控制器外形

GNC 系列嵌入式多轴网络运动控制器具有以下功能特点：

1）16 轴/24 轴/32 轴/48 轴/64 轴同步运动控制，最短控制周期 250μs。

2）支持多轴插补、点位、Jog、电子齿轮和电子凸轮多种运动模式。

3）兼容 gLink-Ⅱ（2 个千兆以太网接口和轴控模块组网）和 EtherCAT 两种总线控制方式。

4）支持增量式编码器或绝对值编码器，或可配置多个 GNC 控制器同步控制。

5）嵌入式计算机与运动控制器无缝连接，提高用户控制系统的可靠性和稳定性。

6）支持远程诊断和分析。

7）带有加密芯片设计和断电保护功能（可选）。

2. GUC-MECHATROLINK 系列嵌入式网络运动控制器

GUC-MECHATROLINK 系列嵌入式网络运动控制器是一款基于现场总线的运动控制器，外形如图 1-21 所示。它通过 DSP 和 FPGA 进行运动规划，通过专用协议栈控制现场总线的伺服驱动器。GUC-MECHATROLINK 系列嵌入式网络运动控制器支持点位和连续轨迹、多轴同步、直线、圆弧、螺旋线、空间直线插补等运动模式。GUC-MECHATROLINK 系列使用 OtoStudio 开发环境，支持 IEC61131-3 编程标准，给计算机软件工程师和 PLC 软件工程师提供了友善的开发方式。

GUC-MECHATROLINK 系列嵌入式网络运动控制器可用于轴数较多的设备，例如 3C 设备、包装机械、印刷设备、卷绕设备等。

GUC-MECHATROLINK 系列网络运动控制器具有以下功能特点：

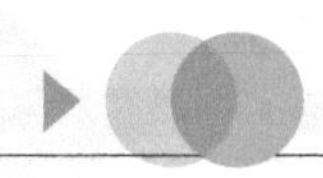

1）支持MⅡ、MⅢ总线。

2）现场总线的运动控制。

3）控制方式简单，与控制本地轴无差异。

4）支持点位（Trap）、速度（Jog）、电子齿轮（Gear）多种运动模式。

5）支持电子凸轮（Follow）、位置时间（PT）运动模式。

6）支持任意2轴直线、圆弧插补，支持任意3轴、4轴直线插补，空间螺旋线插补。

7）具有前瞻预处理算法、反向间隙补偿、螺距误差补偿。

8）可同时建立两个插补坐标系。

3. GUC-T系列嵌入式多轴运动控制器

GUC-T系列嵌入式多轴运动控制器集成了工业计算机和运动控制器，采用英特尔标准x86架构构成的CPU和芯片组为系统处理器，高性能DSP和FPGA为运动控制协调处理器，外形如图1-22所示。GUC-T系列嵌入式运动控制器提供计算机常见接口及运动控制专用接口，在实现高性能多轴协调运动控制和高速点位运动控制的同时，具备普通计算机的基本功能。通过GUC-T系列提供的VC、C#等开发环境下的库文件，用户可以轻松实现对控制器的编程，构建自动化控制系统。

图1-21　GUC-MECHATROLINK系列嵌入式网络运动控制器外形

图1-22　GUC-T系列嵌入式多轴运动控制器外形

GUC-T系列嵌入式运动控制器可用于机器人、数控机床、3C设备、固晶机、焊线机、激光切割、激光焊接、包装机械、钣金设备、木工机械、等离子/火焰切割等要求高速、高精度运动控制的设备。

GUC-T系列嵌入式运动控制器具有以下功能特点：

1）4轴/8轴运动控制。

2）DSP高速运动规划。

3）FPGA精确锁存脉冲计数，多轴同步控制。

4）支持点位（Trap）、速度（Jog）、电子齿轮（Gear）、电子凸轮（Follow）、位置时间（PT）、位置速度时间（PVT）多种运动模式。

5）支持任意2轴直线、圆弧插补，支持任意3轴、4轴直线插补，空间螺旋线插补。

6）具有前瞻预处理算法、反向间隙补偿、螺距误差补偿。

7）嵌入式计算机与运动控制器无缝连接，提高用户控制系统的可靠性和稳定性。

8）无风扇设计，可工作于恶劣环境。

4. GEM 系列智能控制器

GEM 系列智能控制器集逻辑控制、数据采集、数据分析为一体，是智能控制技术与工业互联网技术完美结合的产物，外形如图 1-23 所示。用户可以灵活插入数字量或模拟量 I/O 模块，满足不同的现场需求。GEM 系列智能控制器使用 OtoStudio 开发环境，支持 IEC61131-3 编程标准，方便用户快速进行二次开发。

GEM 系列智能控制器已广泛应用于智慧污水处理、水质在线监控、智能楼宇、智慧农业、电子信息、物联网等多个领域。

GEM 系列智能控制器具有以下功能特点：

1）使用 OtoStudio 开发平台，具有丰富的行业运控库。

2）采用 WinCE 操作系统，内置加密芯片。

3）内置“看门狗”监控芯片。

4）单机支持多达 96 路 I/O，配置灵活。

5）最多扩展 32 个 I/O（500 协议）模块。

6）具有丰富的接口：USB、RS485、LAN、eHMI、gLink-I。

7）抗干扰能力强。

8）支持远程访问、调试和控制。

9）压铸成型，造型美观。

5. GUS 系列嵌入式多轴运动控制器

GUS 系列嵌入式多轴运动控制器集成了工业计算机和运动控制器，采用英特尔 x86 架构的 CPU 和芯片组为系统处理器，高性能 DSP 和 FPGA 为运动控制协调处理器，外形如图 1-24 所示。GUS 系列嵌入式运动控制器提供计算机常见接口及运动控制专用接口，在实现高性能多轴协调运动控制和高速点位运动控制的同时，具备普通计算机的基本功能。通过 GUS 系列提供的 VC、VB、C#等开发环境下的库文件，用户可以轻松实现对控制器的编程，构建自动化控制系统。

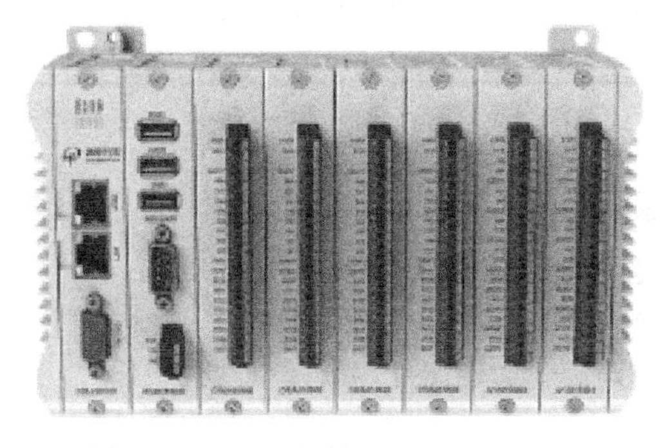

图 1-23 GEM 系列智能控制器外形图

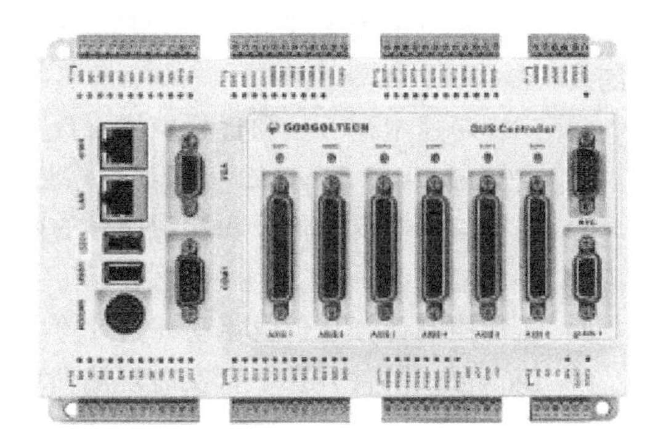

图 1-24 GUS 系列嵌入式多轴运动控制器外形

GUS 系列嵌入式运动控制器可用于机器人、数控机床、3C 设备、固晶机、焊线机、激光切割、激光焊接、包装机械、钣金设备、木工机械、等离子/火焰切割等要求高速、高精度运动控制的设备。

GUS 系列嵌入式运动控制器具有以下功能特点：

1）4 轴/6 轴运动控制。

2）DSP 高速运动规划。

3）FPGA 精确锁存脉冲计数，多轴同步控制。

4）支持点位（Trap）、速度（Jog）、电子齿轮（Gear）多种运动模式。

5）支持任意2轴直线、圆弧插补，支持任意3轴、4轴直线插补，空间螺旋线插补。

6）具有前瞻预处理算法、反向间隙补偿、螺距误差补偿。

7）嵌入式计算机与运动控制器无缝连接，提高用户控制系统的可靠性和稳定性。

8）无风扇设计，可工作于恶劣环境。

9）具有激光控制功能。

6. 拿云（Marvie）4轴/6轴驱控一体机

拿云（Marvie）4轴/6轴驱控一体机集工业机器人控制系统开发平台、运动控制器和6轴伺服驱动器于一体，体积小、功率密度高、集成度高，极大简化了用户的电气设计，提高了设备性能和可靠性，外形如图1-25所示。适用于弧焊、搬运、上下料等20kg以下六自由度机器人应用场合。开发平台基于WinCE的操作系统，满足机器人应用对实时性、安全性及稳定性的需求。该平台针对有开发能力的机器人制造商、有行业应用需求的工业客户和高校研究型机构，采用可二次开发的系统架构，为用户定制工艺、算法提供解决方案。

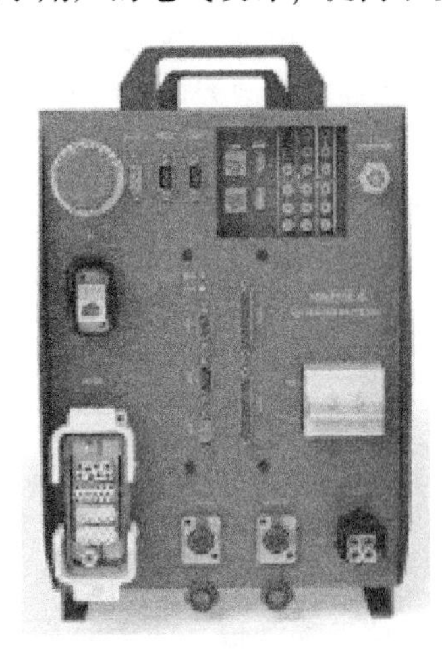

图1-25　拿云（Marvie）驱控一体机外形

拿云（Marvie）4轴/6轴驱控一体机基于工业4.0架构设计，集成的等环网协议可将现场工艺上传至固高工业云平台，帮助客户管理和使用工艺数据，实现现场设备状态监控，提高管理与生产效率。

拿云（Marvie）4轴/6轴驱控一体机具有以下功能特点：

1）集运动控制器、机器人控制系统和6轴伺服驱动于一体。

2）体积小、功率密度高、集成度高，适合20kg以下机器人。

3）采用多自由度和非线性控制算法，实现高动态响应、高精度的电流、速度及位置控制。

4）支持高速本地I/O和远程扩展I/O。

5）支持gLink-Ⅰ和gLink-Ⅱ千兆网络协议。

6）支持编码器反馈信号和抱闸信号的网络控制与传输，支持手持盒热拔插。

7）集成辅助编码器、CAN总线协议、机器视觉和串行RS232接口。

8）运动控制计算与伺服驱动环路计算完全同步。

9）OtoStudio软件开发平台实时观测曲线，轻松调试，实现固件和软件在线升级。

二、国内外不同的控制器介绍

1. 雷赛智能DMC-E3032运动控制器

DMC-E3032是雷赛智能控制股份有限公司推出的EtherCAT总线型PCI运动控制器，可控制1~32轴总线型伺服或步进电动机，亦可扩展EtherCAT总线型I/O模块以及模拟量模块，支持回原点、单轴定长、Jog运动、插补运动等运动功能。其外形如图1-26所示。

该系列产品配备有Windows操作系统下的动态链接库，方便编写自己的应用软件，且提供了功能丰富、界面友好的调试软件，无须编程即可测试控制器接口及电动机驱动系统。

DMC-E3032运动控制器具有以下功能特点：

1）可控制各种具有 EtherCAT 总线接口的设备、元件，具有 EtherCAT 总线接口的步进电动机驱动器、伺服电动机驱动器、运动控制器、I/O 块等。

2）支持单轴点位运动，运动过程中终点位置可调整、运动速度可调整。

3）支持单轴连续运动，运动过程中速度可调。

4）支持插补运动、回原点运动。

5）可控制多达 32 个 EtherCAT 节点设备。

6）可对步进电动机、伺服电动机、I/O 设备进行精密、迅速的控制，以完成自动化设备上的速度控制、轨迹控制、I/O 控制等功能。

2. 雷赛智能 SMC6490 四轴嵌入式运动控制器

SMC6490 四轴嵌入式运动控制器是雷赛自主研发的基于 10M/100M 以太网的通用型独立式运动控制器，可支持多个控制器和计算机组成控制网络，网络中控制器的数量没有限制，也可应用于各种需要脱机运行的场合。其外形如图 1-27 所示。

图 1-26　雷赛智能 DMC-E3032 运动控制器外形

图 1-27　雷赛智能 SMC6490 四轴嵌入式运动控制器外形

SMC6490 四轴嵌入式运动控制器基于嵌入式处理器和 FPGA 的硬件结构，插补算法、脉冲方向信号的输出、自动升降速的处理、原点及限位等信号的检测处理，均由硬件实现，确保了高性能运动控制的高速、高精度及系统的稳定。通过简单的编程设定即可开发出稳定可靠的高性能高速连续轨迹运动控制系统。其可控制 4 个步进或伺服电动机，具有最高 5MHz 脉冲频率、四轴直线插补、两轴圆弧插补、连续曲线插补、S 形曲线速度控制等高级功能。

SMC6490 四轴嵌入式运动控制器提供了丰富的 I/O 接口和通信接口，包括双路 PWM 控制输出、16 路隔离输入口、8 路隔离输出口，其中有两路电流增强输出，并可通过扩展接口扩展更多的 I/O 接口；一个 10M/100M 网络接口、两个 RS232 通信接口，可通过网络或 RS232 通信接口直接与计算机通信，还可以通过 RS232 通信接口连接其他设备。

SMC6490 四轴嵌入式运动控制器具有以下功能特点：

1）以太网型运动控制器，通过网络接口，可实现对多台自动化设备的控制。

2）具有手轮功能。

3）具有断电数据保持功能。

4）有 4 个编码器接口。

5）最大脉冲输出频率 5MHz。

6）4 轴直线插补、2 轴圆弧插补、连续曲线插补、螺旋插补。

7）运算速度快，在轨迹规划软件支持下，其高速轨迹控制性能较好。

8）具有功能完善的指令集，可执行 BASIC 指令、G 代码。

9）设有 PWM 输出接口、U 盘接口、触摸屏接口，使用方便。

3. 美国泰道 PMAC Clipper 运动控制器

美国泰道 PMAC Clipper（Turbo PMAC2 Eth-Lite）运动控制器是一款具备全部 Turbo PMAC 特征的运动控制器。它是一款功能强大但是又同时具备结构紧凑和超高性价比优点的多轴控制器，标准版本即带有 Ethernet、USB 和 RS232 通信接口以及内置 I/O。PMAC Clipper 运动控制器不仅采用了一个完整的 Turbo PMAC2-CPU，而且提供了一个四轴伺服或步进控制加 32 个数字 I/O 点的最小配置，控制轴数包含八轴及十二轴，I/O 可以扩展。其外形如图 1-28 所示。

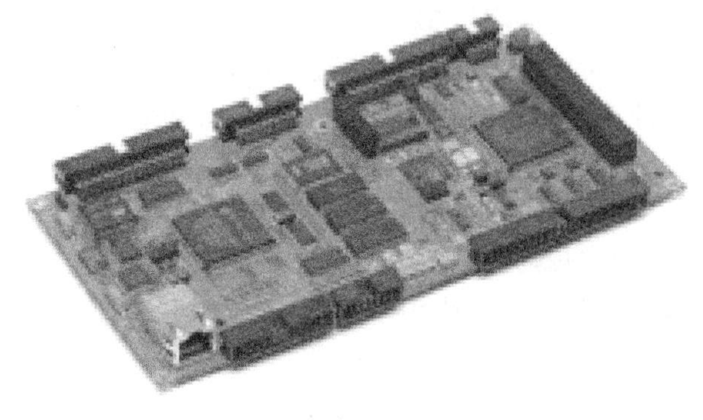

图 1-28　美国泰道 PMAC Clipper 运动控制器外形

美国泰道 PMAC Clipper 运动控制器具有以下功能特点：

1）具有 RS232 串口、100Mbit/s EtherNet 以太网接口。

2）具有 4 通道轴接口电路，每一个包括：模拟量±10V（12 位）输出、脉冲加方向数字输出、3 路标准差分/单端编码器信号输入。

3）具有 5 个标志信号输入（限位、回零、报警等），2 个标志信号输出（使能等）。

4）具有 UVW TTL-level“霍尔”输入。

5）具有 PID/陷波/前馈伺服算法。

6）提供 32 个通用的 TTL-等级 I/O 点。

7）具有 16 点多路复用器端口，兼容 Delta Tau I/O 附件。

8）具有 16 点“opto”端口，兼容 OPTO 22 形式的 I/O 模块。

9）具有两个手轮端口。

10）支持正交编码器输入。

11）支持脉冲频率调制（PFM）或脉冲宽度调制（PWM）脉冲对输出。

4. 以色列 SPiiPlusEC 运动控制器和 EtherCAT® 网络管理器

以色列 ACS 公司生产的 SPiiPlusEC 运动控制器是一款先进的运动控制器和 EtherCAT 主站，其外形如图 1-29 所示。它专门设计用于扩展 SPiiPlus 型控制器和 EtherCAT 主站的性能，以满足现代机器对运动控制器多轴控制的高性能、可扩展和分布式需求。SPiiPlusEC 的开放式架构可与 ACS 的 EtherCAT 伺服和步进电动机驱动器及 I/O 模块以及任何一款遵守 CoE（CAN over EtherCAT）协议的合格的第三方 EtherCAT 模块结合使用。

图 1-29　以色列 SPiiPlusEC 运动控制器和 EtherCAT® 网络管理器外形

SPiiPlusEC 的 EtherCAT 循环和轨迹生成频率为 1～

5kHz。ACS驱动器采用分布式时钟，以20kHz的频率执行伺服控制算法，以保证各轴之间的同步优于0.1μs。

SPiiPlusNT软件工具套件是对SPiiPlusEC的补充，其设计用于缩短上市时间，并在产品的整个生命周期内满足特定的机器要求。它可实现非常简易的自动网络设置、高速主机和嵌入式应用开发以及快速诊断。第三方驱动器的设置通过使用第三方调试工具完成。与EtherCAT网络连接之后，位置、位置误差、速度和其他实时变量可通过ACS工具查看、监控和记录。所有工具都包含内置模拟器、强大的远程访问和诊断以及快速故障恢复，从而减少培训工作量和成本。

SPiiPlusEC具有面板安装式和插卡式两种外形，具有以下功能特点：

1）最多64轴、数千个I/O。

2）多轴点对点、点动、跟随和连续多点运动。

3）带前瞻控制的多轴分段运动。

4）带PVT三次插值的任意路径。

5）三阶轨迹（S曲线）。

6）目标位置或速度的平稳动态修改。

7）运动学正反解和坐标变换（应用级）。

8）带位置和速度锁定的主站-从站（电子齿轮/凸轮）。

9）ACSPL+强大的运动语言。

10）实时程序运行。

11）最多64个同步运行的程序。

12）数控程序（G代码）。

13）C/C++、.NET和多种其他标准语言。

项目 2

供料系统的搭建

任务 2.1 硬件安装

任务引入

气动技术简介

某工厂欲在流水线平台上搭建一套供料系统，如图 2-1 所示。其主要包括推料气缸部分和料仓部分，同时加入检测传感器。具体要求如下：

气缸有伸出和完全缩回两个位置，能通过传感器获得气缸的位置状态。同时，能够检测料仓内是否有物料，并能检测物料是否放置倾斜。

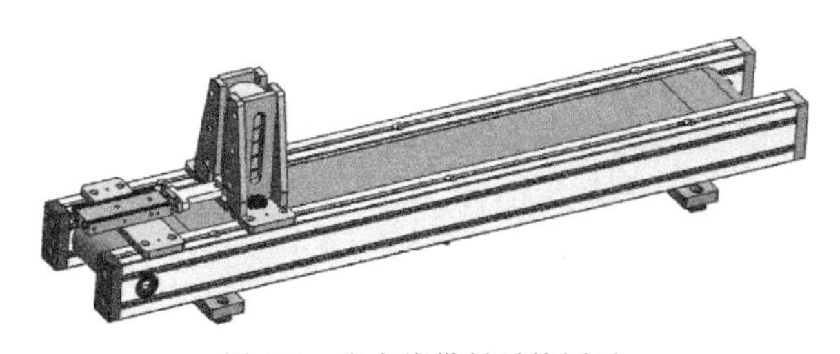

图 2-1　流水线供料系统图示

相关知识

一、气压传动技术

1. 定义

气压传动与控制技术是以压缩空气为工作介质，进行能量传递或信号传递及控制的技术，简称气压传动技术。

2. 气压传动系统的组成和工作原理

在气压传动系统中，根据气动元件和装置的不同功能，可将其分成以下四个组成部分[1]。

（1）气源装置

气源装置将原动机提供的机械能转变为气体的压力能，为系统提供压缩空气。它主要由空气压缩机构成，还配有贮气罐、气源净化处理装置等附属设备。

（2）执行元件

执行元件起能量转换作用，把压缩空气的压力能转换成工作装置的机械能。主要形式有：气缸输出直线往复式机械能、摆动气马达和气马达分别输出回转摆动式和旋转式机械能。对于以真空压力为动力源的系统，采用真空吸盘以完成各种吸吊作业。

（3）控制元件

控制元件用来对压缩空气的压力、流量和流动方向进行调节和控制，使系统执行机构按功能要求的程序和性能工作。根据完成功能不同，控制元件有很多种类，气压传动系统中一般包括压力、流量、方向和逻辑等四大类控制元件。

（4）辅助元件

辅助元件是用于元件内部润滑、排气降噪、元件间的连接以及信号转换、显示、放大、检测等所需的各种气动元件，如油雾器、消声器、管件及管接头、转换器、显示器、传感器等。

下面通过一个典型气压传动系统来理解气动系统如何进行能量及信号传递、如何实现控制自动化。下面以气动剪切机为例，介绍气压传动的工作原理。

气动剪切机系统的工作原理如图 2-2 所示。图示位置为剪切前的情况。空气压缩机 1 产生的压缩空气经后冷却器 2、分水排水器 3、贮气罐 4、分水滤气器 5、减压阀 6、油雾器 7，到达气控换向阀 9，部分气体经节流通路进入气控换向阀 9 的下腔，使上腔弹簧压缩，气控换向阀 9 的阀芯位于上端；大部分压缩空气经气控换向阀 9 后进入气缸 10 的上腔，而气缸的下腔经气控换向阀与大气相通，故气缸活塞处于最下端位置。当上料装置把工料 11 送入剪切机并到达规定位置时，工料压下行程阀 8，此时气控换向阀 9 阀芯下腔的压缩空气经行程阀 8 排入大气，在弹簧的推动下，气控换向阀 9 阀芯向下运动至下端；压缩空气则经气控换向阀 9 后进入气缸的下腔，上腔经气控换向阀 9 与大气相通，气缸活塞向上运动，带动剪刀上行剪断工料。工料剪下后，即与行程阀 8 脱开。行程阀 8 阀芯在弹簧作用下复位、出路堵死。气控换向阀 9 阀芯上移，气缸活塞向下运动，又恢复到剪断前的状态。

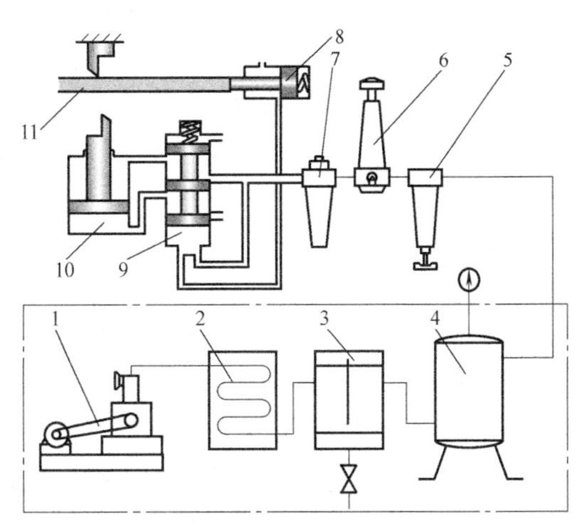

图 2-2　气动剪切机气路原理图

1—空气压缩机　2—后冷却器　3—分水排水器
4—贮气罐　5—分水滤气器　6—减压阀
7—油雾器　8—行程阀　9—气控换向阀
10—气缸　11—工料

3. 气压传动的优缺点

（1）气压传动的优点

1）使用方便。使用空气作为工作介质，取用方便，用过以后直接排入大气，不会污染环境，可少设置或不必设置回气管道。

2）系统组装方便。使用快速接头可以非常简单地进行配管，因此系统的组装、维修以及元件的更换比较简单。

3）快速性好，动作迅速反应快，可在较短的时间内达到所需的压力和速度。在一定的超载运行范围内也能保证系统安全工作，并且不易发生过热现象。

4）安全可靠。压缩空气不会爆炸或着火，在易燃、易爆场所使用不需要昂贵的防爆设施。可安全可靠地应用于易燃、易爆、多尘埃、辐射、强磁、振动、冲击等恶劣的环境中。

5）储存方便。气压具有较高的自保持能力，压缩空气可储存在贮气罐内，随时取用。即使压缩机停止运行，气阀关闭，气动系统仍可维持一个稳定的压力，故不需压缩机连续运转。

6）可远距离传输。由于空气的黏度小，流动阻力小，管道中空气流动的沿程压力损失小，有利于介质集中供应和远距离输送。空气不论距离远近，极易由管道输送。

7）能过载保护。当气动系统发生过载时，气动元件会停止不动，因此无过载的危险。

8）清洁，基本无污染。对于要求高净化、无污染的场合，如食品、印刷、木材和纺织工业等，气动的清洁性优于液压、电子、电气控制。

（2）气压传动的缺点

1）速度稳定性差。由于空气可压缩性强，气动装置的动作稳定性较差，外载变化时，对工作速度的影响较大。

2）输出力或力矩受到限制。由于工作压力低，气动装置的输出力或力矩受到限制。在结构尺寸相同的情况下，气压传动装置比液压传动装置输出的力要小得多。气压传动装置的输出力不宜大于 10~40kN。

3）信号传动速度慢。气动装置中的信号传动速度比光、电控制速度慢，所以不宜用于信号传递速度要求十分高的复杂线路中。同时实现生产过程中的遥控也比较困难，但对一般的机械设备，气动信号的传递速度是能满足工作要求的。

二、气缸

1. 概述

在气动系统中，执行元件能将压缩空气的压力能转换成机械能，从而驱动不同机械装置的运动部件。气动执行元件分为气缸和气马达两大类。气缸用于提供直线往复运动或摆动，输出力、直线速度或摆动角位移。气马达用于提供连续回转运动，输出转矩和转速。

本书选用的气动执行元件为直线气缸，用来完成直线推料动作。气缸缸筒与推杆盖压铸成一体，无杆侧端盖用弹性挡圈固定。缸体为长方形，不需要托架，不论从哪个方向都可以直接安装，故也称为自由安装型气缸。这种气缸不仅节省空间，而且安装精度非常高，使得强度增强。自由安装型气缸所占空间位置少，结构轻巧，外形美观，能承受较大的横向负载，无须安装附件，可直接安装于各种夹具和专用设备上。

2. 双轴气缸结构（往复式）

（1）外形

双轴气缸的外形如图 2-3 所示。

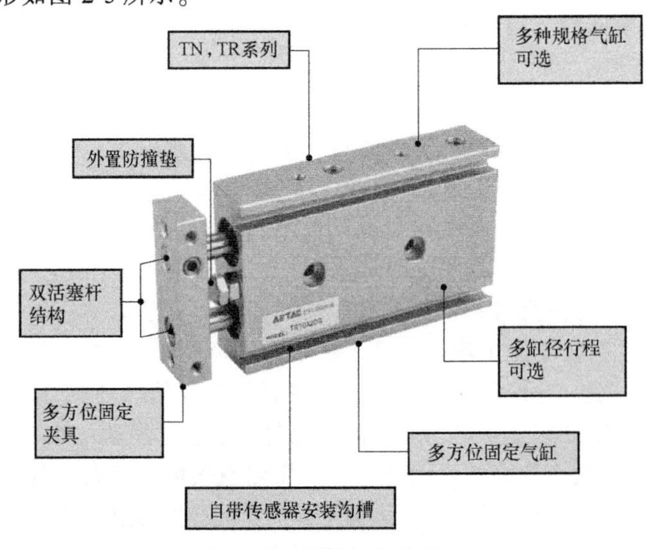

图 2-3　双轴气缸外形

(2) 内部结构及主要零件材质

双轴气缸内部结构如图 2-4 所示，包含了 19 个主要零部件，各主要零件材质见表 2-1。

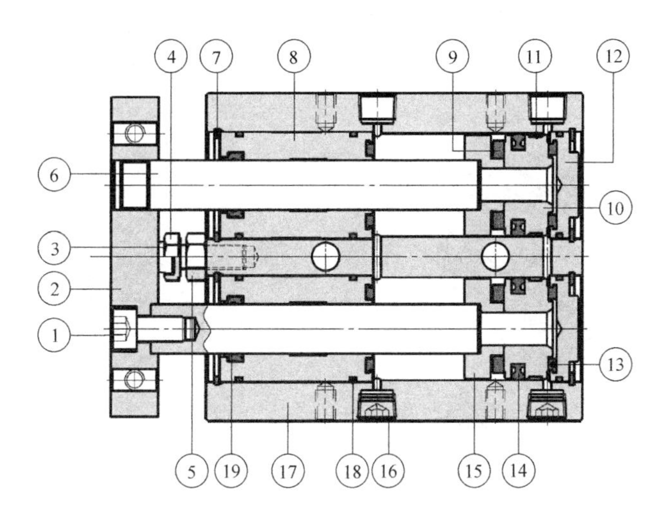

图 2-4 双轴气缸的内部结构

表 2-1 双轴气缸的主要零件材质一览表

序号	名称	材质	序号	名称	材质
①	内六角螺钉	中碳钢	⑪	耐磨垫	尼龙
②	气缸固定板	铝合金	⑫	后盖	铝合金
③	防撞垫	POM	⑬	防撞垫	TPU
④	螺钉	快削钢	⑭	活塞密封圈	NBR
⑤	螺母	中碳钢	⑮	磁铁座	SUS304/铝合金
⑥	活塞杆	中碳钢	⑯	紧定螺钉	中碳钢
⑦	C 形扣环	弹簧钢	⑰	本体	铝合金
⑧	前盖	铝合金	⑱	O 形环	NBR
⑨	磁铁	塑胶	⑲	轴心密封圈	NBR
⑩	活塞	SUS304/铝合金			

3. 型号说明

双轴气缸的型号说明如图 2-5 所示。

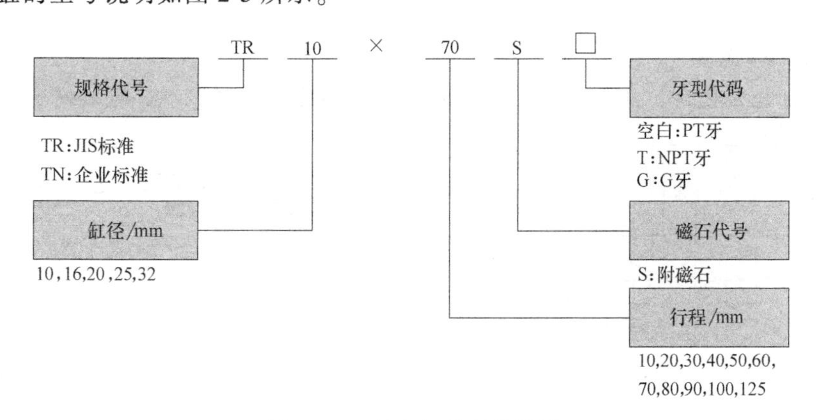

图 2-5 双轴气缸的型号说明

4. 安装与使用

（1）气缸与夹具的固定

气缸与夹具的固定如图 2-6 所示，其中图 2-6a 为夹具固定方位的示意图，图 2-6b 为气缸固定方位的示意图。

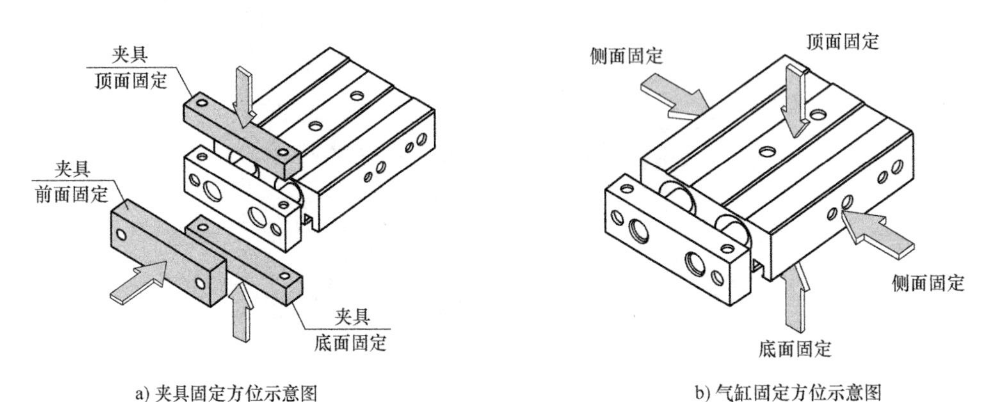

图 2-6 气缸与夹具固定示意图

（2）容许侧向负载

气缸的负载大小由其特性所决定，为保证气缸的正常使用，其侧向负载不能超过图 2-7 所示的规定值。

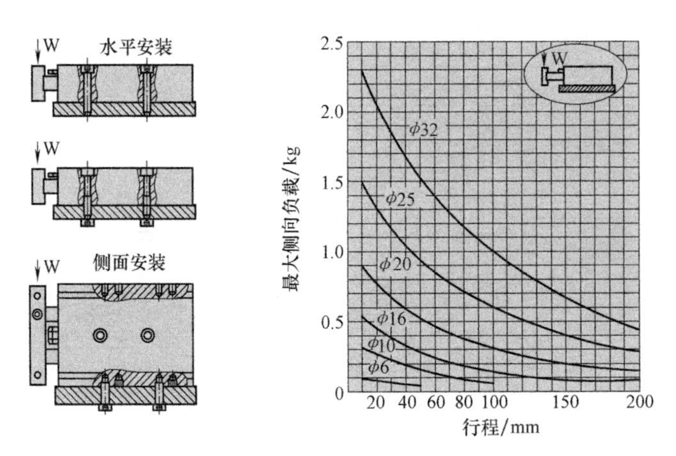

图 2-7 气缸容许侧向负载

（3）允许杆端挠度

为保证气缸正常使用，还要保证气缸活塞杆端的挠度不超过图 2-8 所示的规定值。

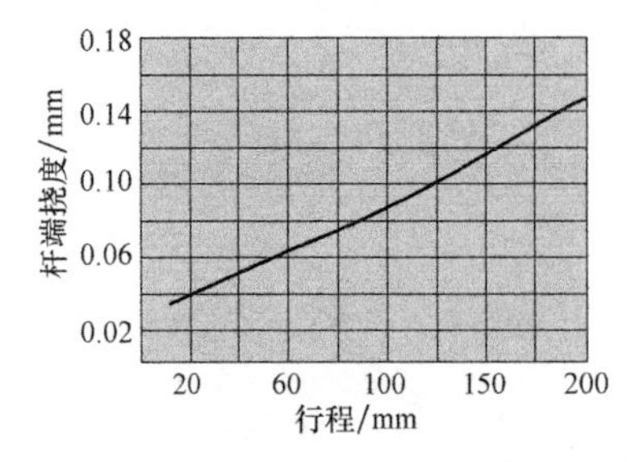

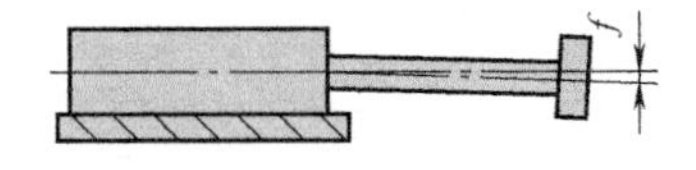

图 2-8 气缸允许杆端挠度

5. 气缸选用原则

1）工作中负载有变化时，应选用输出力充裕的气缸。

2）在高温或腐蚀性条件下，应选用相应的耐高温或耐蚀性气缸。

3）在湿度大，粉尘多，或者有水滴、油尘、焊渣的场合，气缸应采取相应的防护措施。

4）气缸接入气管前，必须清洁气管，防止杂物进入气缸内。

5）气缸使用介质应经过 40μm 以上滤芯过滤后方可使用。

6）气缸前盖及活塞均较短时，一般行程不可选择太大。

7）在低温环境下，应采取抗冻措施，防止系统中的水分冻结。

8）气缸在工作过程中应尽可能避免侧向负载，以维持气缸的正常工作和使用寿命。

9）气缸拆下长时间不使用，要注意避免生锈，进排气口应加防尘堵塞帽。

气动控制元件和辅助元件

三、电磁阀

1. 概述

在气动回路中，电磁控制换向阀的作用是控制气流通道的通、断或改变压缩空气的流动方向。主要工作原理是利用电磁线圈产生的电磁力的作用，推动阀芯切换，实现气流的换向。按电磁控制部分对换向阀推动方式的不同，可以分为直动式电磁阀和先导式电磁阀，两者的内部结构如图 2-9a、b 所示。

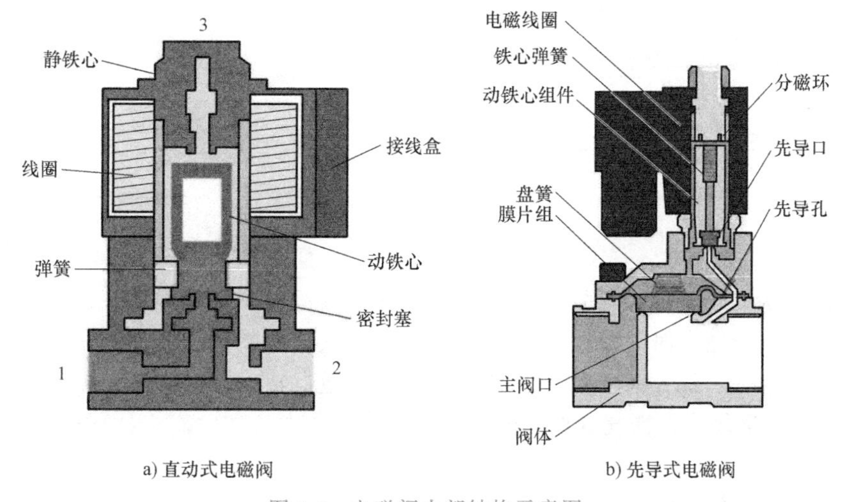

a) 直动式电磁阀　　b) 先导式电磁阀

图 2-9　电磁阀内部结构示意图

2. 直动式电磁阀工作原理

直动式电磁阀的工作原理如图 2-10 所示，通电时，电磁阀线圈产生电磁力把关闭件从阀座上提起，阀门打开；断电时，电磁力消失，弹簧力把关闭件压在阀座上，阀门关闭。特点：在真空、负压、零压时能正常工作，但通径一般不超过 25mm。

由图 2-9a 直动式电磁阀的内部结构看，当线圈通电时，静铁心产生电磁力，阀芯受到电磁力作用向上移动，密封垫抬起，使 1、2 接通，2、3 断开，阀处于进气状态，可以控制气缸动作。当断电时，阀芯靠弹簧力的作用恢复原状，即 1、2 断，2、3 通，阀处于排气状态。

3. 先导式电磁阀工作原理

先导式电磁阀利用电磁先导阀输出的先导气压推动阀芯换向，其工作原理如图 2-11 所示。通电时，电磁力把先导孔打开，上腔室压力迅速下降，在关闭件周围形成上低下高的压差，流

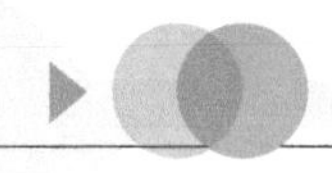

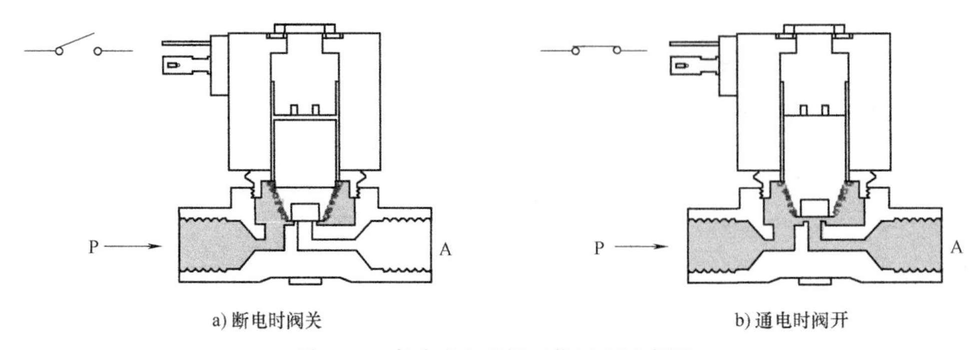

图 2-10 直动式电磁阀工作原理示意图

体压力推动关闭件移动，阀门打开；断电时，弹簧力把先导孔关闭，入口压力通过旁通孔迅速进入上腔室，在关闭件周围形成下低上高的压差，流体压力推动关闭件向下移动，关闭阀门。特点：流体压力范围上限较高，可任意安装（需定制）但必须满足流体压差条件。

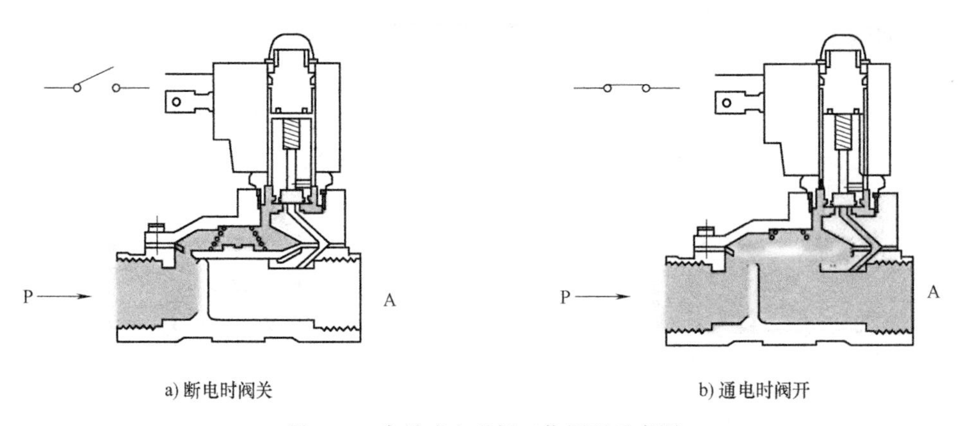

图 2-11 先导式电磁阀工作原理示意图

图 2-12 所示为两位五通先导式电磁阀（常断型）结构的简单剖视图。起始状态，1、2 进气，4、5 排气；线圈通电时，静铁心产生电磁力，使先导阀动作，压缩空气通过气路进入先导阀活塞使活塞起动，在活塞中间，密封圆面打开通道，1、4 进气，2、3 排气；当断电时，先导阀在弹簧作用下复位，恢复到原来的状态。

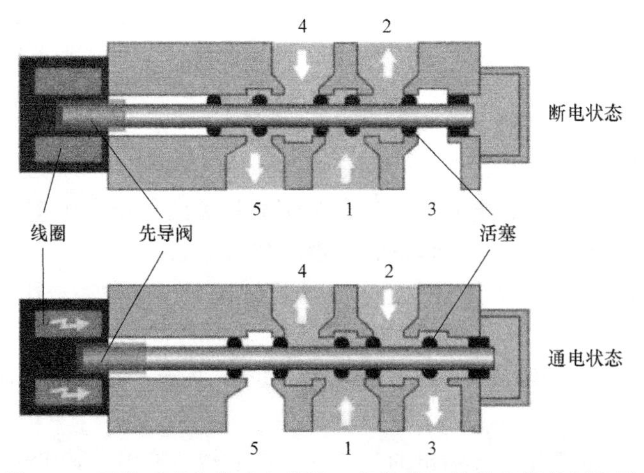

图 2-12 两位五通先导式电磁阀（常断型）结构的简单剖视图

4. 外形结构

图 2-13 所示为两位五通先导式电磁换向阀的外形。

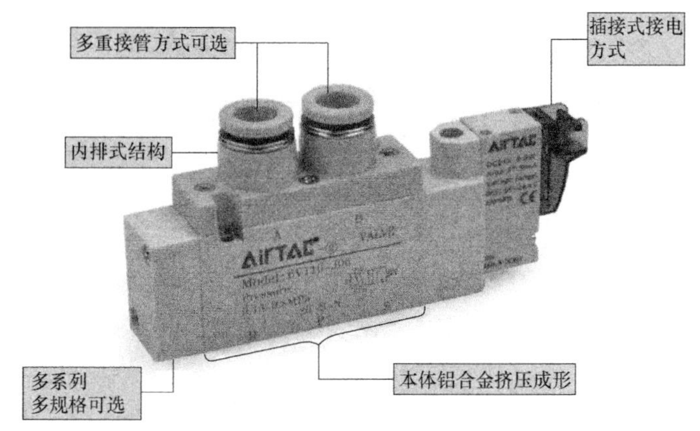

图 2-13 两位五通先导式电磁换向阀外形

5. 型号说明

电磁换向阀型号说明如图 2-14 所示。

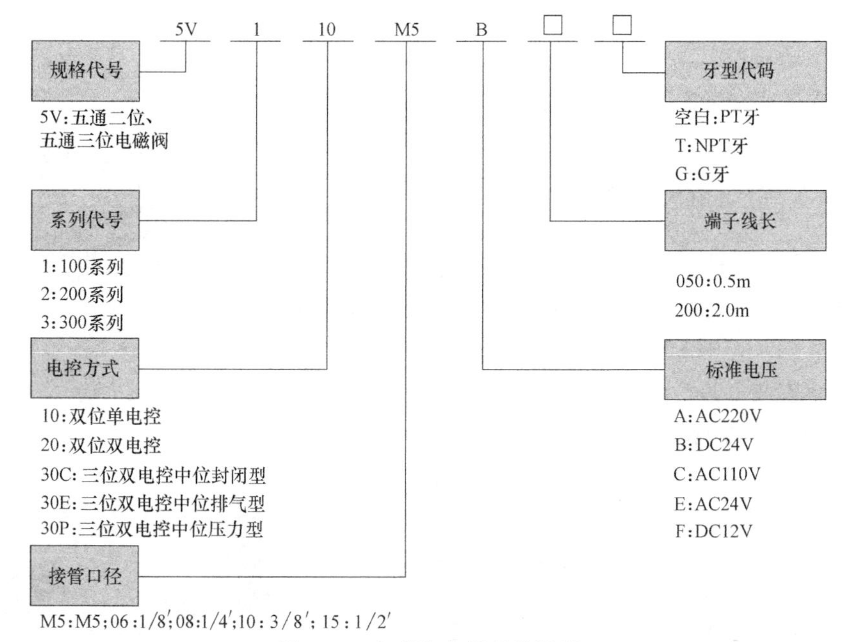

图 2-14 电磁换向阀型号说明

6. 符号

电磁换向阀根据电控方式的不同，可将其分为五种类型。图 2-15 所示分别为双位置单电控型、双位置双电控型、三位置双电控中位封闭型、三位置双电控中位排气型和三位置双电控中位压力型的符号。

7. 特性

1）功耗低，工作频率高，无须加油润滑。

2）端子式接电，先导气流集中内排，适合无污染等有特殊需求的工作场所。

3）滑柱式结构，密封性好，反应灵敏，有多重标准电压等级可供选用。

4）三位电磁阀有三种功能可供选择，双头二位置电磁阀具有记忆功能。

a) 双位置单电控型

b) 双位置双电控型

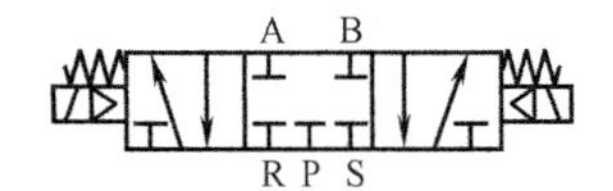

c) 三位置双电控中位封闭型

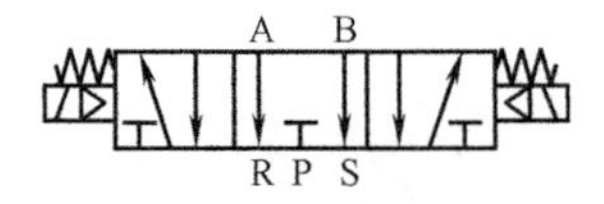

d) 三位置双电控中位排气型

e) 三位置双电控中位压力型

图 2-15　不同类型电磁换向阀符号图

5）内孔采用特殊工艺加工，摩擦阻力小，起动气压低，使用寿命长。

6）可与底座集成阀组，节省安装空间，附设手动装置，利于安装调试。

8. 安装使用

1）拿取电磁阀时切勿将其摔、掉落，以免造成电磁阀损坏。

2）因电磁先导阀为精密元件，故安装调试电磁阀时，切勿让外力碰、撞先导阀，以免造成电磁阀损坏。

3）使用时切忌随意拆解电磁阀，如因意外引起先导阀螺钉松动，请用 0.4~0.45N · m 力矩将其拧紧。

4）关于手动操作

① 手动操作时，应先确认无危险后方可让连接装置进行动作。

② 非锁定推压式使用方法如图 2-16 所示，沿箭头方向向下推压。

③ 旋具按下回转锁定式使用方法如图 2-17 所示，按下后按箭头方向旋转，若不旋转，则与非锁定推压式的使用方法相同。

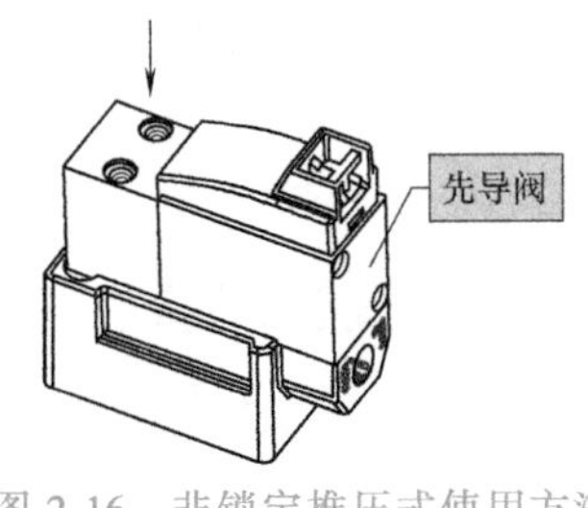

图 2-16　非锁定推压式使用方法

5）端子线安装方法分为两种：垂直端子式和平行端子式，如图 2-18 所示。两种方式共用同一个接线端子，依实际需要，插入端子线即可。

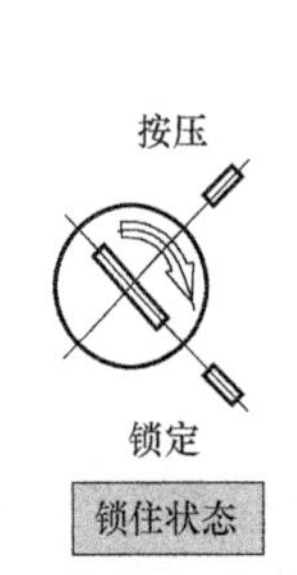

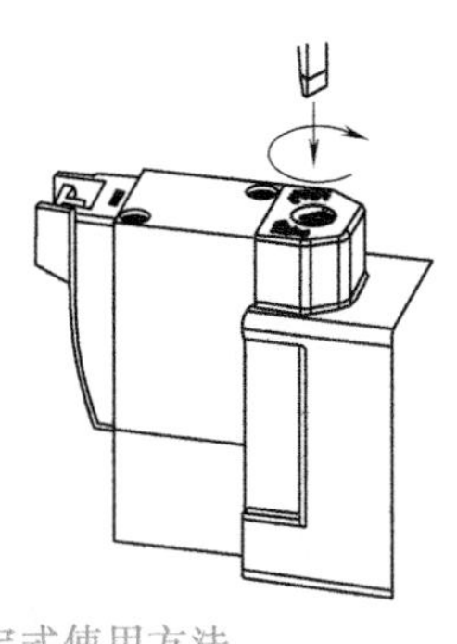
图 2-17　旋具按下回转锁定式使用方法

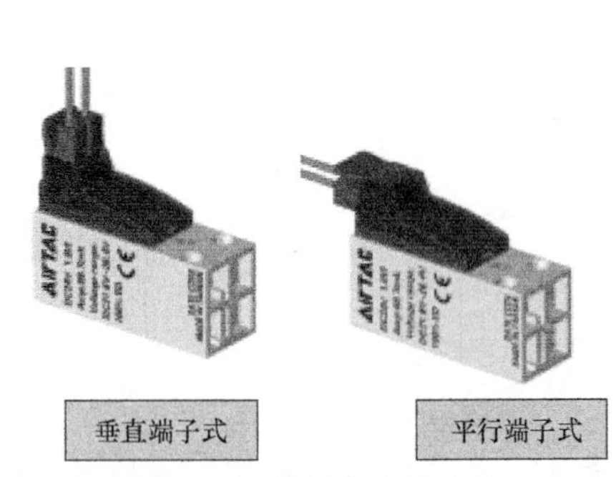

图 2-18　端子线安装方法

四、单向节流阀

1. 概述

(1) 节流阀

节流阀是通过改变阀的流通面积来调节流量的，用于控制气缸的运动速度。

在节流阀中，针形阀芯用得比较普遍。压缩空气由进气口进入，经过节流口，由排气口流出。旋转阀芯螺杆，就可改变节流口开度，从而调节压缩空气的流量。此种节流阀体积小，结构简单，经常与单向阀组合成单向节流阀，用于气路的速度调节。

(2) 单向节流阀

单向节流阀是由单向阀和节流阀组合而成的流量控制阀，它可以改变节流的截面或者节流的长度来控制流体的流量，常用于气缸的速度控制，又称速度控制阀。

单向节流阀外形与结构如图 2-19 所示。当气流沿着一个方向，由 P→A 流动时，经过节流阀节流；反方向流动时，由 A→P，则单向阀打开，不节流。单向节流阀常用于气缸的调速和延时回路中，使用时应尽可能直接安装在气缸上。

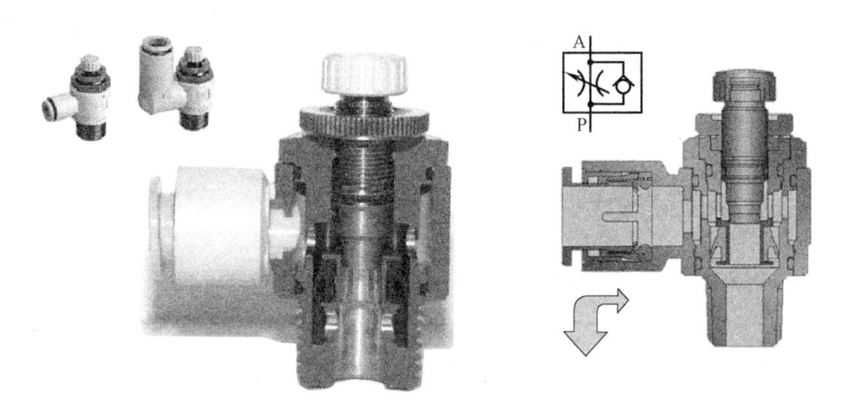

图 2-19　单向节流阀外形与结构

2. 型号说明

单向节流阀的型号说明如图 2-20 所示。

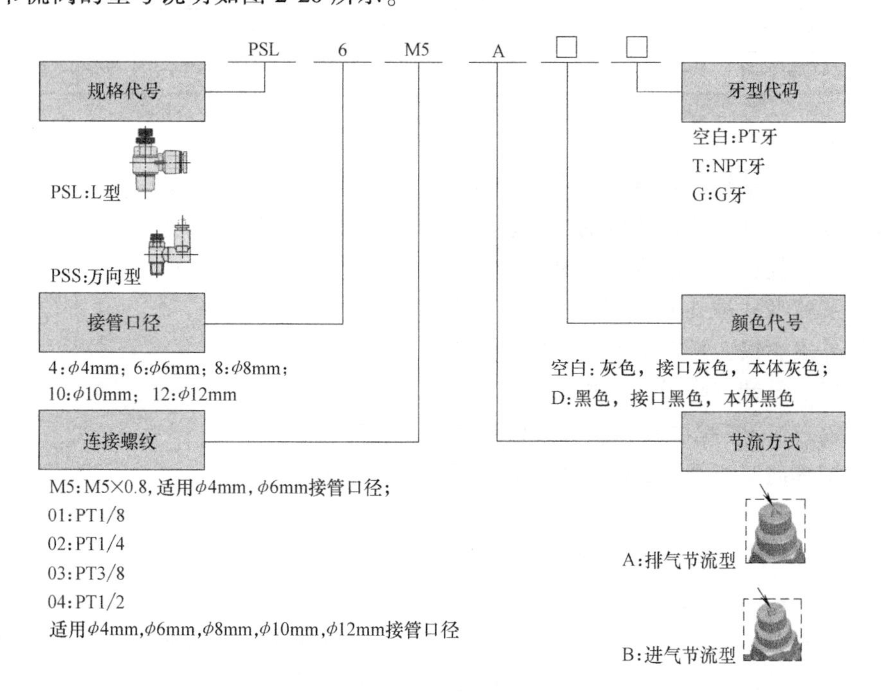

图 2-20　单向节流阀型号说明图

3. 功能符号

单向节流阀根据功能不同可分为排气节流型和进气节流型两种，其符号如图 2-21 所示。

4. 内部结构

单向节流阀的内部结构如图 2-22 所示，包含了 15 个主要零部件，各主要零件材质见表 2-2。

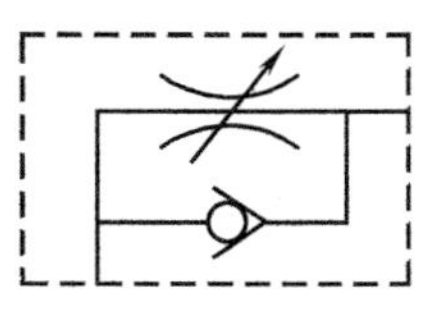

a) 排气节流型

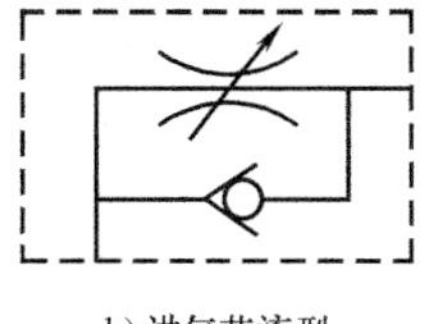

b) 进气节流型

图 2-21　单向节流阀功能符号

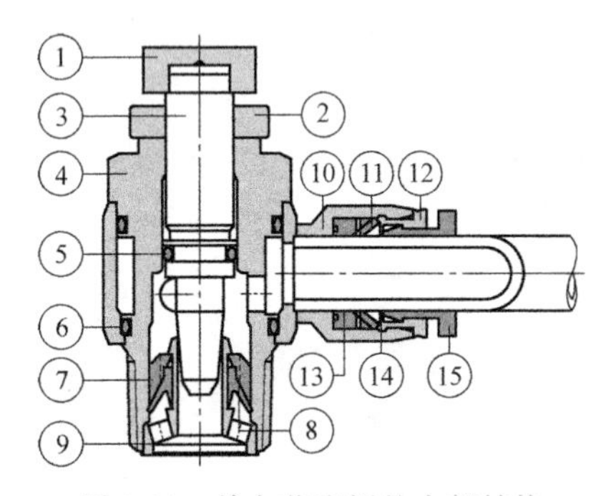

图 2-22　单向节流阀的内部结构

表 2-2　单向节流阀的主要零件材质一览表

序号	名称	材质	序号	名称	材质
①	调节帽	铝合金	⑨	节流套	黄铜/铝合金
②	锁紧帽	铝合金	⑩	塑胶本体	PBT
③	节流柱	黄铜	⑪	定位座	POM
④	节流体	黄铜	⑫	定位环	铝合金
⑤	O 形环	NBR	⑬	异形密封圈	NBR
⑥	O 形环	NBR	⑭	弹簧垫片	不锈钢
⑦	保持架	PBT	⑮	塑胶接口	POM
⑧	异形密封圈	NBR			

5. 特性

1）尺寸小，重量轻，安装时所占空间少，适用场合更广。

2）可有效控制气动执行装置的工作速度以及气压信号的传输。

3）流量特性优良，灵敏度高且易于微调。

4）排气节流型和进气节流型可选，用于各种型号执行元件。

5）铜体外表镀镍，可有效预防腐蚀和污染。

6）调节杆的设计有防脱落结构。

7）螺纹端自带 PT 螺纹胶，能有效密封螺纹连接部位。

8）万向型单向节流阀（PSS）插管方向可 360°调整插管方向。

6. 安装

气管的拔、插方法以及单向节流阀的安装示意如图 2-23 所示。

（1）气管的拔、插方法

1）插入气管。只需简单地将气管插入单向节流阀的管端，气管端面顺利通过弹簧垫片、异形密封圈直至快插接头底端面，此时弹簧垫片会牢牢锁住气管使其不易被拔出。

2）拔出气管。拔出气管前，先向下推动塑胶接口，弹簧垫片打开，这样气管才可以被拔出。注意拔出气管前，应确保气管内的气压是零。

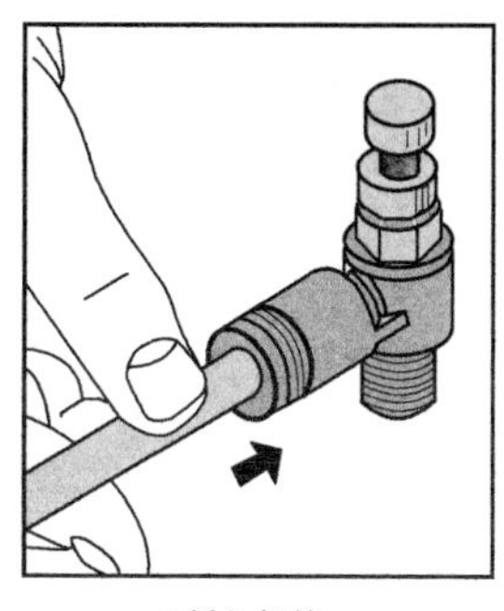
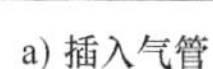
a) 插入气管

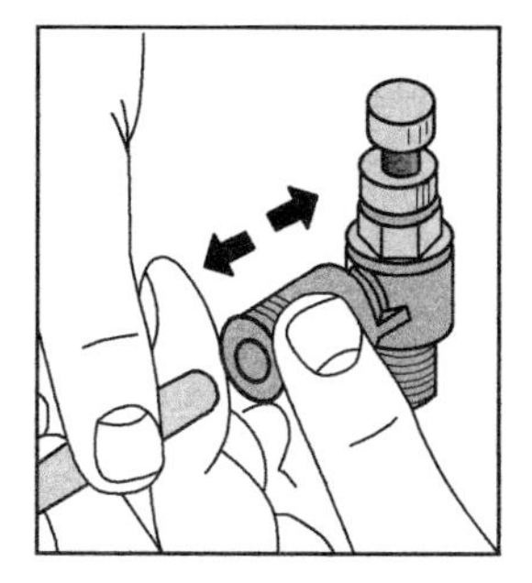
b) 拔出气管

c) 单向节流阀安装

图 2-23　气管的拔、插方法以及单向节流阀安装示意图

(2) 单向节流阀的拧入方法

采用外六角扳手按图 2-23 所示方法将单向节流阀拧入气缸进出气口即可。

7. 使用

(1) 气缸速度的调节方法

1) 确认单向节流阀处于关闭状态下，方可通入压缩空气。否则当单向节流阀处于开启状态而通入压缩空气时，气缸可能会因速度过快而飞出产生事故。

2) 单向节流阀的调节方法如图 2-24 所示。用手缓慢旋转单向节流阀，旋转后锁紧锁紧帽，即可调节气缸速度。顺时针转动可以减少通过单向节流阀的空气流量，从而降低气缸的速度；逆时针转动可以增加通过单向节流阀的压缩空气流量，从而加大气缸的速度。

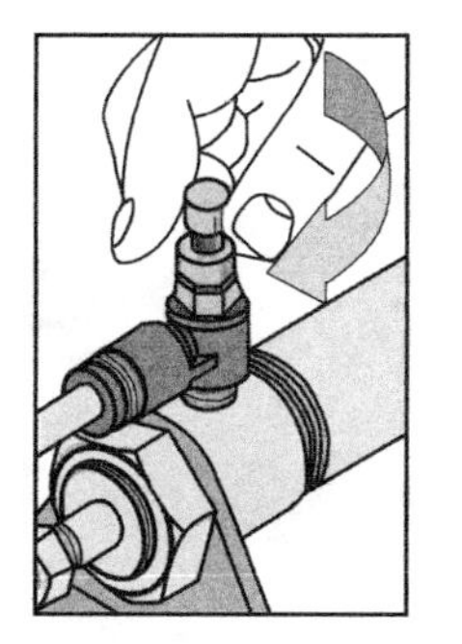
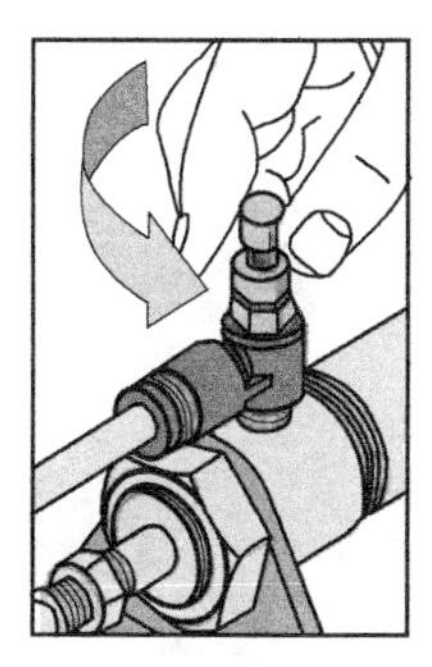

图 2-24　单向节流阀调节方法示意图

(2) 单向节流阀使用的注意事项

1) 禁止使用除手以外的其他工具转动调节帽，当调节帽处于上下两极限端位置时，不可对其施加额外外力，否则可能会对阀体造成损坏而产生漏气。

2) 单向节流阀在开关状态下允许部分内漏，故对严禁产生内漏的场合不建议使用单向节流阀。

五、辅助元件

1. PU 气管

PU 气管是将各气动元件连接构成气动回路的元件，外形如图 2-25 所示。

图 2-25　PU 气管外形

(1) PU 气管规格

PU 气管规格一般有 4.0mm×2.5mm、6.0mm×4.0mm、8.0mm×5.0mm、10.0mm×6.5mm、

12.0mm×8.0mm、16.0mm×12.0mm 等。其相应的长度一般是 0.75m、1.00m、1.50m、1.75m、2.00m。

不同厂家生产的 PU 气管的规格型号是有所不同的，在购买时要根据自己的实际需要选购对应规格的 PU 气管。

（2）PU 气管的特性

① 采用可塑性聚氨酯材料，符合 ROHS 环保要求。

② 外观漂亮，弯曲半径非常小。

③ 具有很好的耐弯曲疲劳特性。

④ 防磨损，使用期限长，适用于易磨损的环境。

⑤ 高弹性，重量轻而坚韧。

⑥ 阻尼性能好，内壁光滑，气体阻力小。

⑦ 阻燃性好，无毒无味。

2. 气动接头

气动接头是用于空气配管、气动工具的快插接头，也是不需要工具就能实现气路连通或断开的接头。气动接头按材质不同，分为塑料快插接头、全铜快插接头、铜加塑料组合快插接头等，如图 2-26 所示。螺纹有米制、寸制、美制等。国外知名的气动接头品牌有 SMC、FESTO、AIRTAC 等，国内知名品牌有 FLKCN（弗兰克）、亿日等。气动接头适用于空气管路、空压机、研磨机、空气钻、冲击扳手、气动螺钉旋具等气动工具连接使用。

图 2-26 气动快插接头

气动接头安装前应彻底检查、清洗接头管道中的粉尘等杂物，经检查合格的气动接头需吹风干燥后才能安装。应按照系统气路图进行安装，并要注意如下问题：

1）气管接头部分的几何轴线必须与气管接头的几何轴线重合，否则会产生安装应力或造成密封不好。

2）螺纹连接头的拧紧力矩要适中。既不能过紧使气管接口部分损坏，也不能过松而影响密封。

3）为防止漏气，连接前螺纹处应涂密封胶。螺纹前端 2~3 牙不涂密封胶或拧入 2~3 牙后再涂密封胶，以防止密封胶进入气路内。

3. 消声器

在气动系统中，气缸、气阀等元件工作时，排气速度较高，气体体积急剧膨胀，会产生刺耳的噪声。噪声的强弱随排气的速度、排量和空气通道的形状变化而变化。排气的速度和功率越大，噪声也越大，一般可达 100~120dB，长期在噪声环境下工作，会使人感到疲劳，工作效率低下，损害人的听力，影响人体健康，因而必须采用在排气口装消声器等方法来降低噪声。

消声器是阻止声音传播而允许气流通过的一种器件，是消除空气动力性噪声的重要措施。

消声器是安装在空气动力设备（如鼓风机、空压机、锅炉排气口、发电机、电动机、水泵等排气口噪声较大的设备）的气流通道上或进、排气系统中的降低噪声的装置。

消声器的种类很多，但究其消声机理，又可以把它们分为六种主要的类型，即阻性消声器、抗性消声器、阻抗复合式消声器、微穿孔板消声器、小孔消声器和有源消声器，其实物如图 2-27 所示。

a) BSL系列

b) BSLM系列

c) BESL系列

d) PAL系列

e) PALM系列

图 2-27　消声器实物

任务实施

本任务所搭建的供料系统整体三维模型如图 2-28 所示，其实物如图 2-29 所示。

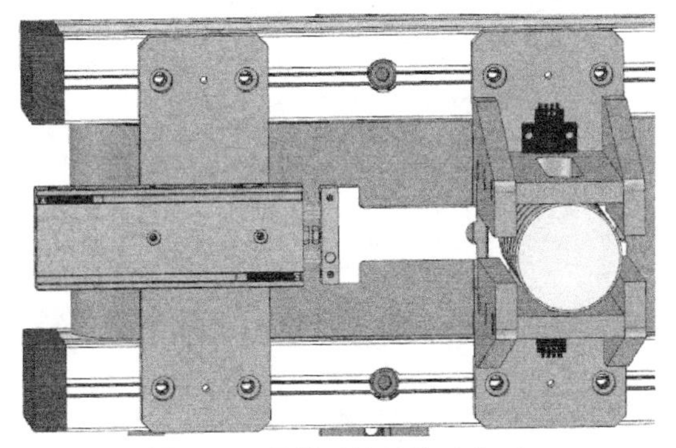

图 2-28　供料系统整体示意图

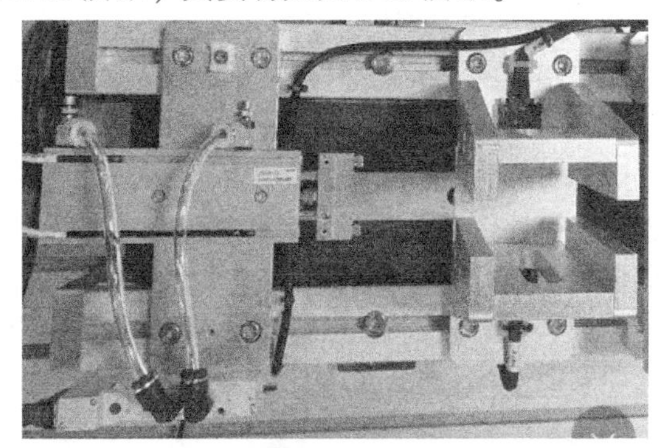

图 2-29　供料系统实物图

本任务供料系统搭建包括两部分的安装，分别是料仓与气缸的安装、传感器的安装。

一、料仓与气缸的安装

供料系统的安装

1）将料仓推杆安装到推料气缸上，如图 2-30 方框处所示。

2）将推料气缸安装板安装于型材架上，如图 2-31 方框处所示。

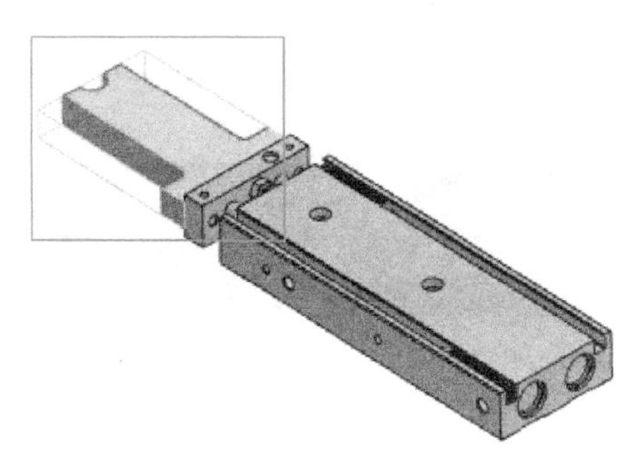

图 2-30　料仓推杆安装示意

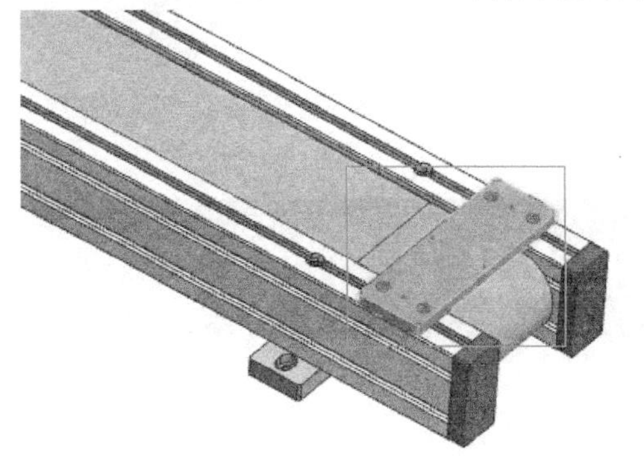

图 2-31　推料气缸安装板安装示意

3）将推料气缸安装于气缸安装板上，如图 2-32 所示。

4）将料仓固定板安装于型材架上，安装时应注意与推料气缸的间距，如图 2-33 方框处所示。

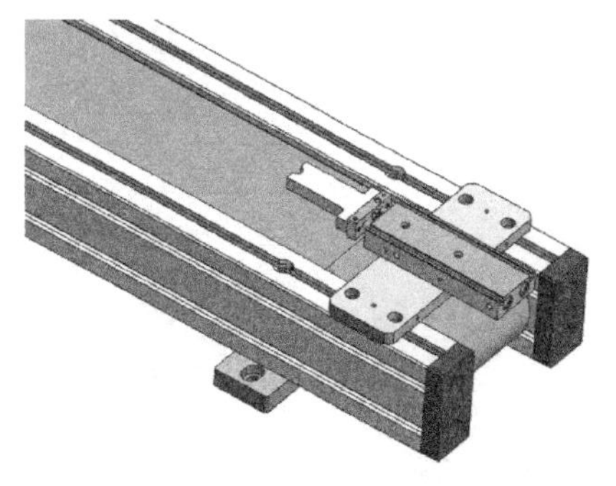

图 2-32　推料气缸安装示意

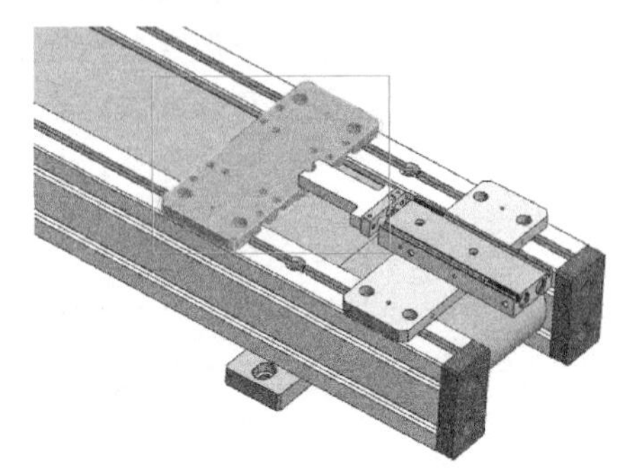

图 2-33　料仓固定板安装示意

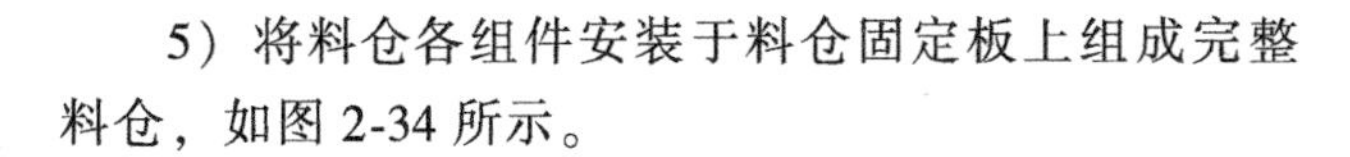

5）将料仓各组件安装于料仓固定板上组成完整料仓，如图 2-34 所示。

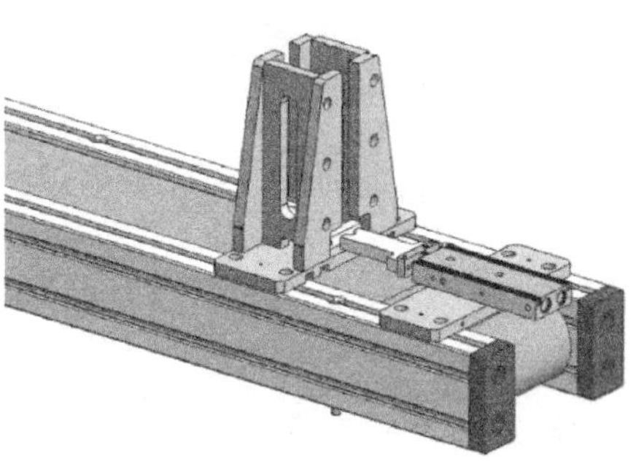

图 2-34　料仓安装示意

二、传感器的安装

传感器的安装包括推料气缸位置检测传感器和料仓物料检测传感器两部分的安装。

1）推料气缸的位置检测由两个磁性传感器完成，将两个磁性传感器放到气缸两侧的沟槽内，调整至合适位置，进行固定，如图 2-35 方框处所示。

2）将物料检测光电传感器安装于料仓相应位置，如图 2-36 方框处所示，至此整个供料系统即安装完成。

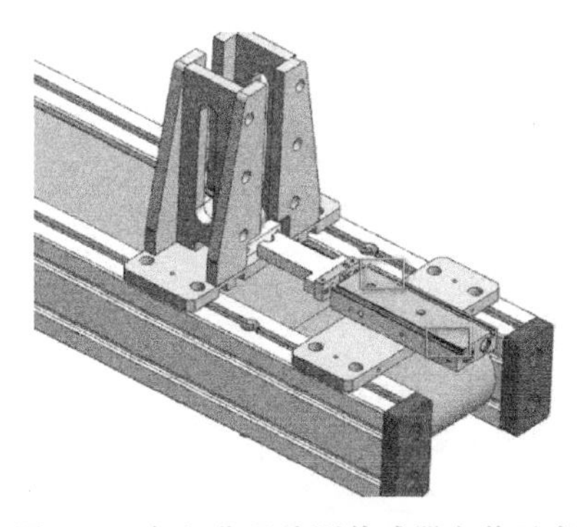

图 2-35　气缸位置检测传感器安装示意

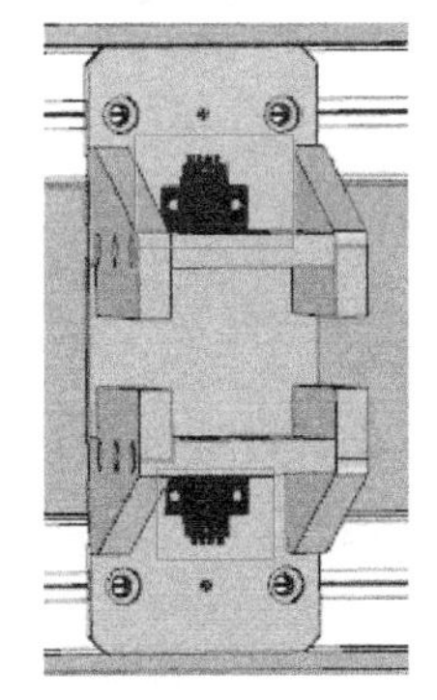

图 2-36　物料检测光电传感器安装示意

任务 2.2　供料系统调试

任务引入

某工厂搭建了一套供料系统，采用电磁换向阀控制的直线气缸进行推料，同时安装了推料气缸位置检测传感器和料仓物料检测传感器，如图 2-37 所示，现在对供料系统进行调试。具体要求如下：

供料系统
硬件介绍

当气源打开，电磁换向阀线圈不通电时，推料气缸处于缩回状态。当通过运动控制器的数字 I/O 输出使电磁换向阀线圈通电时，推料气缸伸出推料。同时，能够通过运动控制器获得气缸的位置以及料仓内物料的状态。

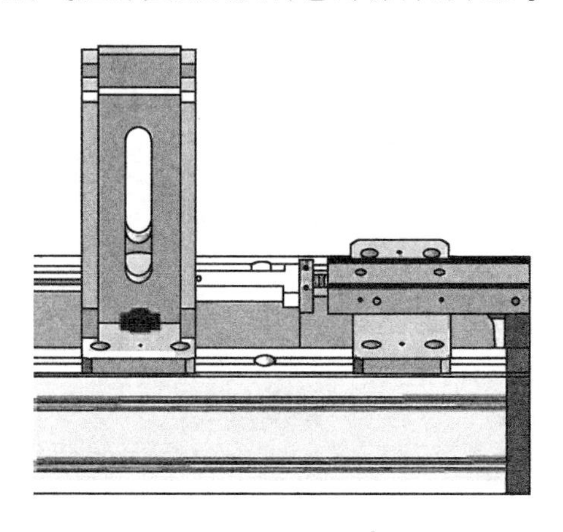
图 2-37　供料系统图示

相关知识

一、概述

传感器一般由敏感元件、传感元件和测量电路组成，其工作原理如图 2-38 所示。敏感元件直接与被测量接触，转换成与被测量有确定关系、更易于转换的非电量（如压力转化成位移、流量转化成速度）；传感元件再将这一非电量转换成电参量（如电阻、电容、电感）。

传感元件输出的信号幅度很小，而且混杂有干扰信号和噪声，转换电路能够起到滤波、线性化、放大作用，转换成易于测量、处理的电信号，如电压、电流、频率等。

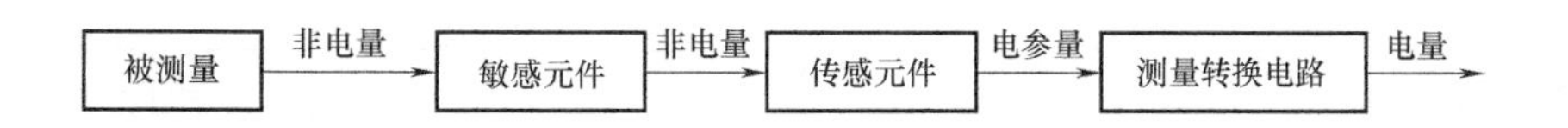

图 2-38　传感器工作原理示意图

二、亚德客磁性传感器

1. 外形说明

本书选用亚德客磁性传感器作为推料气缸位置检测传感器，其外形如图 2-39 所示。

2. 型号说明

亚德客磁性传感器型号说明如图 2-40 所示。

3. 接线原理图

亚德客磁性传感器根据接线方式分为两线式、NPN 三线式和 PNP 三线式三种。三种接线方式的原理图分别如图 2-41 ~ 图 2-43 所示。

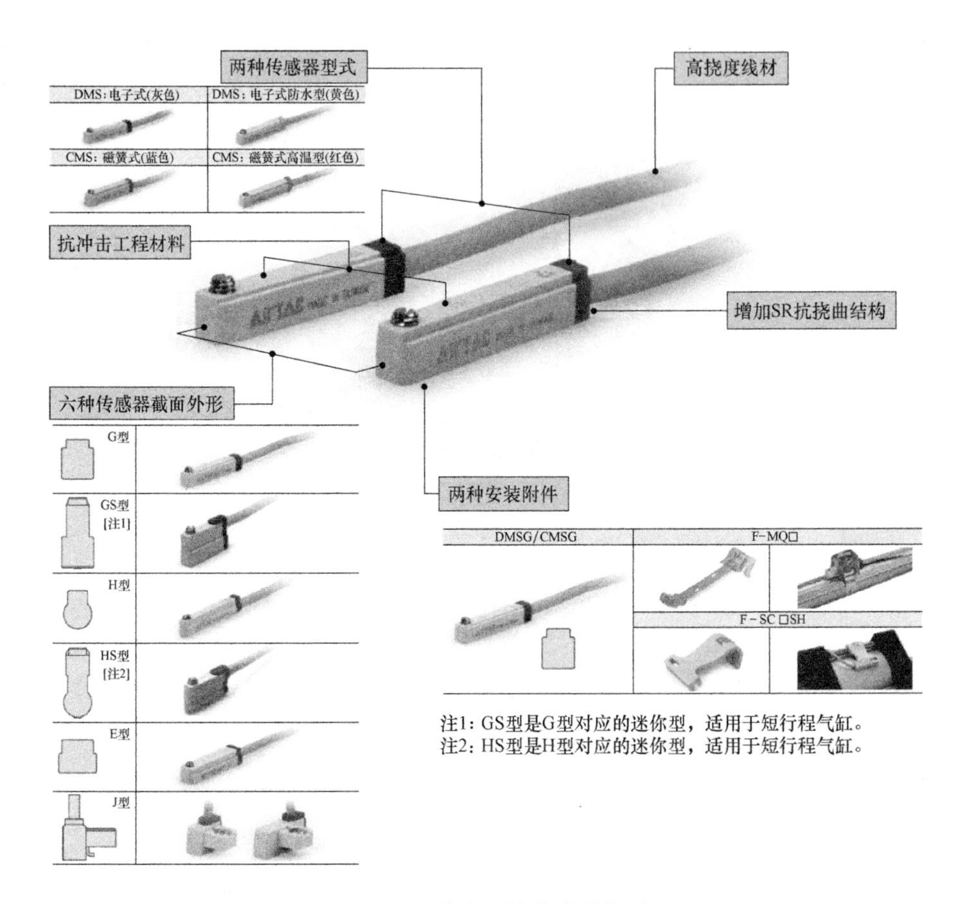

图 2-39　亚德客磁性传感器外形

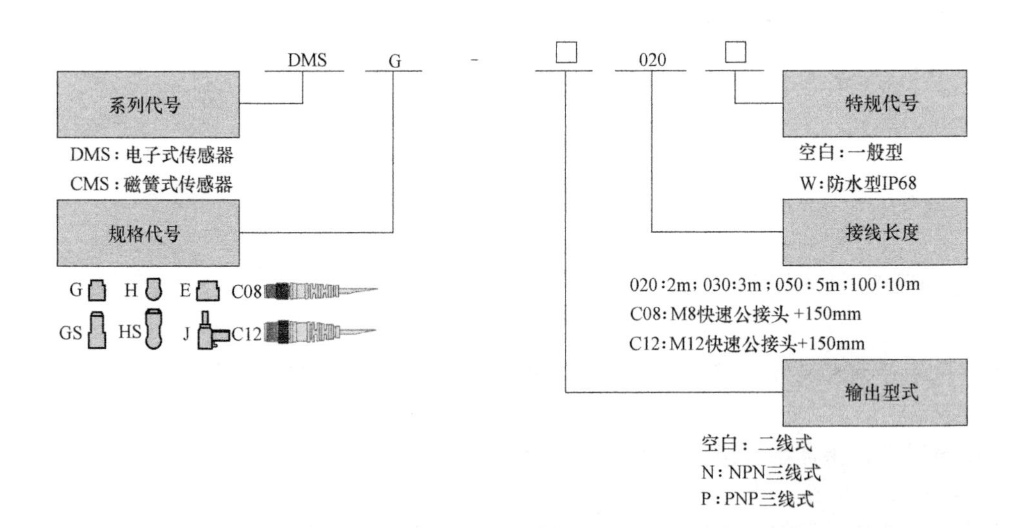

图 2-40　亚德客磁性传感器型号说明

(1) 两线式

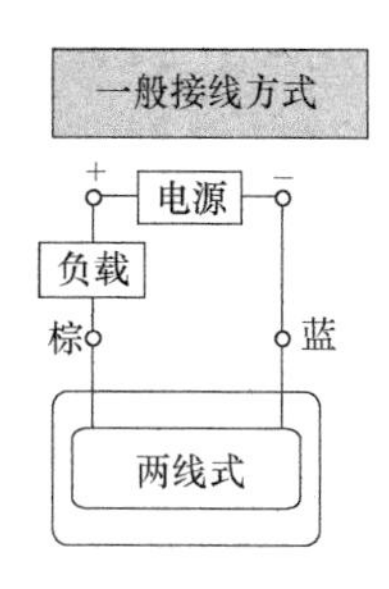

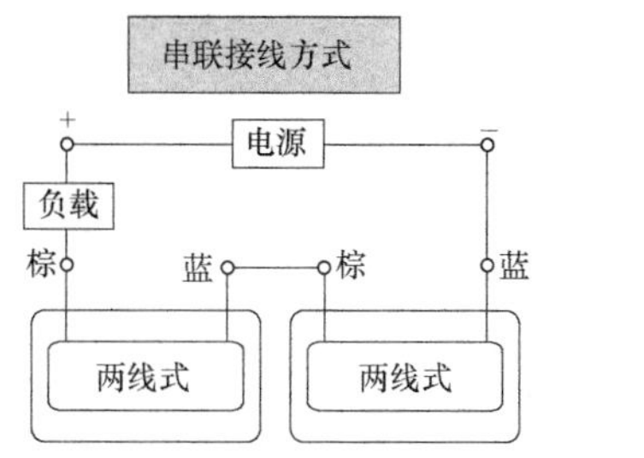

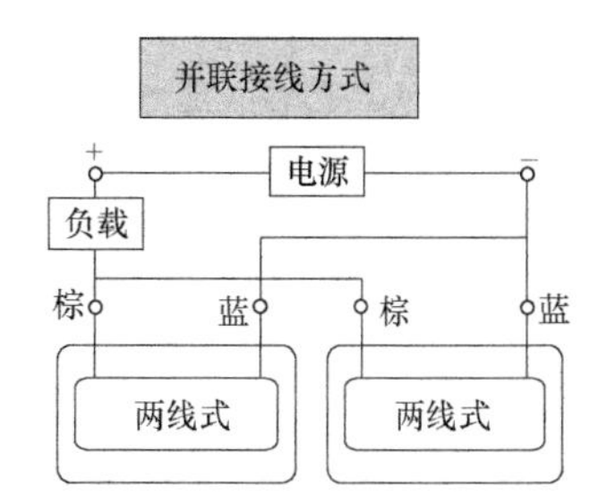

图 2-41　两线式磁性传感器接线原理图

(2) NPN 三线式

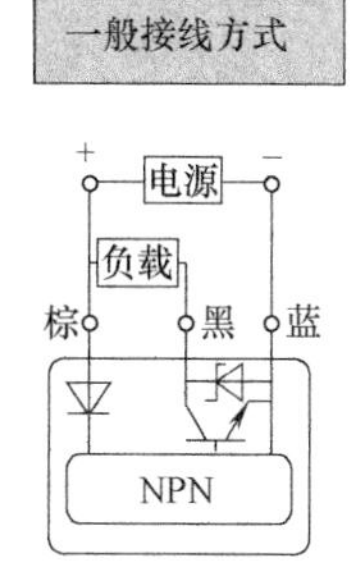

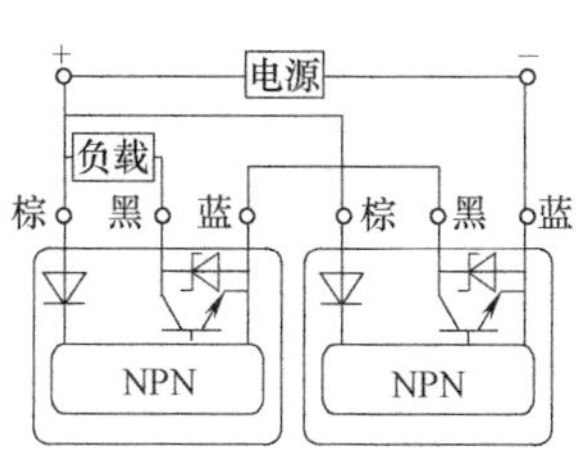

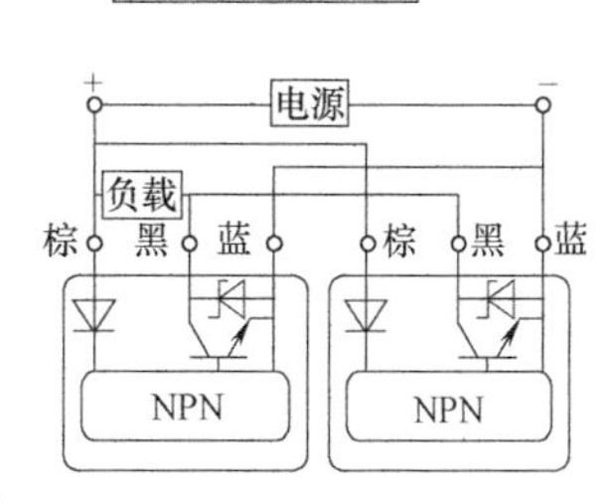

图 2-42　NPN 三线式磁性传感器接线原理图

(3) PNP 三线式

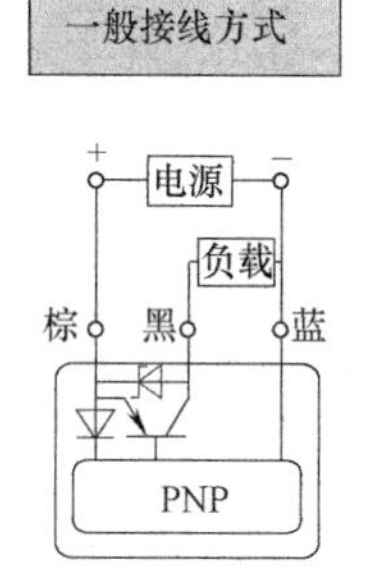

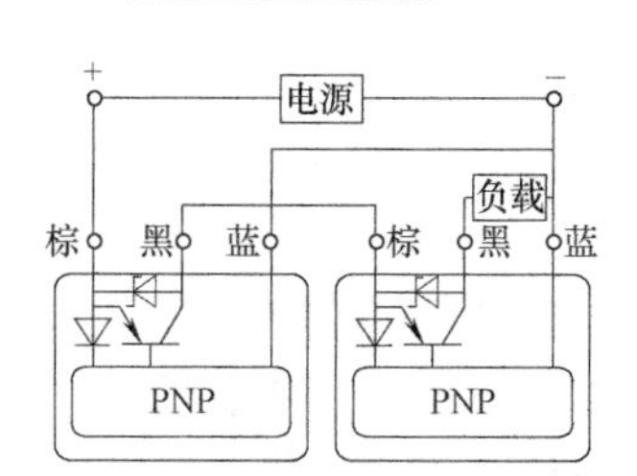

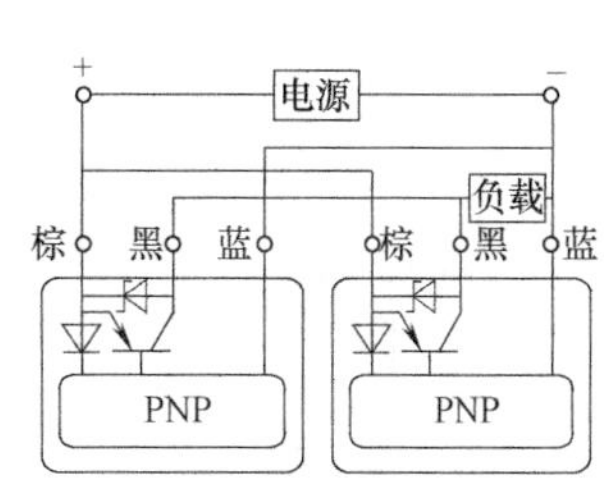

图 2-43　PNP 三线式磁性传感器接线原理图

4. 电路接线图

磁性传感器用于推料气缸的位置检测，其接线如图 2-44 所示。

5. 安装说明

磁性传感器用于推料气缸的位置检测，安装在气缸两侧的沟槽处，安装步骤如图 2-45 所示。

三、欧姆龙光电传感器

1. 外形说明

本书选用欧姆龙光电传感器作为料仓物料的检测传感器，其外形如图 2-46 所示。

2. 参数说明

选用的光电传感器是带灵敏度调整旋钮的反射型（直流光）传感器。其主要参数见表 2-3。

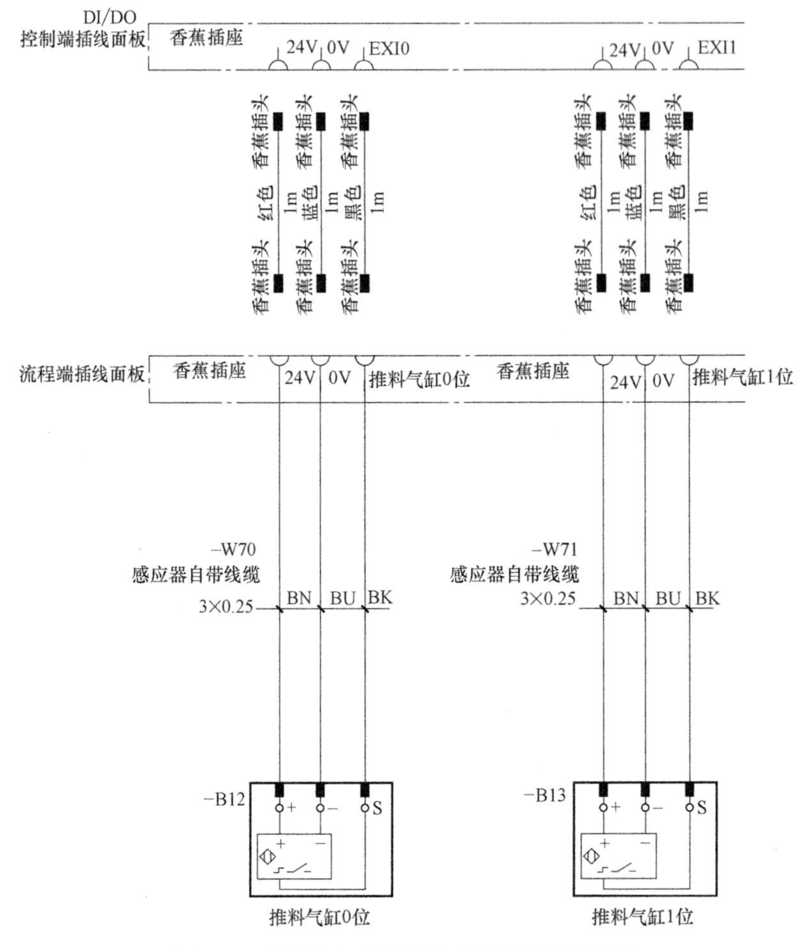

图 2-44 推料气缸位置检测传感器电路接线图

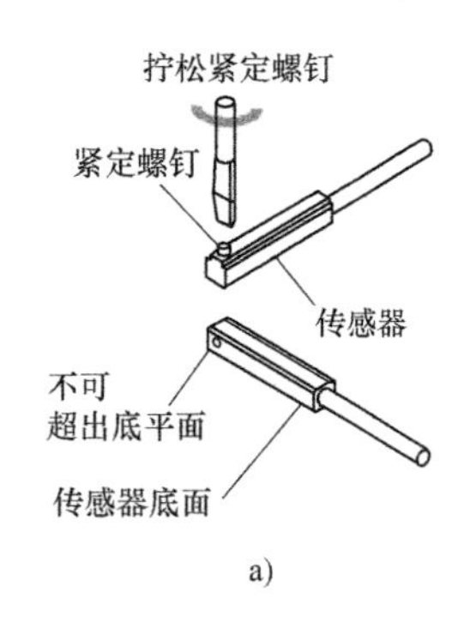

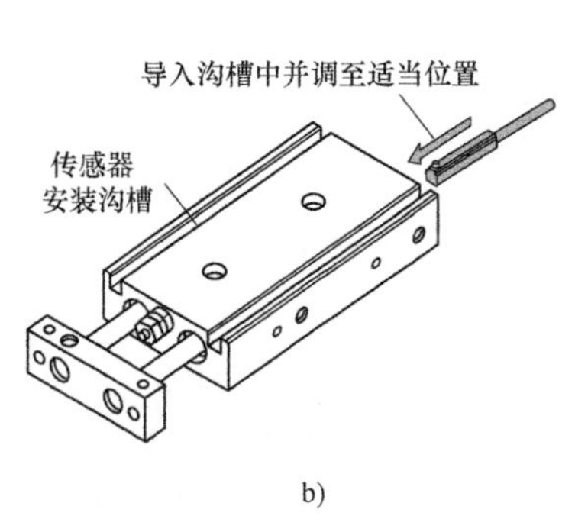

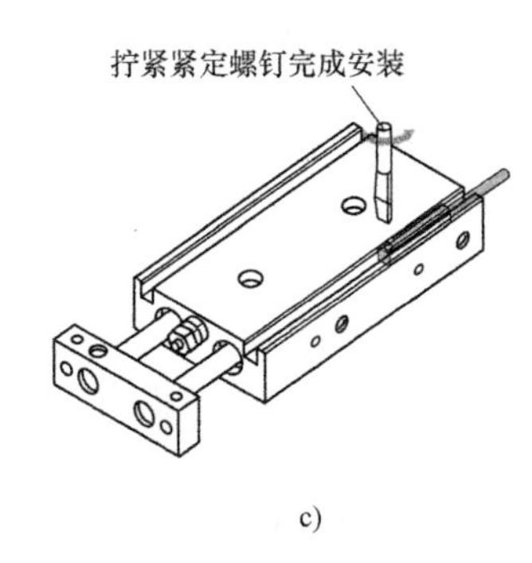

图 2-45 磁性传感器的安装步骤

图 2-46 欧姆龙光电传感器外形

表 2-3 欧姆龙光电传感器主要参数一览表

类型	立式
发光方式	直流光
检测方式	扩散反射型
检测距离	1~5mm(光谱反射比 90%的白色纸 15mm×15mm)
动作模式	遮光时 ON/入光时 ON(可切换)
控制输出(输出格式)	NPN 集电极开路输出
连接方式	接插件型(可直接焊锡焊接)
标准检测物体	不透明体、透明体(15mm×15mm 以上)
应差	0.5mm 以下(检测距离 3mm)
光源(最大发光波长)	GaAs 红外发光二极管(940nm)
指示灯	入光时亮灯(红色)
额定电源电压	DC 5~24V(±10%)[波纹(p-p)10%以下]
消耗电流	40mA 以下
控制输出(负载电源电压)	DC 5~24V
控制输出(负载电流)	100mA 以下
控制输出(残留电压)	0.8V 以下(负载电流 100mA 时) 0.4V 以下(负载电流 40mA 时)
响应频率	50Hz 以上(平均值 500kHz)
受光面照度	荧光灯:1500lx 以下
环境温度范围	使用时:-25~55℃ 保存时:-30~80℃(无结冰)
环境湿度范围	使用时:5%~85% 保存时:5%~95%(无结露)
耐振动(耐久)	20~2000Hz(峰值加速度 100m/s^2),双振幅 1.5mm X、Y、Z 各方向 2h(4min/次)
耐冲击(耐久)	500m/s^2,X、Y、Z 各方向 3 次
防护等级(IEC60529)	IP50
连接方式	接插件型(可直接焊锡焊接)
材质	外壳:聚对苯二甲酸丁二醇酯(PBT) 投受光部:聚碳酸酯(PC)

四、推料气缸气路图

推料气缸的气动回路由气源、气源处理装置、电磁换向阀、单向节流阀和气缸组成。气动回路如图 2-47 所示。

五、推料气缸电磁阀电路图

控制推料气缸的电磁阀由控制器的 I/O 输出控制其线圈通断电，其电路接线如图 2-48 所示。

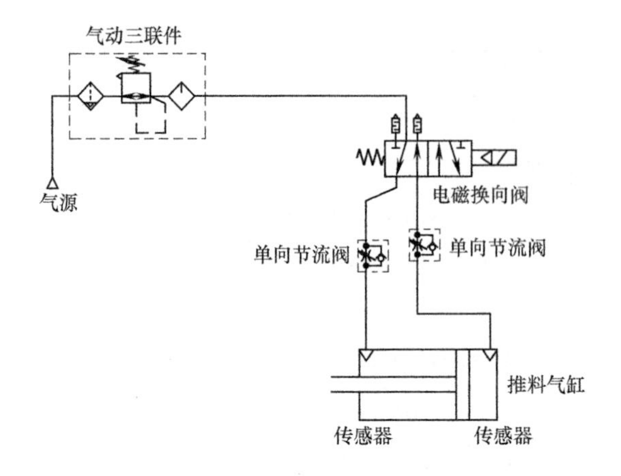

图 2-47 推料气缸气动回路图

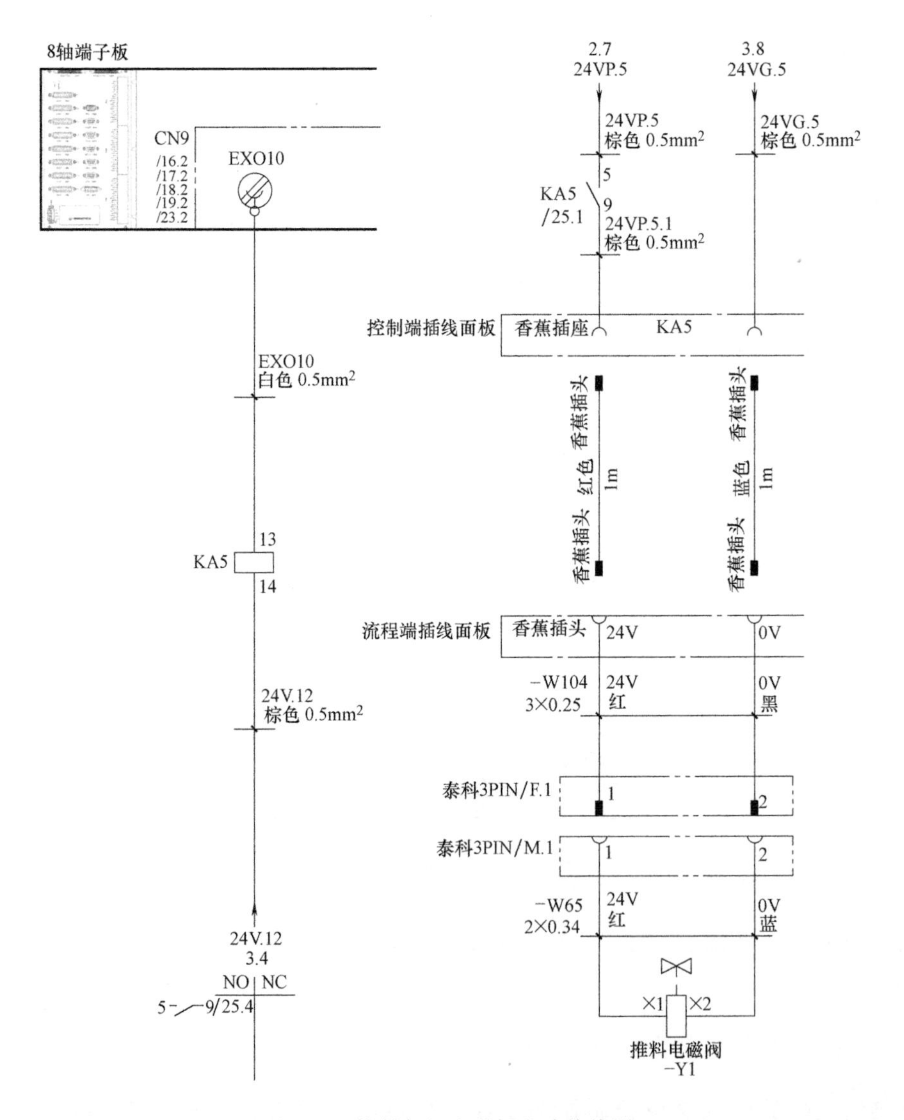

图 2-48 推料气缸电磁阀电路接线图

任务实施

供料系统调试

供料系统调试主要包括料仓物料检测传感器信号测试、推料气缸位置信号测试和推料气缸动作测试三部分。

一、硬件接线

在进行供料系统调试前，首先要完成接线，供料系统的硬件接线见表 2-4。

表 2-4 供料系统硬件接线表

模块	接 口		模块	接 口	
接线一端			接线另一端		
流水线模组	推料气缸电磁阀	0V	AXIS5	KA5	0V
		24V			24V
	推料气缸 0 位信号	黄色端子	DI/DO	EXI0	
		0V	DC Power	0V	
		24V		24V	
	推料气缸 1 位信号	黄色端子	DI/DO	EXI1	
		0V	DC Power	0V	
		24V		24V	
	推料检测信号 1	黄色端子	DI/DO	EXI2	
		0V	DC Power	0V	
		24V		24V	
	推料检测信号 2	黄色端子	DI/DO	EXI3	
		0V	DC Power	0V	
		24V		24V	
	流水线来料检测	黄色端子	DI/DO	EXI4	
		0V	PC Power	0V	
		24V		24V	

二、料仓物料检测传感器信号测试

1. 清理料仓

此时系统未接入气源，先手动将推料气缸收回，并将料筒物料清理干净。

2. 查看传感器对应 I/O 状态

使用 MCT2008 管理软件，选择“视图”→“数字量输入”调出 DI 界面。没有物料时，对应的“通用输入”3、4 为未触发状态，如图 2-49 所示。

3. 放入物料，再次查看传感器对应 I/O 状态

确认完成放入物料，再次查看传感器对应 I/O 状态。放入物料后，对应的“通用输入”3、4 触发，如图 2-50 所示。

三、推料气缸位置信号测试

推料气缸的零位和到位状态如图 2-51 所示。

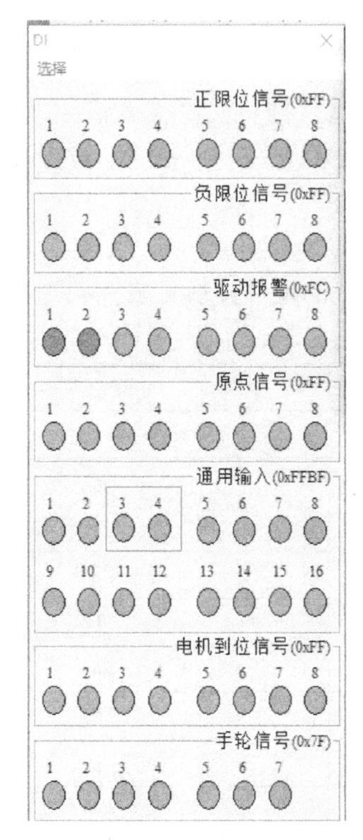

图 2-49　无物料时物料检测传感器状态图示

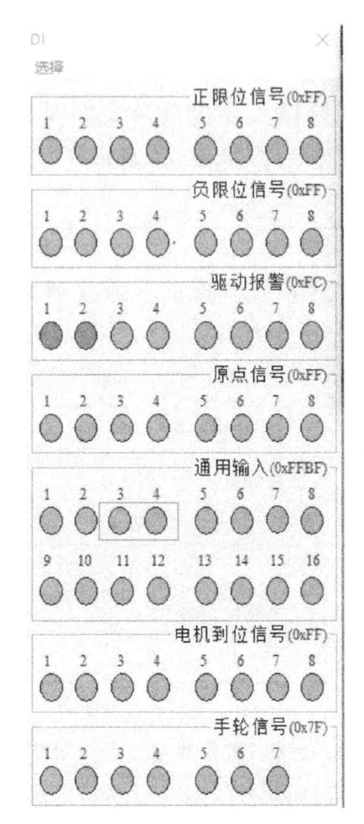

图 2-50　有物料时物料检测传感器状态图示

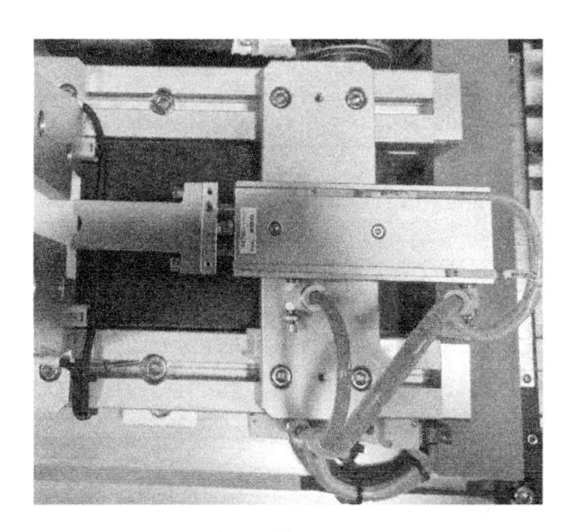

a) 气缸零位图示

b) 气缸到位图示

图 2-51　气缸位置图示

1. 零位信号检测

推料气缸处于零位时，气缸零位信号触发，通过 MCT2008 软件的数字量输入界面可观察到对应的 I/O 状态，如图 2-52 所示。

2. 到位信号检测

手动将推料气缸完全伸出，此时气缸到位信号触发，通过 MCT2008 软件的数字量输入界面可观察到对应的 I/O 状态，如图 2-53 所示。

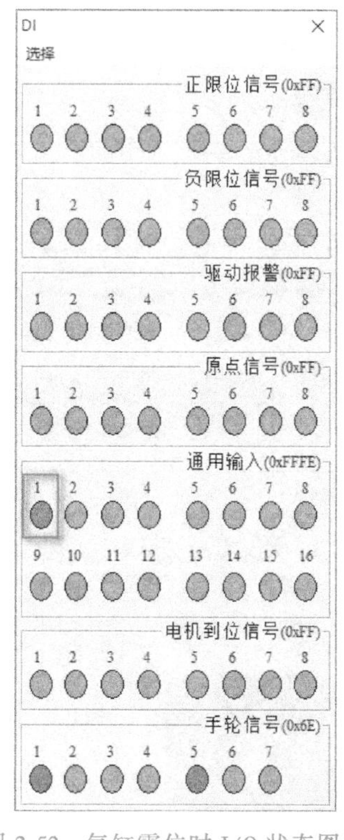

图 2-52 气缸零位时 I/O 状态图示

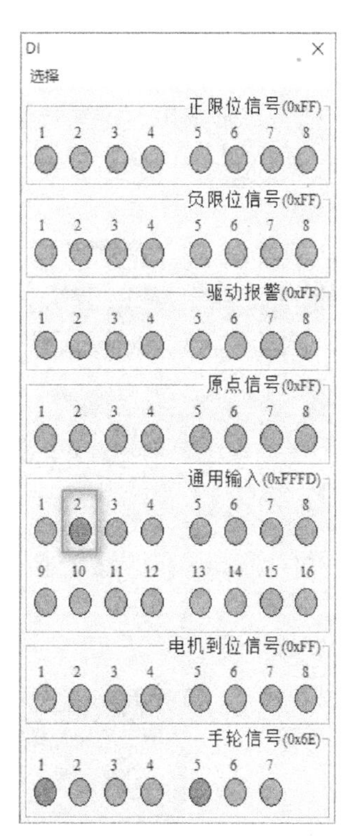

图 2-53 气缸到位时 I/O 状态图示

四、推料气缸动作测试

1. 连接气源

使用气管连接泵的出口与设备的气源处理装置，将气管从气泵连接至气源处理装置左边的接头处，如图 2-54 所示，然后打开气泵。

2. 确认气路压力

观察气源处理装置上的压力表，如图 2-55 所示，调节减压阀使压力表显示压力达到 0.3MPa 及以上。

图 2-54 连接气源与气泵

图 2-55 压力表图示

3. 打开数字量输出界面

使用 MCT2008 管理软件，选择“视图”→“数字量输出”调出 DO 界面，如图 2-56 所示。

4. 触发 EXO10，气缸动作

触发数字 I/O 输出 EXO10，如图 2-57 所示。此时推料电磁阀线圈通电，如图 2-58 所示，电磁阀阀门打开，推料气缸推出，推料气缸到位信号触发。

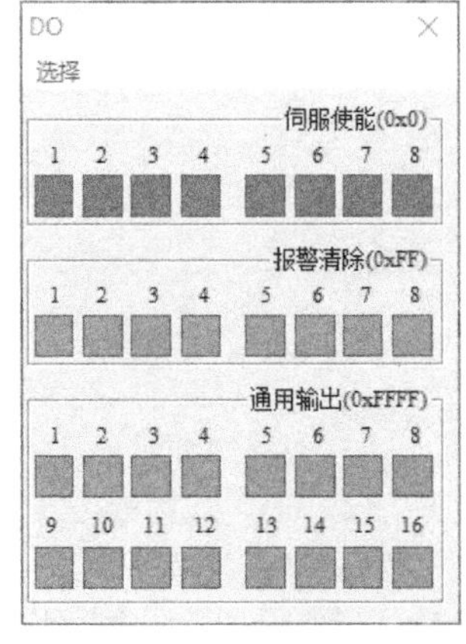

图 2-56　数字量输出 DO 界面

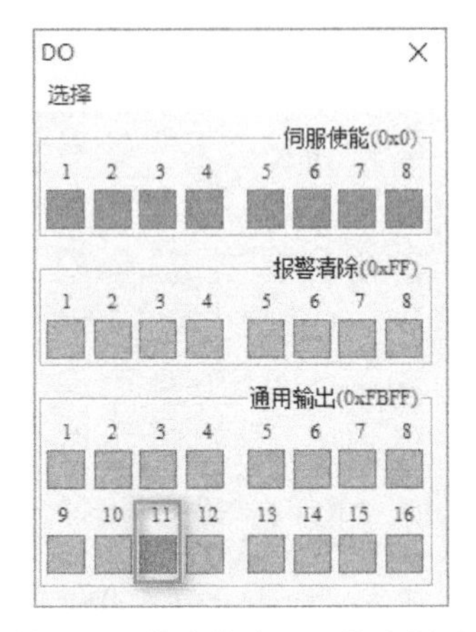

图 2-57　触发数字 I/O 输出图示

图 2-58　推料电磁阀线圈通电图示

拓展知识　各种传感器的特点及功能使用

传感器技术是当今世界上一项令人瞩目的迅猛发展的高新技术之一。如果说计算机是人类大脑的扩展，那么传感器就是人类五官的延伸。当集成电路、计算机技术飞速发展时，人们才逐步认识到信息摄取装置——传感器没有跟上信息技术的发展而惊呼“大脑发达、五官不灵”。

项目拓展：各种传感器的特点、功能使用（上）

传感器是一种检测装置，能感受到被测量的非电量信息，如温度、压力、流量、位移等，并将检测到的信息，按一定规律转换成电信号或其他所需形式的信息输出，用以满足信息的传输、处理、存储、显示、记录或控制等要求。传感器是自动化系统和机器人技术中的关键部件，它是实现自动检测的首要环节，为自动控制提供控制依据。传感器在机械电子、测量、控制、计量等领域应用广泛。

感应器特性模块的外形如图 2-59 所示，可以进行光纤传感器、光电传感器、电容式接近传感器、电感式接近传感器、磁性传感器、槽形光电感应器、微动开关、激光传感器、温度传感器的实践操作训练。

一、光纤传感器

1. 概述

光纤传感器是一种把被测量信号转变为可测光信号的装置，由光纤放大器和光纤头两部分组成，如图 2-60 所示，通常分为对射式和漫反射式。

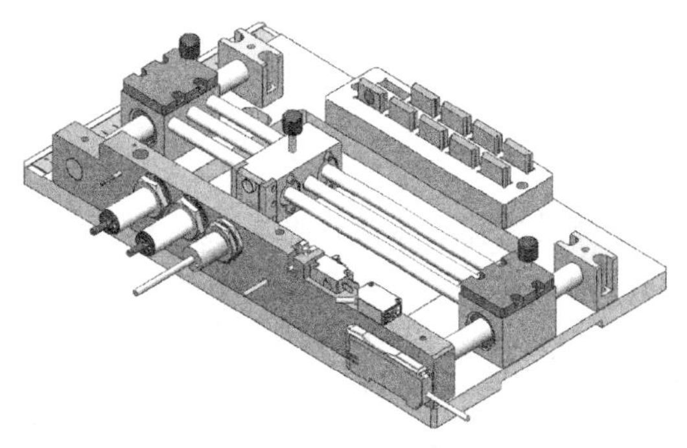

图 2-59 感应器特性模块外形

2. 光纤放大器

本书选用的光纤放大器为 PG1-N 型，外形如图 2-60 所示。其自带光量自动补偿技术，有效保证了检测的稳定性，同时，应差小，双输出可选择，最快速可达 20μs。

3. 接线原理图

光纤传感器的接线原理如图 2-61 所示。

图 2-60 光纤放大器外形

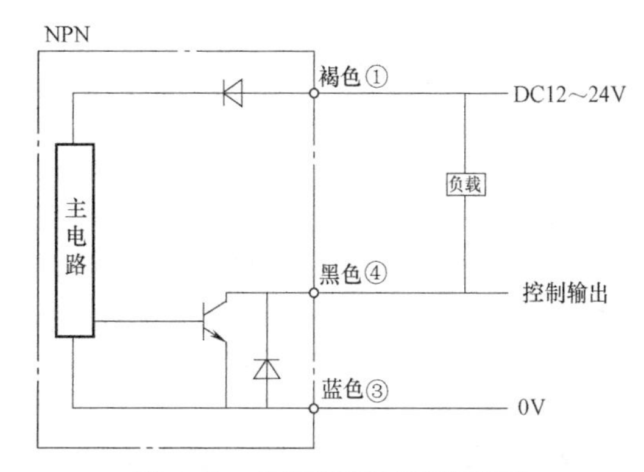

图 2-61 光纤传感器接线原理图

4. 主要技术参数

光纤传感器的主要技术参数见表 2-5。

表 2-5 光纤传感器主要技术参数

控制输出	1 个输出口
检测方式	发光强度(可进行区域检测,可提供自动敏感跟踪功能)
光源	红色,4 元素发光二极管体
输出选择	LIGHT-ON/DARK-ON(短按 MODE 后用 UP DOWN 选择)
反应时间	SHSP:13μs, FINE:30μs,SUPR:100μs,TERA:200μs
工作电压	DC12~24V(±10%)
控制输出	NPN/PNP 集电极开路,最大 100mA,残余电压:1V
延时功能	1~9999ms
显示指示器	操作指示灯:红色发光二极管、双重数位监视器:双重 7 位数展示,阈值(4 位数绿色发光二极管体指示器)和当前值(4 位数红色发光二极管体指示器)一起点亮
耐振动	10~55Hz,1.0mm 振幅,在 X、Y 和 Z 方向持续 30min
耐冲击	使用加速度 30g,持续时间 11ms
工作温度	-10~+55℃,无冻结

5. 光纤传感器电路接线图

光纤传感器通过检测发光强度对区域进行检测，其接线如图 2-62 所示。

二、光电传感器

1. 概述

光电传感器属于接近开关的一种，接近开关又称无触点行程开关。它能在一定的距离（几毫米至几十毫米）内检测有无物体靠近。当物体与其接近到设定距离时，就可以发出“动作”信号。

接近开关的核心部分是“感辨头”，它对正在接近的物体有很高的感辨能力。常用的接近开关有光电式、电涡流式（电感接近开关）、电容式、磁性干簧开关、霍尔式、微波式、超声波式等。本部分使用的为光电式接近传感器（即光电传感器）。

2. 外形

光电传感器的外形如图 2-63 所示。

3. 特点

光电传感器与被测物不接触、不会产生机械磨损和疲劳损伤、工作寿命长、响应快、无触点、无火花、无噪声、防潮、防尘、防爆性能较好、输出信号负载能力强、体积小、安装、调整方便。

缺点是触点容量较小、输出短路时易毁坏。

4. 接线原理图

光电传感器的接线原理如图 2-64 所示。

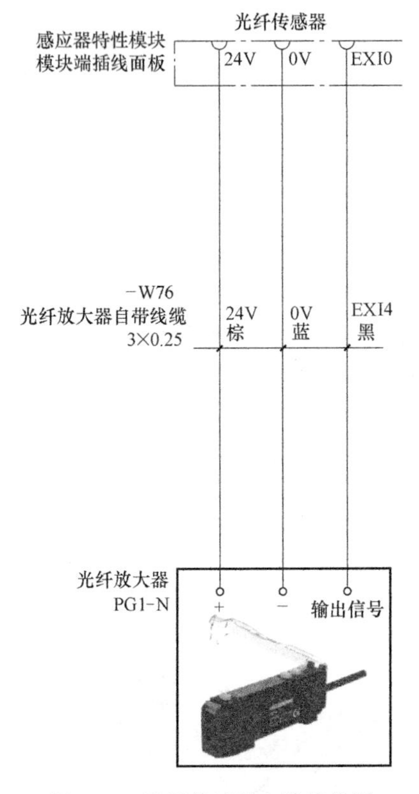

图 2-62　光纤传感器电路接线图

图 2-63　光电传感器外形

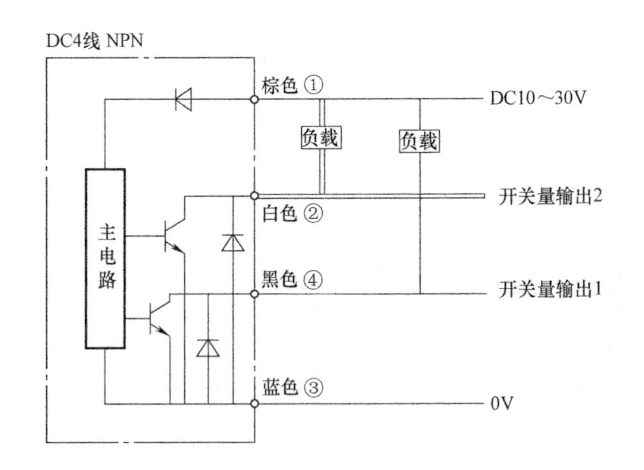

图 2-64　光电传感器接线原理图

5. 主要技术参数

光电传感器的主要技术参数见表 2-6。

表 2-6　光电传感器主要技术参数

类型	PSM 系列
检测方式	漫反射
检测距离	Sn:150mm
输出模式	NPN 集电极开路,NO/NC
响应时间	≤2ms
工作电压	DC10～30V(±10%)
消耗电流	≤25mA
绝缘强度	>DC500V
耐压强度	DC500V 通电 1min
耐振动	10～55Hz,1.0mm 振幅,在 X、Y 和 Z 方向持续 30min
耐冲击	使用加速度 30g,持续时间 11ms
工作温度	-25～55℃,无冻结
工作湿度	35%～85%,无凝结
保护电路	短路保护/极性保护/过载保护
光源	红外光(880nm)
防护等级	IP65
出线方式	2m PVC 线缆

6. 安装方式

光电传感器的安装包括三种方式：对射型、漫反射型和回归反射型，其工作原理分别如图 2-65～图 2-67 所示。

（1）对射型

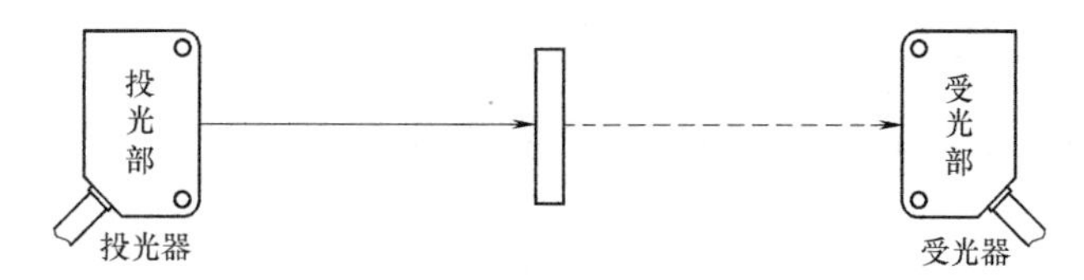

图 2-65　对射型光电传感器安装方式示意图

（2）漫反射型

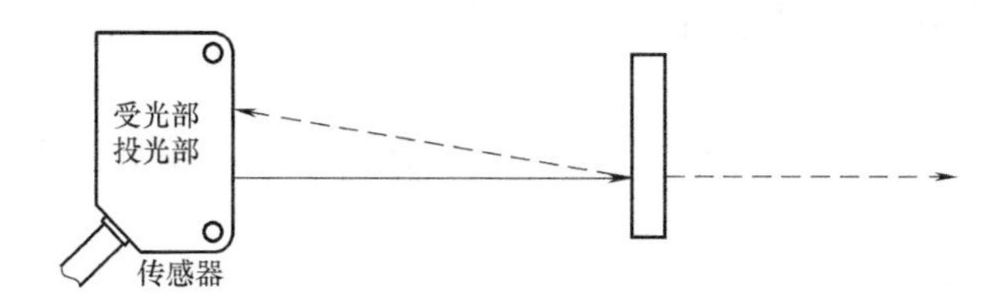

图 2-66　漫反射型光电传感器安装方式示意图

（3）回归反射型

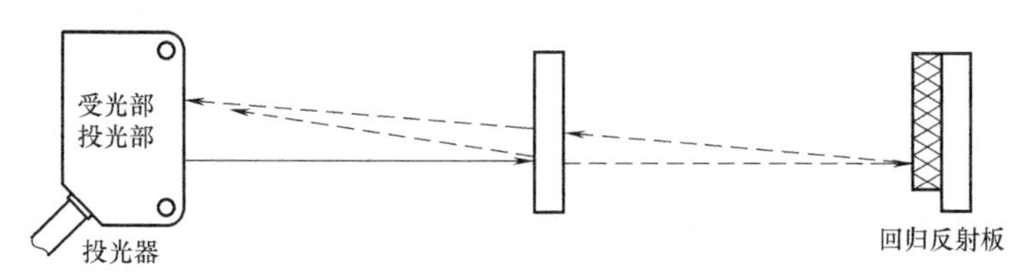

图 2-67　回归反射型光电传感器安装方式示意图

7. 电路接线图

光电传感器用来进行距离检测，其接线如图 2-68 所示。

8. 配电注意

（1）电源电压

切忌超过电压范围上限使用，输入超过电压范围或者直流电源型光电传感器输入交流电源恐会发生破裂或烧毁。

（2）负载短路

切忌将负载短路，恐会发生破裂或烧毁。

（3）误配线

电源的极性等切忌配错线，配错恐会发生破裂或烧毁。

（4）没有负载连接时

无负载时电源直接通入传感器，会引发传感器破裂或烧毁，如图 2-69 所示。应加入负载再配线。

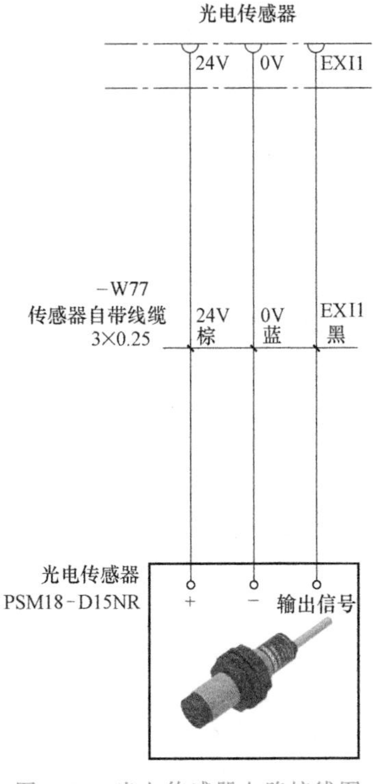

图 2-68　光电传感器电路接线图

9. 日常维护

1）检查所检测物体是否在传感器检测距离内，传感器是否有松动现象，是否有倾斜不正，检测物体是否有变更。

2）检查传感器配线是否接触正常，感应面是否有尘埃。

3）检查使用温度及周围环境是否正常。

4）检查安装空间是否有异样，如振动、电气漏电等。

5）当通电后，传感器需要 100ms 的前置时间，为达到传感器稳定输出，故于这段时间内，切忌操作传感器。避免使用于室外（如有遮蔽物除外）。

6）避免有机溶剂直接接触。

7）防止检测面受物体撞击，因为感应面部分非常脆弱。

8）当检测物体在运动时，传感器供电电源线不可过度拉扯、挪动。

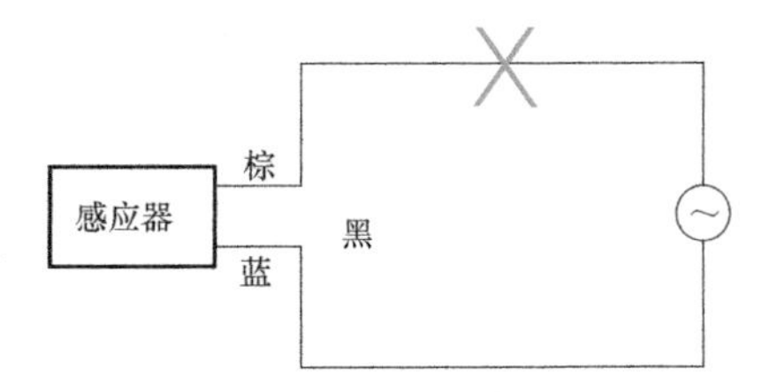

图 2-69　无负载连接示意图

10. 注意事项

1）请确认在电源关闭状态下进行接线。请确认电源电压在额定范围内变化。

2）如果电源由商用开关调节器提供，请确保电源机架接地端子（F. G）接地。请务必将该设备接地端子（F. G）接地。

3）电源通电后短时间（0. 5s）内，请勿使用。

4）切忌与高压线或电源线一起或在同一电线管内运行线路，可能会由于感应而引起失灵。避免接触灰尘污垢和水蒸气。

5）切忌将传感器与水、油、油脂或有机溶液（如稀释剂）直接接触。

三、电容式接近传感器

1. 结构及工作原理

电容式接近传感器的核心是以单个极板作为检测端的电容器，检测极板设置在接近开关的最前端。测量转换电路安装在接近开关壳体内，并用介质损耗很小的环氧树脂充填、灌封，结构如图 2-70 所示。

电容是一个与导体有效面积、导体间的距离以及材质的介电常数三个因素有关的物理量。通过改变三个参数中的一个就可以改变电容[2]。电容与导体的有效面积成正比，与导体间的距离成反比，公式见式（2-1）。

$$C=\frac{\varepsilon A}{d} \tag{2-1}$$

式中，ε 为介电常数；A 为导体间的有效面积；d 为导体间的距离。

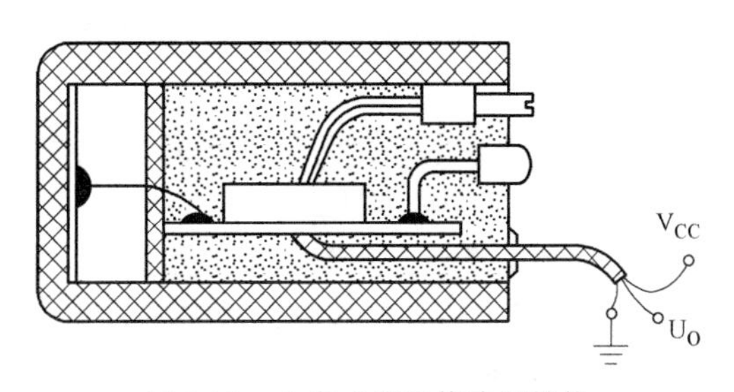

图 2-70　电容式接近传感器结构

本书选用的电容式接近传感器是通过改变两电容极板间的距离，从而改变电容值。其中，传感器侧的电容极板是固定的，另一侧的电容极板可以移动，通过传感器的测量转换电路将电容的变化转换为高低电平信号，传递给控制器，从而读取传感器信号。

电容式接近传感器的整体响应呈现非线性，一般适用于测量微小的位移，在该段位移之内其响应接近线性关系。通常用于零件表面形状、裂纹或缺陷的测量等。

2. 外形

电容式接近传感器的外形如图 2-71 所示。

3. 接线原理图

电容式接近传感器的接线原理如图 2-72 所示。

图 2-71　电容式接近传感器外形

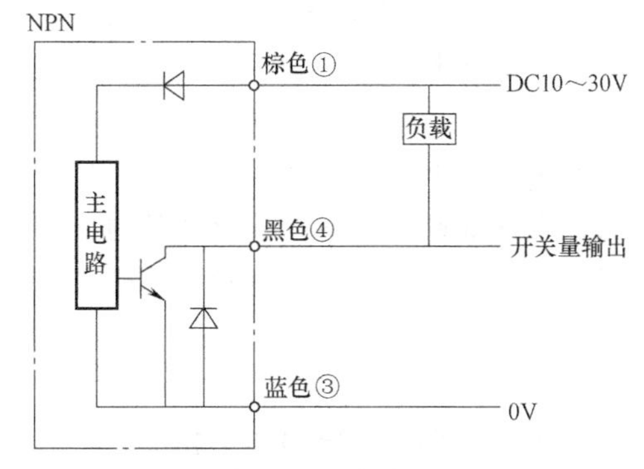

图 2-72　电容式接近传感器接线原理图

4. 主要技术参数

电容式接近传感器的主要技术参数见表 2-7。

表 2-7　电容式接近传感器主要技术参数

安装方式	埋　　入
检测距离	2～8mm
输出模式	NPN 集电极开路，NO
工作电压	DC10～30V（±10%）
消耗电流	≤10mA
重复精度	<5%（Sr）
开关频率	100Hz
工作温度	-25～75℃
保护电路	短路保护
防护等级	IP67

5. 电路接线图

电容式接近传感器用来进行距离检测，其接线如图 2-73 所示。

6. 注意事项

1）应确认在电源关闭状态下进行接线。应确认电源电压在额定范围内变化。

2）如果电源由商用开关调节器提供，应确保电源机架接地端子（F.G）接地。应务必将该设备接地端子（F.G）接地。

3）电源通电后短时间（0.5s）内，切忌使用。

4）切忌与高压线或电源线一起或在同一电线管内运行线路，可能会由于感应而引起失灵。避免接触灰尘污垢和水蒸气。

5）切忌将传感器与水、油、油脂或有机溶液（如稀释剂）直接接触。

电容式接近传感器
24V 0V EXI2
-W78
传感器自带线缆
3×0.25
24V 棕 0V 蓝 EXI2 黑
电容式接近传感器
CKF18-08N0
+ − 输出信号

图 2-73 电容式接近传感器电路接线图

四、电感式接近传感器

1. 工作原理

电感式接近传感器由 LC 高频振荡器和放大电路组成，当金属物体与传感器之间的距离发生改变时，传感器内部线圈产生的电感也会变化，由此识别出有无金属物体接近。这种接近传感器所能检测的物体必须是导电性能良好的金属物体。

电涡流线圈的阻抗变化与金属导体的电导率、磁导率等有关。对于非磁性材料，被测体的电导率越高，则灵敏度越高；被测体是磁性材料时，其磁导率将影响电涡流线圈的感抗。磁滞损耗较大时，其灵敏度通常较高。

2. 外形

电感式接近传感器的外形如图 2-74 所示。

3. 接线原理图

电感式接近传感器的接线原理如图 2-75 所示。

图 2-74 电感式接近传感器外形

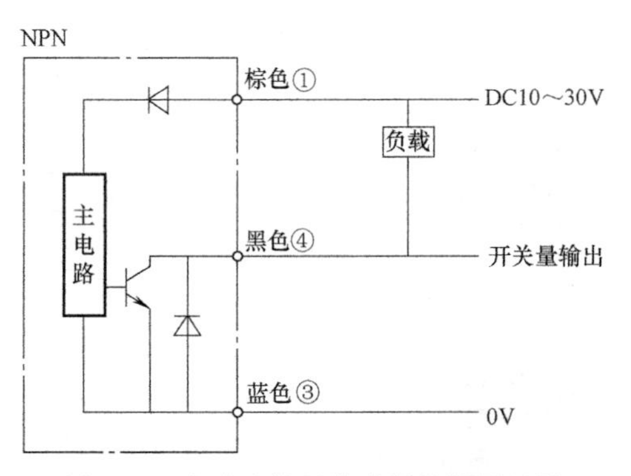

图 2-75 电感式接近传感器接线原理图

4. 主要技术参数

电感式接近传感器的主要技术参数见表 2-8。

表 2-8 电感式接近传感器主要技术参数

安装方式	埋 入
检测距离	5mm(±10%)
输出模式	NPN 集电极开路，NO
工作电压	DC10~30V(±10%)
消耗电流	≤10mA
重复精度	<1%(Sr)
开关频率	1kHz
工作温度	-25~75℃
保护电路	短路保护
防护等级	IP67

5. 电路接线图

电感式接近传感器用来进行距离检测，其接线如图 2-76 所示。

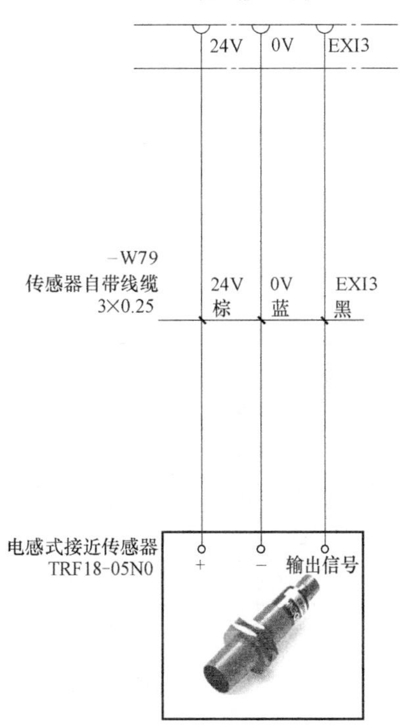

图 2-76 电感式接近传感器电路接线图

五、磁性传感器

1. 概述

磁性开关也称磁性传感器。它能完成接近开关的功能，但只能检测磁性物体。在区分不同金属材料时，常在其中一个材料上嵌装磁性物质，用磁性传感器区分检测。例如，气缸活塞极限位的检测，常在气缸活塞上装上磁性物体，将磁性传感器装在气缸体上。

图 2-77 所示为磁性传感器的外形。磁性传感器是电子器件，响应速度快，可输出标准信号，易与计算机或 PLC 配合使用。

2. 工作原理

磁性传感器是利用霍尔效应制成的，必须在磁场中工作。如图 2-78 所示，金属或半导体薄片两端通以控制电流 I，在与薄片方向上施加磁感应强度为 B 的磁场，那么在垂直于电流和磁场方向的薄片的另两侧会产生电动势 U_H，U_H 的大小正比于控制电流 I 和磁感应强度 B，这一现象称为霍尔效应，利用霍尔效应制成的传感元件称霍尔传感器。

当控制电流的方向或磁场方向改变时，输出电动势的方向也将改变；若电流和磁场同时改变方向，霍尔电动势方向不变。

霍尔效应的灵敏度高低与外加磁场的磁感应强度成正比。利用集成封装和组装工艺，可方便地把磁输入信号转换成实际应用中的电信号，同时又满足工业场合实际应用易操作和可靠性的要求。

项目拓展：各种传感器的特点、功能使用（下）

3. 接线原理图

磁性传感器的接线原理如图 2-79 所示。

4. 主要技术参数

磁性传感器的主要技术参数见表 2-9。

图 2-77 磁性传感器外形

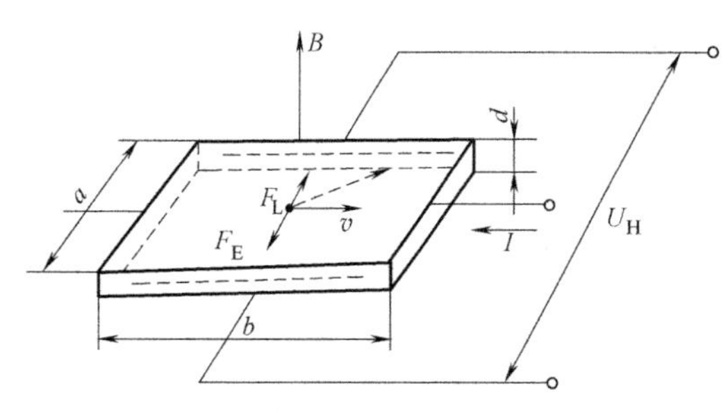

图 2-78 磁性传感器工作原理

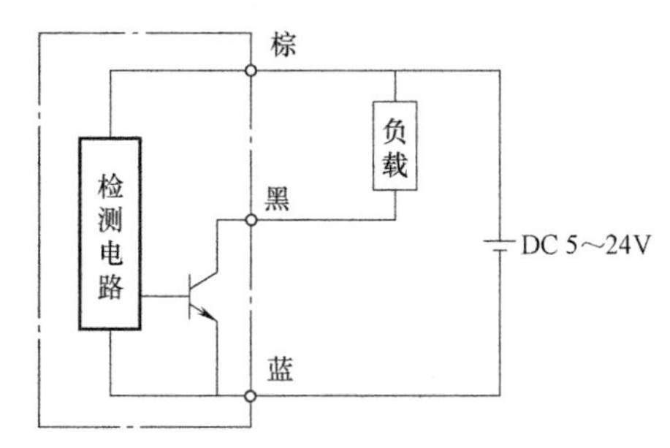

图 2-79 磁性传感器接线原理图

表 2-9 磁性传感器主要技术参数

类型	三线式
感应距离	4mm
检测磁极	S 极
检测面	头部
输出模式	NPN 集电极开路,NO
工作电压	DC5～24V
磁灵敏度	5～7mT
响应速度	5μs
动作频率	30Hz
消耗电流	≤15mA
工作温度	-20～85℃,无冻结
防护等级	IP65
连接方式	1m,3 芯电缆

5. 电路接线图

磁性传感器用来检测磁极，其接线如图 2-80 所示。

6. 注意事项

1）过高的电压会引起内部霍尔元器件温升而变得不稳定，而过低的电压容易让外界的温度变化影响磁场强度特性，从而引起电路误动作。

2）当使用磁性传感器驱动感性负载时，应在负载两端并入续流二极管，否则会因感性负载长期动作时的瞬态高压脉冲影响磁性传感器的使用寿命。

3）采用不同的磁性磁铁，检测距离有所不同，建议采用的磁铁直径和产品检测直径相等。

4）为了避免意外，应在接通电源前检查接线，核定电压是否为额定值。

磁性开关
24V 0V EXI4
-W80
传感器自带线缆
3×0.25
24V 棕
0V 蓝
EXI0 黑
磁性传感器
MR-P10-H
\+ − 输出信号

图 2-80　磁性传感器电路接线图

六、槽形光电传感器

1. 光电传感器概述

在光电传感器中最重要的元件是光电器件，它是把光照强弱的变化转换为电信号的传感元件。光电器件主要有发光二极管、光敏电阻、光电晶体管、光耦合器等。

光电传感器又称为无接触检测和控制开关。它是利用物体对光束的遮蔽、吸收或反射等作用，对物体的位置、颜色等进行检测。

光电传感器所检测物体不限于金属，所有能反射光线的物体均可被检测。

光电传感器将输入电流在发射器上转换为光信号发射出去，接收器再根据接收到的光线的强弱或有无对目标物体进行探测。

2. 槽形光电传感器种类

槽形光电传感器根据外形不同可分为 K 形、L 形、F 形、R 形、U 形五种，其外形如图 2-81 所示。

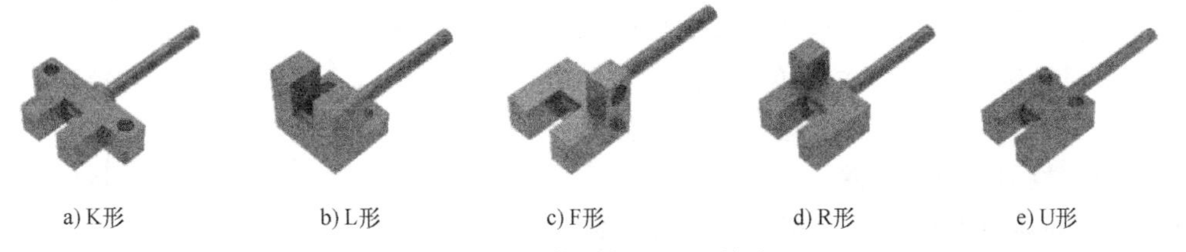

a) K形　b) L形　c) F形　d) R形　e) U形

图 2-81　不同外形槽形光电传感器

本书选用的槽形光电传感器是标准的 U 形结构，如图 2-82 所示。发射器和接收器分别位于 U 形槽的两边，并形成一光轴，当被检测物体经过 U 形槽且阻断光轴时，光电开关就产生了检测到的开关量信号。槽式光电传感器比较安全可靠，适合检测快速变化的物体，也可以分辨透明与半透明物体。

图 2-82　U 形槽形光电传感器

3. 接线原理图

槽形光电传感器的接线原理如图 2-83 所示。

4. 主要技术参数

槽形光电传感器的主要技术参数见表 2-10。

5. 电路接线图

槽形光电传感器电器接线如图 2-84 所示。

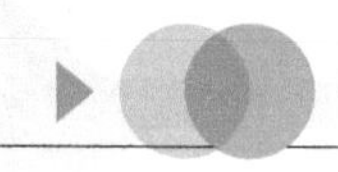

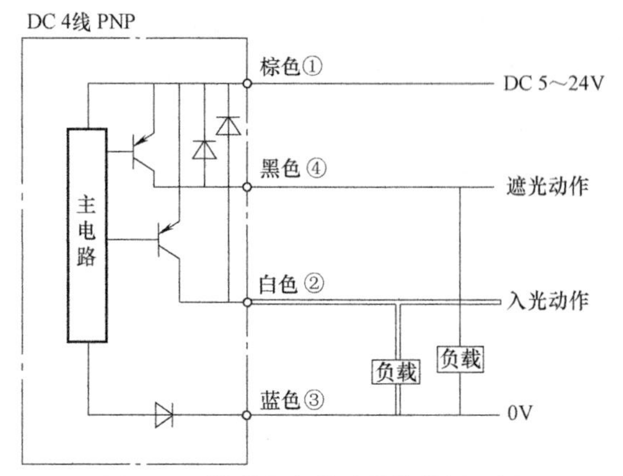

图 2-83　槽形光电传感器接线原理图

表 2-10　槽形光电传感器主要技术参数

种类	U 形
检测距离	5mm(槽宽)
输出模式	PNP 集电极开路
响应频率	3kHz
开关模式	L. on(入光动作)/ D. on(遮光动作),可切换
工作电压	DC5～24V
消耗电流	≤16mA
耐振动	10～55Hz,1.5mm 振幅,在 X、Y 和 Z 方向持续 2h
耐冲击	使用加速度 30g,持续时间 11ms
工作温度	工作时:-25～55℃;保存时:-30～80℃,无冻结
保护电路	浪涌保护,反极性保护
防护等级	IP50
出线方式	2m,4 芯线缆

6. 注意事项

1）采用反射型光电传感器时，检测物体的表面和大小对检测距离和动作区域都有影响。

2）检测微小物体时，要比检测较大物体时的灵敏度小，检测距离小一些。

3）检测物体表面的光谱反射比越大，检测灵敏度越高，检测距离较大。

4）采用反射型光电传感器时，最小检测物体的大小由透镜直径来决定。

5）检测凹凸等级时反射型光电传感器最合适。

6）防止光电开关之间相互干扰。

7）高压线、动力线与光电传感器的配线应分开走线，否则会受到感应造成误动作。

8）安装时要稳固，不能产生松动或偏斜。

9）安装光电传感器时，不能损坏发射器件或接收器件。

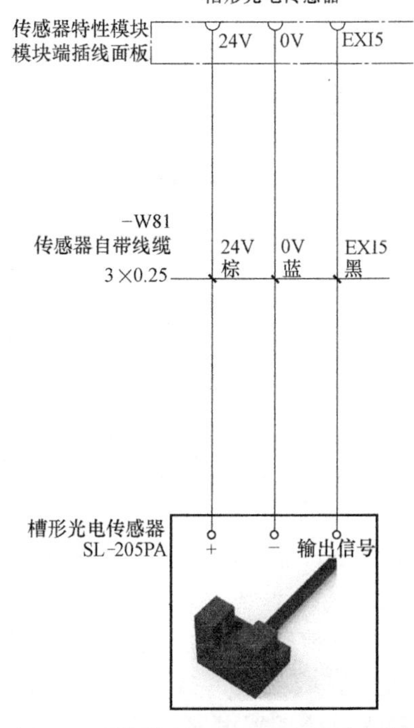

图 2-84　槽形光电传感器电路接线图

七、微动开关

1. 概述

微动开关属于机械限位开关的一种，采用热固性或热塑性塑料外壳，具有微小触点间隙、动作快速、高灵敏和微小行程的特点。可配备各种形式的驱动手柄，能广泛应用于各种家用电器、电子设备、自动化设备、通信设备、汽车电子和仪器仪表等领域。

2. 外形和结构

微动开关的外形如图 2-85a 所示，内部结构如图 2-85b 所示。

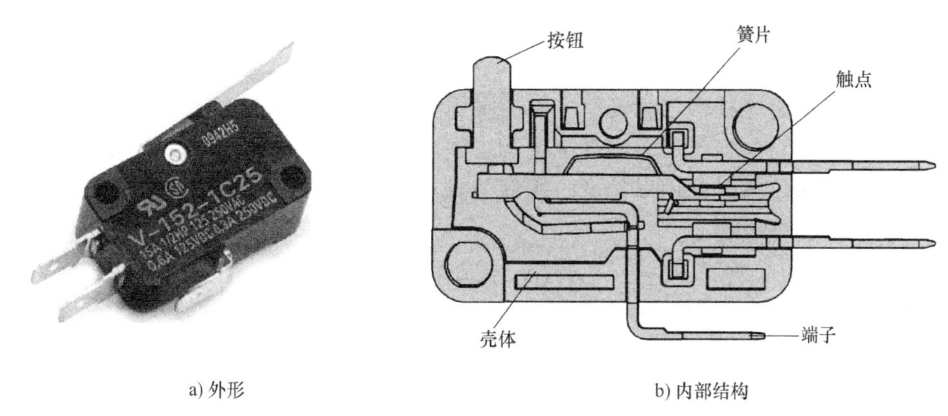

图 2-85 微动开关外形与内部结构

3. 电路接线图

微动开关的接线如图 2-86 所示。

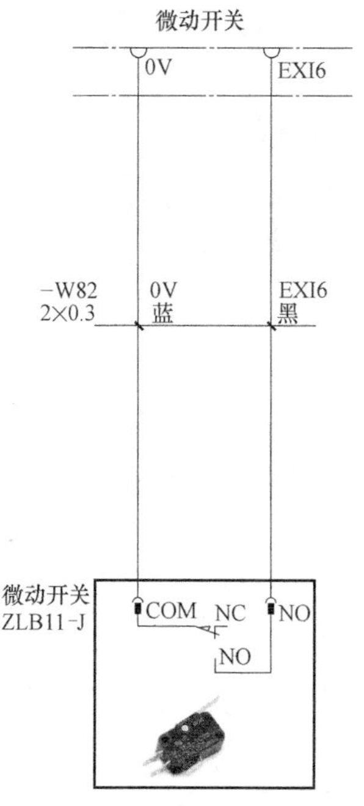

图 2-86 微动开关的接线图

4. 使用注意事项

1）拆卸和配线作业及维护检查时，应在电源关闭的状态下进行，否则可能引起触电或者烧损。

2）在通电时不要触摸端子的带电部位，否则可能引起触电。

3）焊接作业时应使用正确的方法进行焊接。如果焊接不佳，通电时可能由于异常发热引起烧损。

4）如果对接点施加超过接点负载的电流，会引起接点的熔化、移动，可能造成短路和烧损。

5）应根据负载种类选择合适的额定开关。闭路时浪涌电流越大，接点的消耗量、移动量就越大，会引起接点的熔化、移动，可能造成短路或烧损。

6）不要在有易燃易爆气体等环境中使用开关。由于开关时产生的电弧和开关的发热，可能引起起火或爆炸。

7）不要使开关跌落或拆分开关，否则不仅无法满足其特性，还可能引起破损、触电、烧损。

8）开关的耐久性（寿命）根据开关使用条件的不同差别很大。在使用时应根据实际情况选择合适的开关，在性能允许的开关次数范围内使用。如果在性能劣化的状态下继续使用，可能引起绝缘不佳、接点熔化、接触不佳和开关本身的破损、烧损。

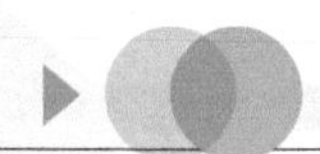

八、激光传感器

1. 工作原理

激光传感器外形如图 2-87 所示。工作时，先由激光发射二极管对准目标发射激光脉冲。经目标反射后，激光向各方向散射。部分散射光返回到传感器接收器，被光学系统接收后成像到雪崩光电二极管上。雪崩光电二极管是一种内部具有放大功能的光学传感器，因此它能检测极其微弱的光信号，并将其转换为相应的电信号。常见的是激光测距传感器，它通过记录并处理从光脉冲发出到返回被接收所经历的时间，即可测定目标距离。因为光速太快，激光传感器必须极其精确地测定传输时间。

2. 特点

激光传感器利用激光技术进行测量。它由激光器、激光检测器和测量电路组成。激光传感器是新型测量仪表，它的优点是能实现无接触远距离测量，速度快，精度高，量程大，抗光电干扰能力强等。激光传感器常用于长度、距离、振动、速度、方位等物理量的测量，还可用于探伤和大气污染物的监测等。

3. 接线原理图

激光传感器的接线原理如图 2-88 所示。

图 2-87　激光传感器外形

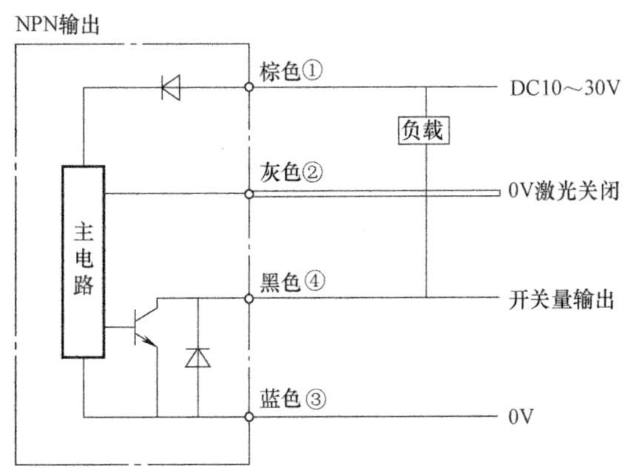

图 2-88　激光传感器接线原理图

4. 主要技术参数

激光传感器的主要技术参数见表 2-11。

表 2-11　激光传感器主要技术参数

类型	短距离型
检测方式	漫反射
设定距离	20～100mm
检测距离	5～100mm
输出模式	NPN 集电极开路
开关模式	L. on(入光动作)/D. on(遮光动作),可切换
指示灯	输出指示灯:橙色;稳定指示灯:绿色
响应时间	0. 3ms
灵敏度调节	4 圈电位器

（续）

光源	激光(650nm)
激光等级	Class1
工作电压	DC10~30V(±10%)
消耗电流	≤30mA
耐撞击	$50g(m/s^2)$
工作温度	-10~50℃,无冻结
防护等级	IP67
出线方式	2m,4 芯线缆

5. 调节及显示

激光传感器的显示面板如图 2-89 所示，从图 2-89 中可以看出传感器上有输出和稳定两个指示灯。同时，可以使用工具调节传感器的灵敏度和模式。

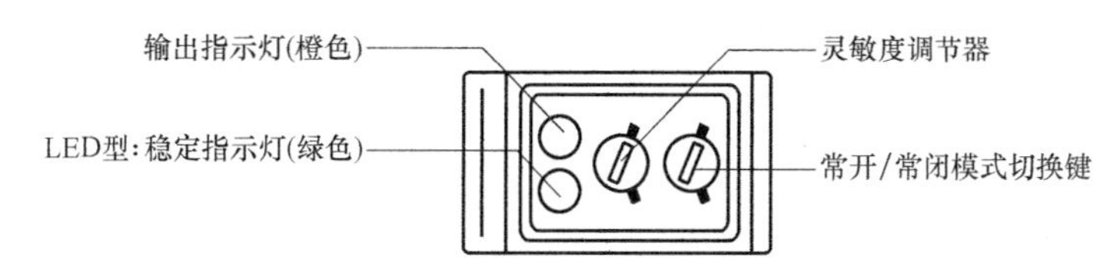

图 2-89　激光传感器显示面板

6. 电路接线图

激光传感器的接线如图 2-90 所示。

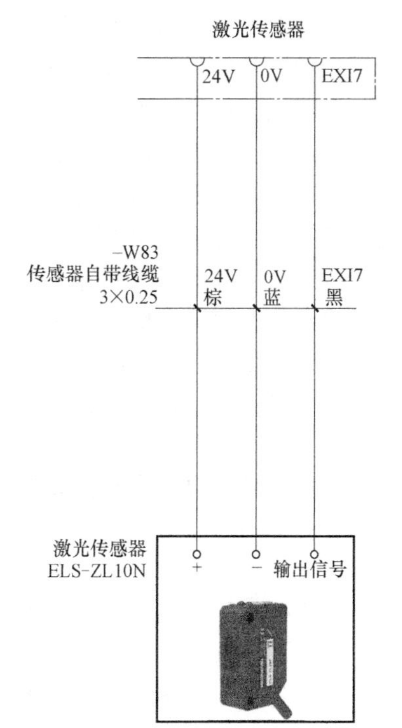

图 2-90　激光传感器的接线图

7. 注意事项

1）对准太阳或其他强光物体测量会产生错误结果。

2）在强反射环境中测量较差反射表面的物体也会产生错误结果。

3）测量强反射表面会产生错误结果。

4）透过透明物测量，如玻璃、光学滤光器、树脂玻璃，会产生不正确数据。

5）迅速改变测量环境也会产生假数据。

6）在运行中不能抖动，以免出现检测结果不准确的情况。

九、温度传感器

1. 概述

温度传感器是指能感受温度并转换成可用输出信号的传感器。温度传感器是温度测量仪表的核心部分，品种繁多，按测量方式可分为接触式和非接触式两大类，按传感器材料及电子元件特性分为热敏电阻和热电偶两类。

温度传感器的核心元件是温度敏感元件，它能将温度这一物理量转换成电信号。应用最广泛的温度敏感元件是热敏电阻，它具有体积小、价格低、使用方便等优点。

温度传感器的种类很多，每一种温度传感器都有自己的特点和各自的测温范围及适用场所。在组建温度测量、控制系统时，可以根据测量范围、被测对象、测量精度及结构、功能、价格等方面要求，选择相应的温度传感器进行温度检测。

常见热敏电阻元件及热敏电阻传感器的外形如图 2-91 所示。

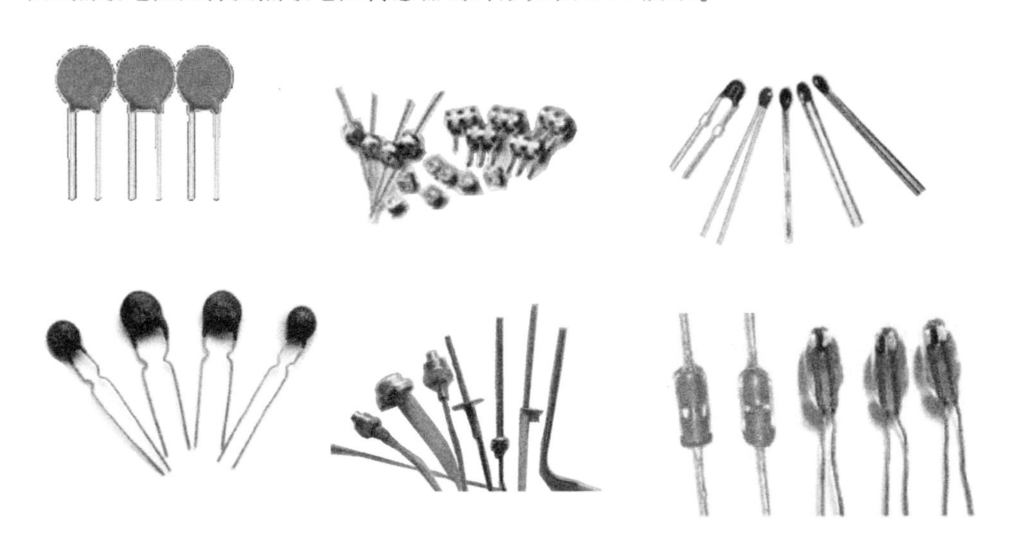

图 2-91　常见热敏电阻元件、热敏电阻传感器外形

热敏电阻是利用某种半导体材料的电阻率随温度变化的性质制成的。它的电阻值随温度的变化而剧烈变化，可以提供较大的灵敏度。

热电偶由两个不同材料的导体组成，将末端焊接在一起，对连接点加热，在不加热的部位就会出现电位差。电位差的数值与不加热部位测量点的温度有关，和这两种导体的材质也有关。这种现象可以在很宽的温度范围内出现，如果测量这个电位差，再测出不加热部位的环境温度，就可以准确知道加热点的温度。由于它必须有两种不同材质的导体，所以称之为热电偶。不同材质制成的热电偶使用于不同的温度范围，它们的灵敏度也各不相同。热电偶的灵敏度是指加热点温度变化 1℃时，输出电位差的变化量。对于大多数金属材料制成的热电偶而言，这个数值大约在 5~40μV/℃之间。

由于热电偶温度传感器的灵敏度与材料的粗细无关，因此用非常细的材料也能够制成温度传感器。也由于制作热电偶的金属材料具有很好的延展性，这种细微的测温元件有极高的响应速度，可以测量快速变化的过程。

2. 温度传感器结构

温度传感器包括温控器和感应头两部分，其结构如图 2-92 所示。

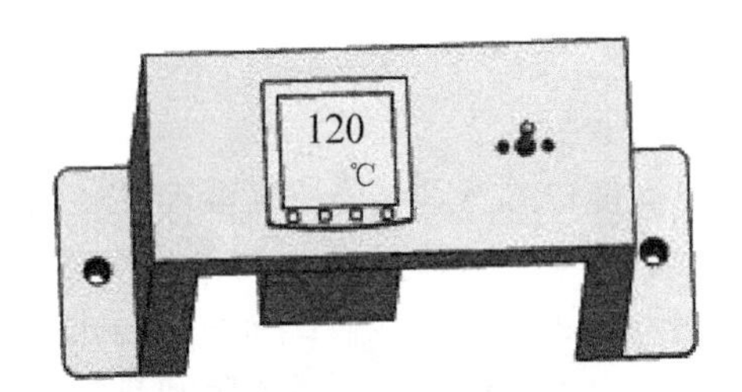

图 2-92　温度传感器结构

3. 电路接线图

温度传感器模块的电路接线如图 2-93 所示。

4. 温度传感器选择

温度传感器的选择主要是根据测量范围决定。当测量范围预计在总量程之内时，可选用铂电阻传感器。较窄的量程通常要求传感器必须具有相当高的电阻，以便获得足够大的电阻变化。热敏电

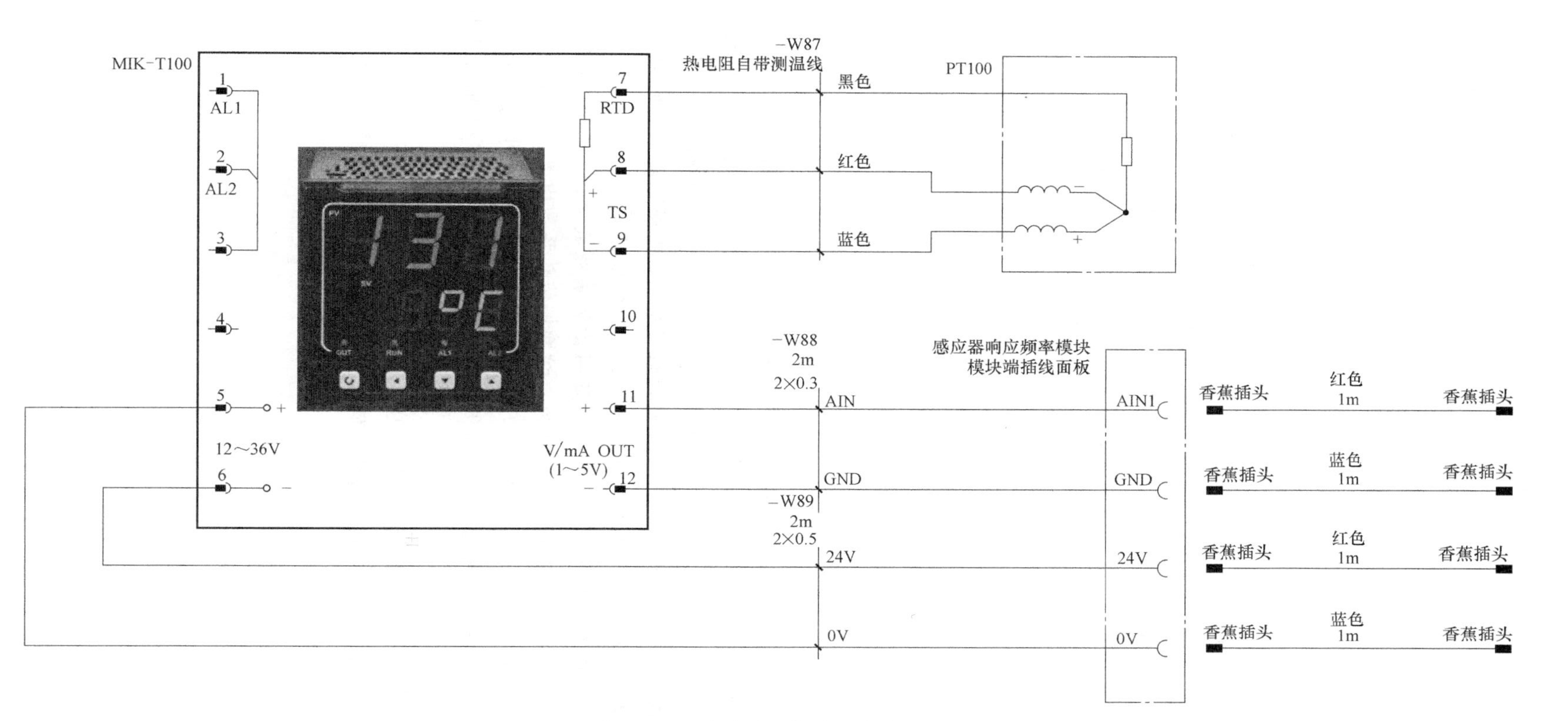

图 2-93 温度传感器模块电路接线图

阻提供的足够大的电阻变化使得其非常适用于窄的测量范围。如果测量范围相当大时，热电偶更适用。最好将0℃也包括在此范围内，因为热电偶的分度表是以此温度为基准的。当在所测量的温度范围内，传感器的响应曲线为线性时，可优先选择该传感器。

响应时间通常用时间常数表示，它是选择传感器的另一个基本依据。当要监视贮槽中温度时，时间常数不很重要。然而当使用过程中必须测量振动管中的温度时，时间常数就成为选择传感器的决定因素。

5. 注意事项

（1）安装不当引入的误差

为避免安装不当引入的误差，应注意以下事项：热电偶不应装在太靠近门和加热的地方，插入的深度至少应为保护管直径的8~10倍；若热电偶的保护套管与壁间的间隔未填绝热物质，将致使炉内热量溢出或冷空气侵入，因此热电偶保护管和炉壁孔之间的空隙应用耐火泥或石棉绳等绝热物质堵塞，以免冷热空气对流而影响测温的准确性；热电偶的安装应尽可能避开强磁场和强电场，所以不应把热电偶和动力电缆线装在同一根导管内以免引入干扰造成误差；热电偶不能安装在被测介质很少流动的区域内，当用热电偶测量管内气体温度时，必须使热电偶逆着流速方向安装，而且充分与气体接触。

（2）绝缘变差而引入的误差

造成绝缘变差的原因很多，如热电偶绝缘、保护管污垢或盐渣过多等，致使热电偶极间与炉壁间绝缘不良，在高温下情况更为严重，这不仅会引起热电动势的损耗，还会引入干扰，由此引起的误差有时可达上百摄氏度。

（3）热惰性引入的误差

热电偶的热惰性使仪表的指示值落后于被测温度的变化，在进行快速测量时这种影响尤为突出。所以应尽可能采用热电极较细、保护管直径较小的热电偶。测温环境许可时，甚至可将保护管取去。由于存在测量滞后，用热电偶检测出的温度波动的振幅较炉温波动的振幅小。测量滞后越大，热电偶波动的振幅就越小，与实际炉温的差别也就越大。当用时间常数大的热电偶测温或控温时，仪表显示的温度虽然波动很小，但实际炉温的波动可能很大。为了准确地测量温度，应当选择时间常数小的热电偶。时间常数与传热系数成反比，与热电偶热端的直径、材料的密度及比热容成正比，如要减小时间常数，除增加传热系数以外，最有效的办法是尽量减小热端的尺寸。使用中，通常采用导热性能好的材料，管壁薄、内径小的保护套管。在较精密的温度测量中，使用无保护套管的裸丝热电偶，但热电偶容易损坏，应及时校正及更换。

（4）热阻误差

高温时，如保护管上有一层煤灰，尘埃附在上面，则热阻增加，阻碍热的传导，这时温度示值比被测温度的真值低。因此，应保持热电偶保护管外部的清洁，以减小误差。

项目3

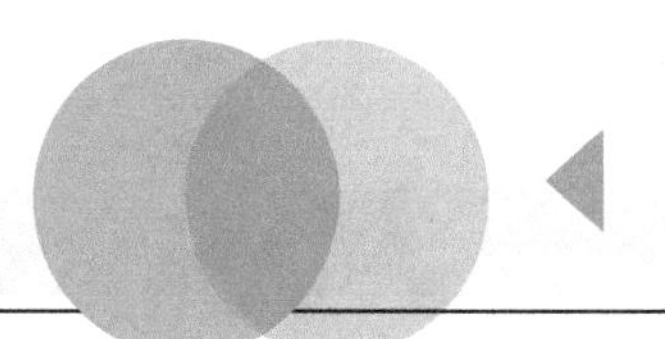

物料输送系统的搭建

任务3.1 硬件安装

任务引入

某工厂欲搭建一套物料输送系统，如图3-1所示，采用异步电动机+带传送搭建流水线传送机构，采用步进电动机对物料进行二次定位。具体要求如下：

物料出料仓进入流水线后，异步电动机带动流水线运行，进行物料输送。当物料到达某一位置后，触发传感器信号，此时步进电动机带动二次定位机械手对物料进行二次定位。

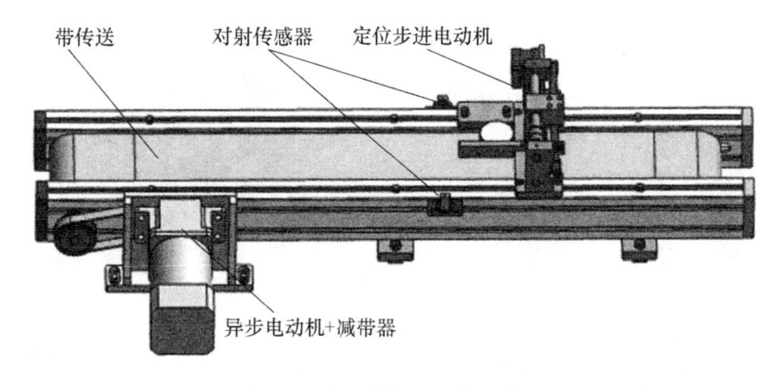

图3-1 物料输送系统示意图

相关知识

物料输送系统机构介绍

一、减速器

1. 什么是减速器

减速器是一种由封闭在刚性壳体内的齿轮传动或蜗轮蜗杆传动所组成的独立部件，常用作原动机与执行机构之间的减速传递装置，在原动机和执行机构之间起匹配转速和传递转矩的作用，使用它的目的是降低转速，增加转矩。

2. 减速器的种类

减速器种类繁多，型号各异，不同种类有不同的用途。按照传动类型可分为圆柱齿轮减速器、锥齿轮减速器、蜗轮蜗杆减速器、行星减速器、摆线针轮减速器、谐波减速器等，如图3-2所示；按照传动级数不同，可分为单级减速器和多级减速器。

a) 圆柱齿轮减速器

b) 锥齿轮减速器

c) 蜗轮蜗杆减速器

d) 行星减速器

e) 摆线针轮减速器

f) 谐波减速器

图 3-2　不同传动类型的减速器

3. 应用场合

减速器应用于各种机械设备中，如玻璃清洗机、机器人以及输送设备等，如图 3-3 所示。

a) 谐波减速器应用在机器人的各关节轴

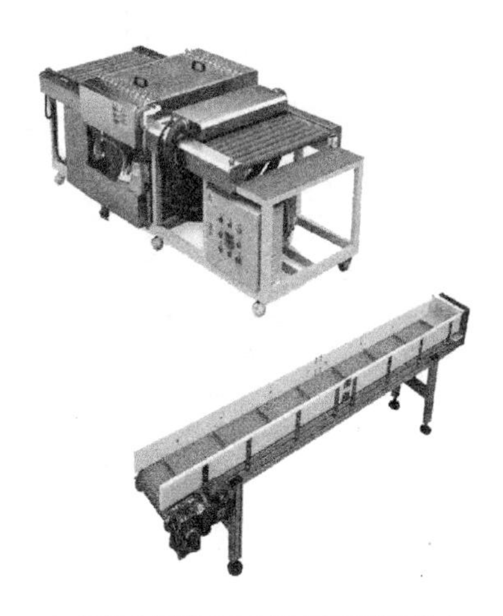

b) 圆柱齿轮减速器应用在玻璃清洗机上、蜗轮蜗杆减速器应用在输送线上

图 3-3　减速器的应用场合

二、同步带及带轮

1. 同步带及带轮概述

同步带是以钢丝绳或玻璃纤维为强力层、外覆以聚氨酯或氯丁橡胶的环形带，带的周围制成齿状，使其与同步带轮啮合。同步带轮是与同步带齿型相同用于与同步带啮合的一种特殊的齿轮。

同步带传动时，传动比准确、对轴作用力小、结构紧凑、耐油性和耐磨性好、抗老化性能好，一般使用温度为-20 ~ 80℃、速度为 $v< 50\text{m/s}$、功率为 $P < 300\text{kW}$、传动比为 $i< 10$，可

用于同步传动，也可用于低速传动。它综合了带传动、链传动和齿轮传动各自的优点。转动时，通过带齿与带轮的齿槽相啮合来传递动力。传输用同步带传动具有准确的传动比、无滑差、可获得恒定的速比、传动平稳、能吸振、噪声小、传动比范围大（一般可达 1∶10）。

2. 同步带的种类

同步带按齿形分有梯形齿同步带、圆弧形同步带、S 齿同步带、抛物线同步带、G. Y 齿同步带等，如图 3-4 所示。

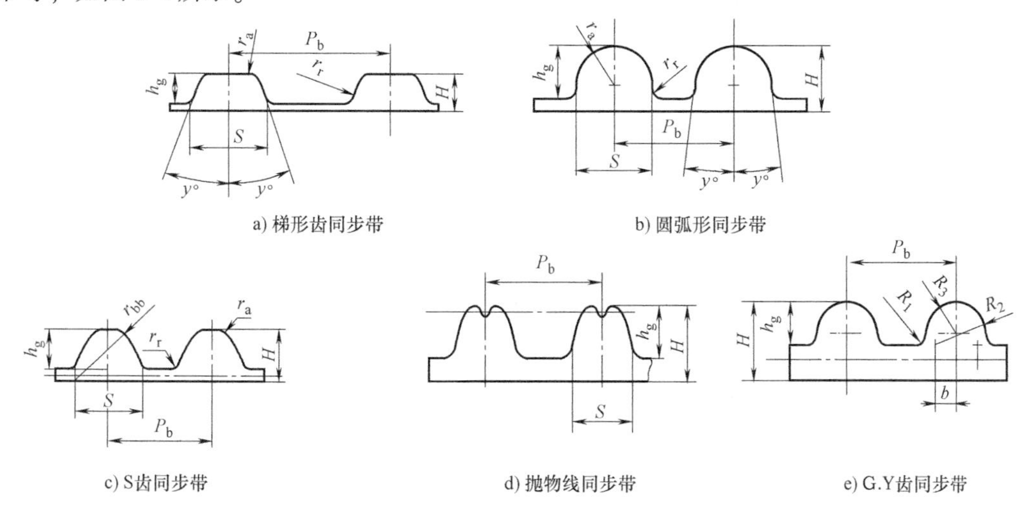

图 3-4　多种齿形同步带图示

同步带的材料主要有橡胶和 PU 两种，所以按材料分又有橡胶同步带和 PU 同步带两种。橡胶同步带使用氯丁橡胶为主原料，配入不同用途的辅料，骨架材料采用玻璃纤维线绳，带齿面采用尼龙 66 高弹力布做保护。PU 同步带由热塑聚氨酯材料制成，骨架采用钢丝或芳纶线。

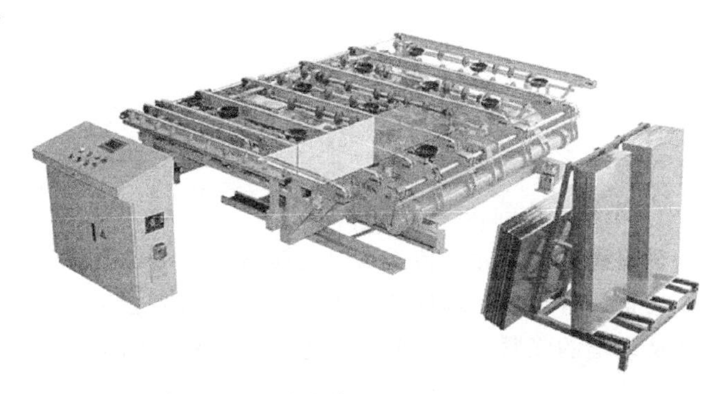

图 3-5　同步带应用于玻璃上片台

3. 应用场合

同步带传动应用在一些传递功率不大、有严格减速比的场合，如用于玻璃上片台、自动化设备、PCB 的运输轨道、线性模组等，如图 3-5~图 3-8 所示。

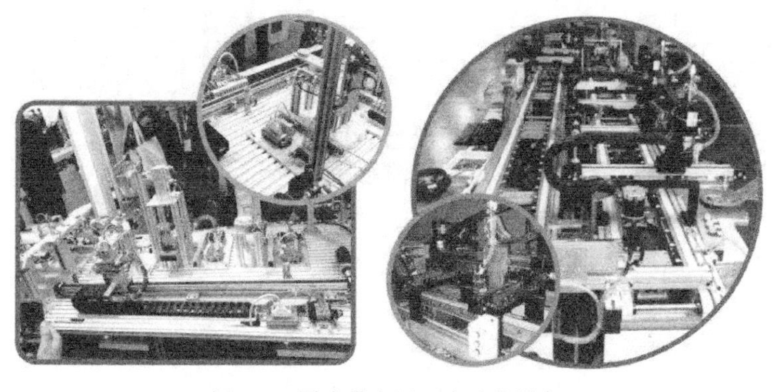

图 3-6　同步带应用于自动化设备

图 3-7　同步带应用于 PCB 的运输轨道

图 3-8　同步带应用于线性模组

三、带输送的张紧机构

1. 带输送机构

带输送机构包括型材、带输送主动端、带输送从动端和张紧机构，如图 3-9 所示。

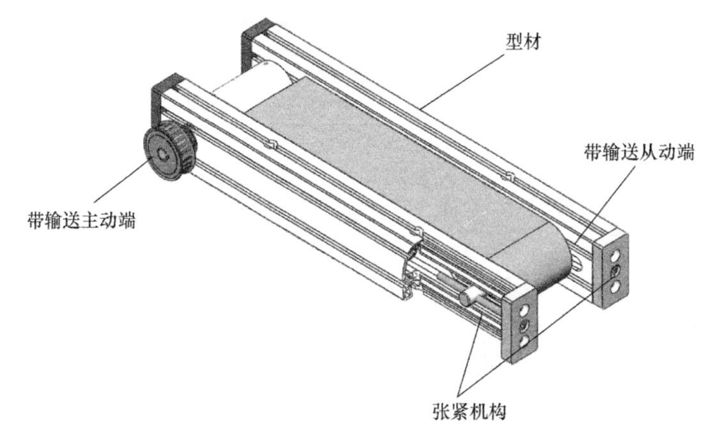

图 3-9　带输送机构

2. 张紧机构的作用及张紧方法

带输送机构需要对传送带进行张紧。如果没有张紧，将出现因为摩擦力不足导致打滑的现象，会造成带与主动轴的转速不同步，严重时会出现主动轴在转而带不转的现象。通过调节带输送从动端的张紧调整螺钉，调整带输送线的张紧。

物料输送系统
硬件安装

任务实施

物料输送系统结构示意如图 3-10 所示。

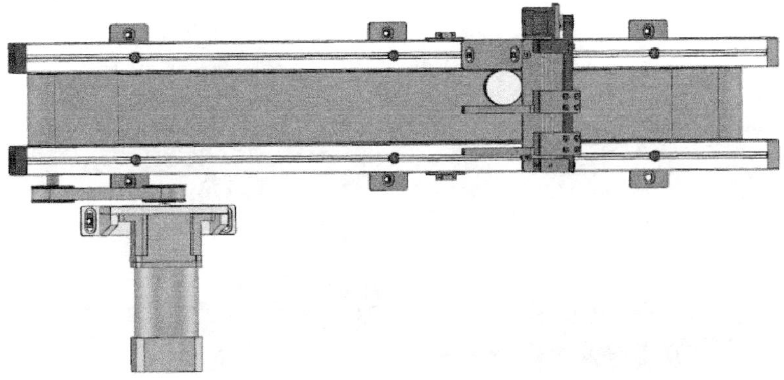
图 3-10　物料输送系统结构示意图

1. 流水线框架的安装

流水线框架的安装如图 3-11 所示，主要包括流水线型材框架、底座和带支撑板的安装。安装流水线框架时，要注意保持两根铝型材平行，如果有偏差，可以利用张紧机构调节。

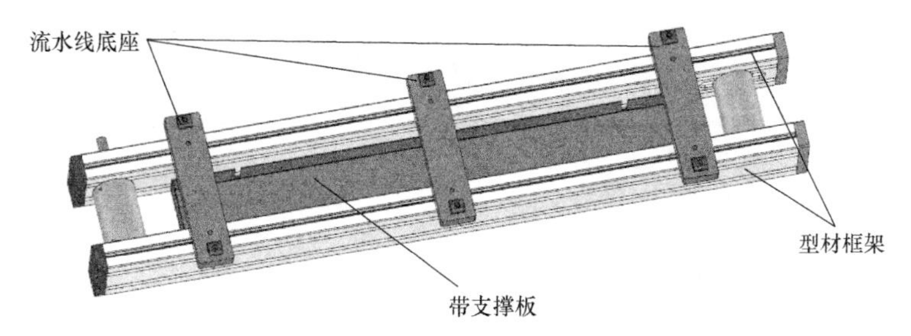

图 3-11　流水线框架安装

2. 流水线主动轴组件和从动轴组件的安装

流水线主动轴组件和从动轴组件的安装如图 3-12 所示。

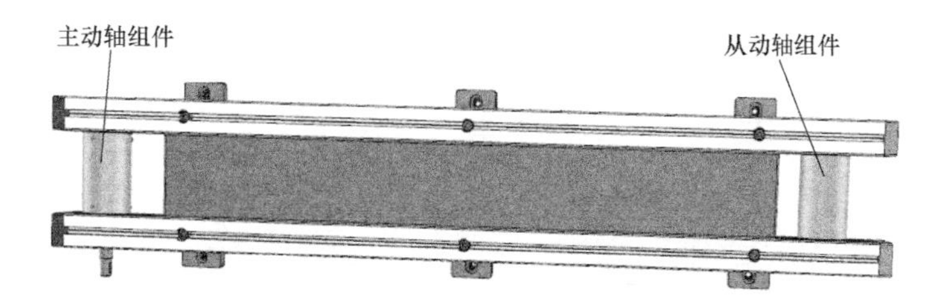

图 3-12　流水线主动轴组件和从动轴组件的安装

3. 流水线传送带的安装

流水线传送带的安装如图 3-13 所示，安装后再通过型材上的张紧螺钉张紧带，如图 3-14 所示。

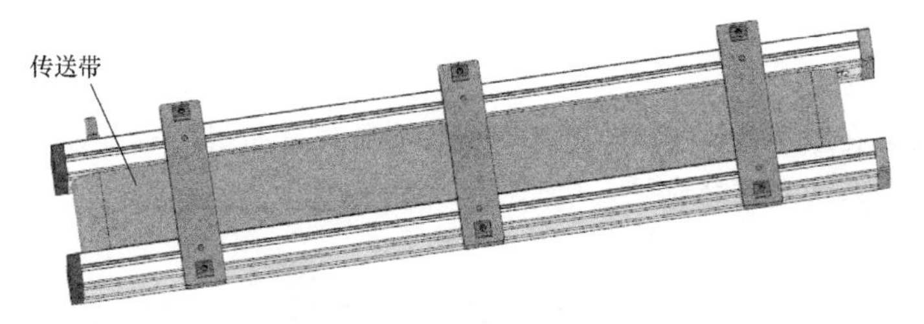

图 3-13　流水线传送带安装

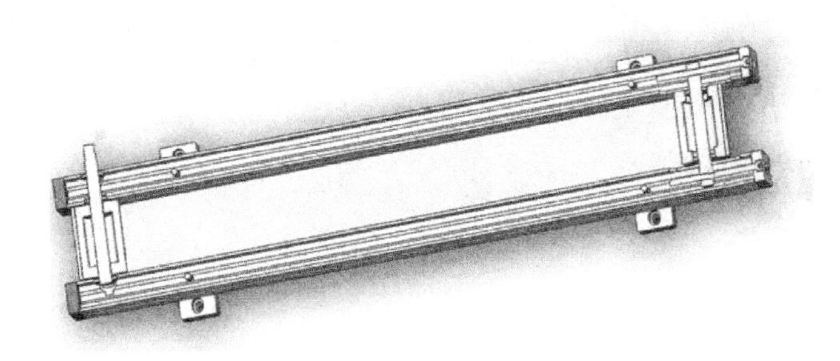

图 3-14　带张紧机构图示

4. 异步电动机组件的安装

安装主动轴同步带轮、异步电动机组件（异步电动机和减速器），如图 3-15 所示。

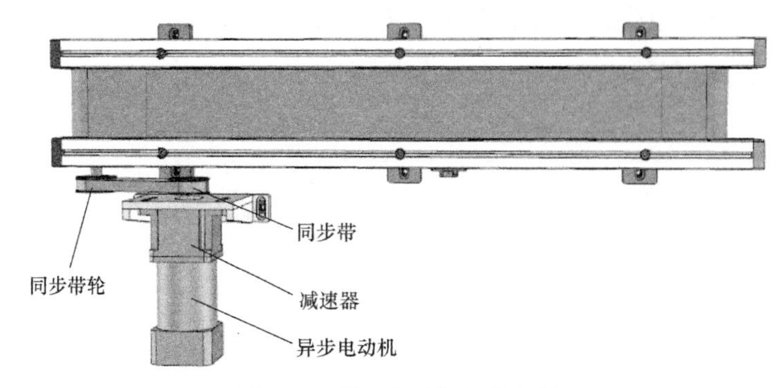

图 3-15　异步电动机组件安装

5. 二次定位机械手的安装

二次定位机械手的安装如图 3-16 所示，包括步进电动机、定位机械手、传感器等的安装。

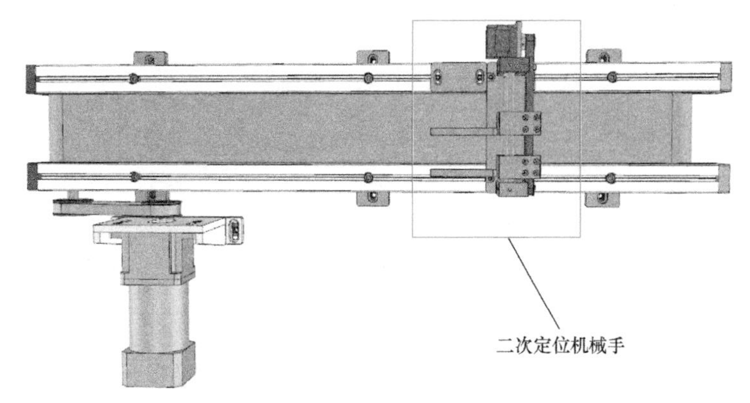

图 3-16　二次定位机械手安装

6. 对射传感器的安装

对射传感器安装在二次定位机械手的来料侧，安装位置如图 3-17 所示。

至此，物料输送系统搭建完成。

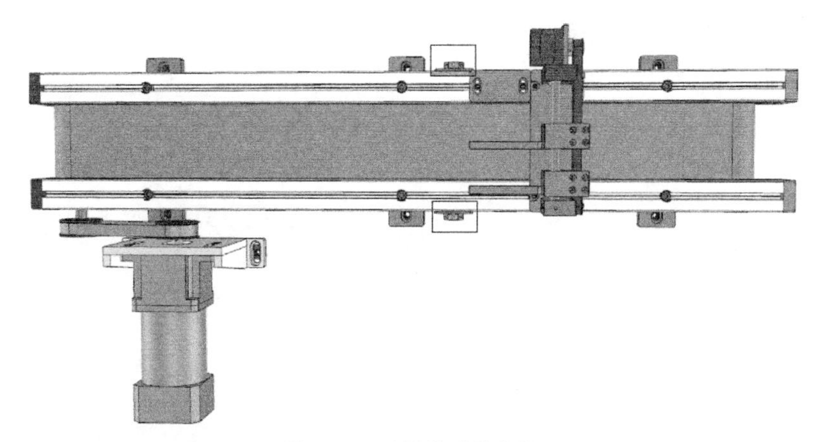

图 3-17　对射传感器安装

任务 3.2 流水线调试

任务引入

某工厂的物料通过流水线进行输送，如图 3-18 所示，需要根据不同设备的工艺要求，由人工操作变频器调节流水线的物料输送速度。具体要求如下：

当供料系统停止供料时，流水线处于静止状态。当有物料被传送到流水线上时，变频器控制的异步电动机以 20Hz 的设定频率运行；当要求设备的供料速度加快时，变频器以 35Hz 的设定频率控制异步电动机运行；按下停止按钮后，异步电动机停止运动，流水线停止运行。

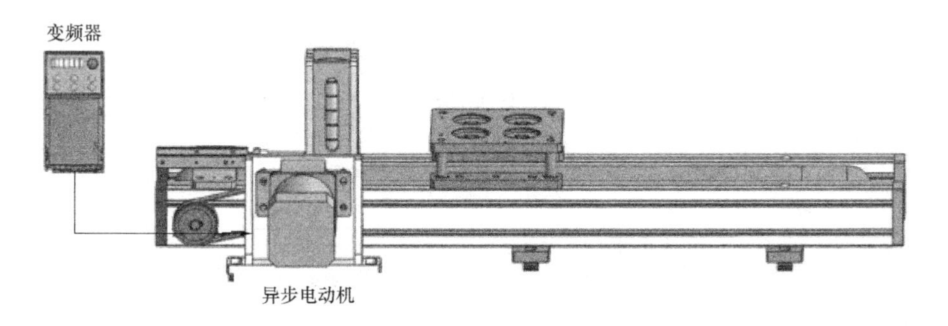

图 3-18 流水线工作示意图

相关知识

异步电动机
结构原理

一、异步电动机

1. 概述

电动机是一种将电能转换为机械能的动力设备，应用十分广泛。按所需电源的不同分为交流电动机和直流电动机。交流电动机按工作原理不同分为同步电动机和异步电动机，异步电动机的转速会随着负载的变化而受到影响。异步电动机又被称为感应电动机，应用最为广泛，因为它具有结构简单、价格低廉、坚固耐用、使用维护方便等优点；但也有功率因数较低、调速困难等缺点。随着功率因数自动补偿技术、变频技术的发展和日益普及，异步电动机正在逐步取代直流电动机。

常用的异步电动机有三相异步电动机和单相异步电动机。单相异步电动机功率小、性能较差，多用于电风扇、洗衣机等家用电器和实验室的小型机械设备；三相异步电动机一般功率较大，多用于起重设备、切削机床、风机、水泵等大型设备中。

2. 三相异步电动机的结构

三相异步电动机的种类很多，但各类三相异步电动机的基本结构是相同的，它们都由定子和转子这两大基本部分组成，在定子和转子之间具有一定的气隙。此外，还有端盖、轴承、接线盒、风扇等其他附件，如图 3-19 所示。三相异步电动机各个部件的作用见表 3-1。

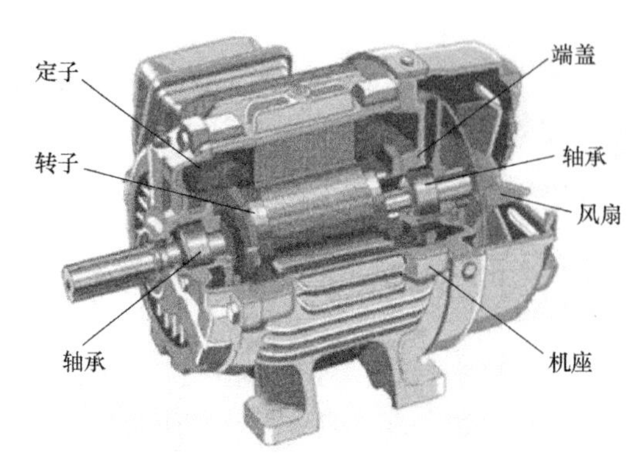

图 3-19　三相异步电动机的结构

表 3-1　三相异步电动机各部件作用一览表

名称	作用
机座	保护和固定定子铁心和绕组
接线盒	保护和固定定子绕组的引出线端子；连接电动机绕组与外部电源
铭牌	介绍电动机的类型、主要性能、技术指标和使用条件
定子铁心和绕组	通入三相交流电时产生旋转磁场，是电动机磁路的一部分
转子铁心和绕组	在定子旋转磁场的感应下产生电磁转矩，沿着旋转磁场的方向转动，并输出动力带动生产机械运转
前后端盖	端盖除了起防护作用外，在端盖上还装有轴承，用以支撑转子轴
轴承盖	固定转子，使转子不能轴向移动；存放润滑脂和保护轴承
轴承	支撑转轴转动
风扇	冷却

3. 异步电动机的调速原理

交流异步电动机的调速方法有多种，随着电工电子技术和计算机技术的发展，目前交流异步电动机最常用的调速方法为变频调速，其变频调速控制原理如图 3-20 所示。

电源
变频驱动装置
M
3～

图 3-20　异步电动机变频调速控制原理

异步电动机的运转特性为

$$\frac{U_1}{f_1}=KN_1K_1\Phi \qquad (3\text{-}1)$$

式中，U_1 为电动机定子绕组电源电压；K 为常数，与电动机结构有关；f_1 为电动机电源电压频率；N_1 为定子绕组的线圈匝数；K_1 为定子绕组的绕组系数；Φ 为气隙磁通。

由式（3-1）可以看出，气隙磁通 Φ 正比于电动机电源电压与频率之比。电动机的运行转矩与气隙磁通成正比，速度变化时，为了保证转矩为常数，则电压与频率的比值要保持为常数，这种控制方式称为标量控制。该控制方式属于基频以下调速，可以保证电动机具有恒定的转矩。

4. 中大力德三相异步电动机介绍

（1）中大力德三相异步电动机（带减速器）的外形如图 3-21 所示。

图 3-21　中大力德三相异步电动机（带减速器）外形

(2) 主要参数

选择三相异步电动机时需要根据工况，参考电动机的主要特性参数，进行电动机的选择。流水线选用的三相异步电动机的主要参数见表 3-2 所示。

(3) 平行轴减速器

本书选用的三相异步电动机带有平行轴减速器，减速比为 30：1。该系列减速器型号说明见表 3-3。

5. 铭牌信息

如图 3-22 所示，电动机机壳上一般都带有一块铭牌，其上标明的信息有：电动机型号、外壳防护等级、额定功率、额定频率、额定电流、额定电压、额定转速、绝缘等级、工作制、接线方法、噪声限值、重量、执行标准编号等。对于派生系列和专用系列，还需标明其他一些内容，如防爆电动机须标明防爆标志和防爆类别、等级及合格证编号等。

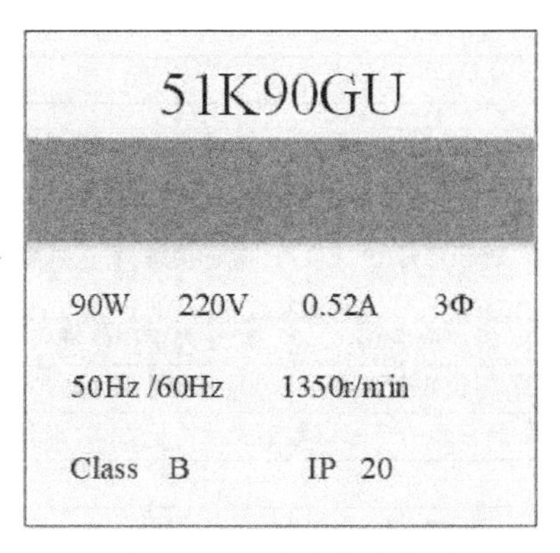

图 3-22 电动机铭牌示例

表 3-2 三相异步电动机的主要参数一览表

型号	51K90GU 系列
输出功率/W	90
电压/V	3 相,220
频率/Hz	50
额定电流/A	0.6
起动转矩/(N·m)	1.35
额定转矩/(N·m)	0.7
额定转速/(r/min)	1350

表 3-3 平行轴减速器型号说明

减速器特点	减速器型号	减速比
长寿命、低噪声	5GU□KB	3、3.6、5、6、7.5、9、10、12.5、15、18、20、25、30、36、40、50、60、75、90、100、120、150、180、200
	5GU10XK(中间减速器)	

6. 电动机防护等级

电动机外壳防护等级是用字母“IP”和其后面的两位数字表示的。“IP”为国际防护的英文缩写，IP 后面的第一位数字表示防固体等级，共分为 0~6 七个等级；第二个数字表示防液体（防水）等级，共分 0~8 九个等级。数字越大，表示防护的能力越强。例如 IP44 表明电动机能防护直径大于 1mm 的固体物入内，同时能防溅水入内。

常见电动机电器防护方式 IP 标识结构见表 3-4。

二、变频器

变频器的接线、参数和使用方法

1. 变频器的认知

变频器是应用微电子技术，通过改变电动机工作电源频率的方式来控制交流电动机的电力控制设备。日常使用的电源分为交流电源和直流电源，一般的直流电源大多是由交流电源通过变压器变压、整流滤波后得到的。交流电源更为常用。

表 3-4　常见电动机电器防护方式 IP 标识结构

电器操作防护方式		
防护方式 IP 标识结构		
标识	意义	注意事项
标识字母 IP	防止接触,防止异物和水进入	IP 为英文"International Protection"缩写,意为国际防护方式
1. 标识数字 0~6	防止外部固体进入的防护等级	很多操作工具不标注表示防护方式 IP 的全部标识数字
2. 标识数字 0~8	防止水进入的防护等级	
如果只用一个标识数字表示防护方式,则其他标识数字由 X 取代		
IP 标识数字的意义		
防护方式	意义	注意事项
防尘		
IP 0X	没有防护	
IP 1X	对于$\geqslant\phi 50$mm 的外部固体有防护	
IP 2X	对于$\geqslant\phi 12.5$mm 的外部固体有防护	
IP 3X	对于$\geqslant\phi 2.5$mm 的外部固体有防护	
IP 4X	对于$\geqslant\phi 1$mm 的外部固体有防护	
IP 5X	防止内部有害粉尘沉淀	
IP 6X	防止粉尘进入	
防水		
IP X0	无防护	
IP X1	可防止垂直落下水滴的影响	防垂直滴落的水
IP X2	可防止与垂直方向成 15°范围内落下水滴的影响	防滴落的水
IP X3	可防止与垂直方向成 60°范围内喷雾状水滴的影响	防喷雾
IP X4	可防止从不同方向飞溅水滴的影响	防喷溅
IP X5	可防止从各个方向喷嘴喷射水流的影响	防喷射
IP X6	可防止从各个方向用喷嘴强力喷射水流的影响	防强力喷射
IP X7	顶部距离水面 0.15~1m,连续 30min,性能不受影响,不漏水	防止暂时性浸泡
IP X8	顶部距离水面 2~30m,连续 30min,性能不受影响,不漏水	防止持续性浸泡

无论是用于家庭还是用于工业生产，单相交流电源和三相交流电源其电压和频率均按各国的规定有一定的标准，如我国规定，直接用户单相交流电压为 220V，三相交流电线电压为 380V，频率为 50Hz；其他国家的电源电压和频率可能与我国的电压和频率不同，如有单相 100V/60Hz、三相 200V/60Hz 等，标准的电压和频率的交流供电电源叫工频交流电。

通常，把电压和频率固定不变的工频交流电变换为电压和频率可变的交流电的装置称作变频器。为了产生可变的电压和频率，该设备首先要把电源的交流电变换为直流电（DC），这个过程叫整流。

变频器主要由整流、滤波、逆变、制动单元、驱动单元、检测单元和微处理单元等组成。其主要采用交-直-交方式（VVVF 变频或矢量控制变频），先把工频交流电源通过整流器转换成直流电源，然后再将直流电源转换成频率、电压均可控制的交流电源以供给电动机。

本书以台达 MS300 变频器为例介绍变频器的相关知识。

2. 台达 MS300 变频器的接线

台达 MS300 变频器的基本接线如图 3-23 所示。

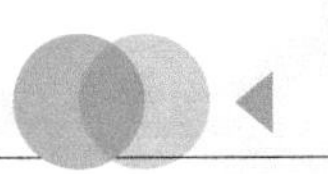

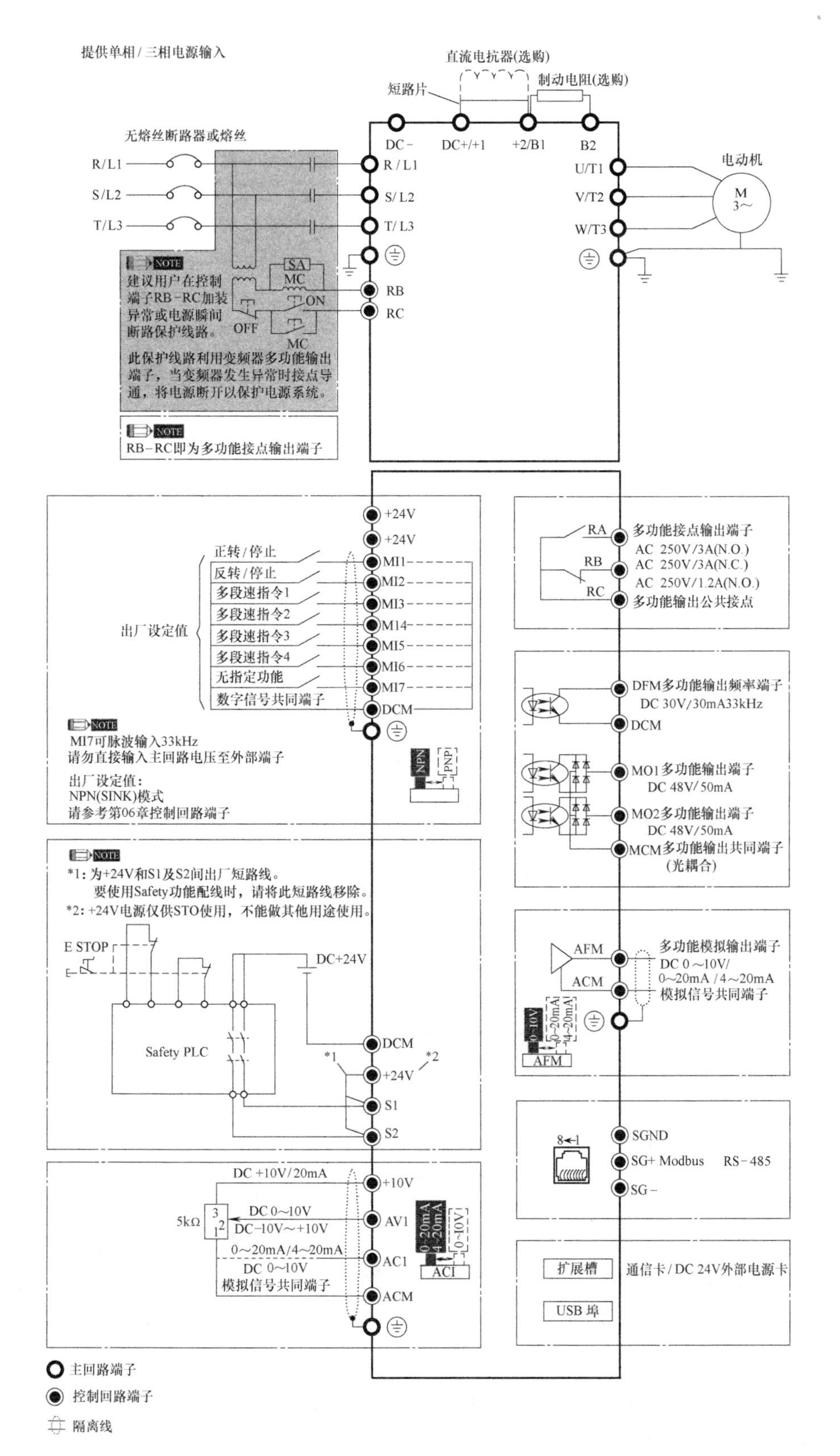

图 3-23 台达 MS300 变频器基本接线图

3. 主要基本功能参数

（1） 台达 MS300 变频器常用参数设定

见表 3-5。

表 3-5　台达 MS300 变频器设定的常用参数一览表

参数码	参数名称	设定范围	初始值
00-20	频率指令来源设定（AUTO、REMOTE）	0：由数字操作器输入 1：由通信 RS485 接口输入 2：由外部模拟输入（参考参数 03-00） 3：由外部 UP/DOWN 端子（多功能输入端子）输入 4：脉波（Pulse）输入，不带转向命令（参考参数 10-16，不考虑方向） 6：由 CANopen 通信卡输入 7：由数位操作器上调整钮输入 8：由通信卡（不含 CANopen 卡）输入 9：PID 控制器输入 [注]：若使用 HOA 功能，需设置外部端子功能为 42、56，或使用 KPC-CC01（选购）才有效	0
00-21	运转指令来源设定（AUTO、REMOTE）	0：由数字操作器操作 1：外部端子操作 2：通信 RS-485 操作 3：由 CANopen 通信卡操作 5：由通信卡（不含 CANopen 卡）操作 [注]：若使用 HOA 功能，需搭配外部端子功能为 42、56，或使用 KPC-CC01（选购）才有效	0
00-22	停止方式	0：以减速制动方式停止 1：以自由运转方式停止	0
03-00	AVI 模拟输入功能选择	0：无功能 1：频率指令 2：转矩指令（速度模式下的转矩限制） 3：转矩补偿指令 4：PID 目标值 5：PID 回授信号 6：热敏电阻（PTC）输入值 7：正向转矩限制 8：反向转矩限制 9：回生转矩限制 10：正/反向转矩限制 11：PT100 热敏电阻输入值 12：辅助频率输入 13：PID 补偿量	1
03-01	ACI 模拟输入功能选择		0
03-28	AVI 端子输入选择	0：0～10V（参数 03-63～03-68 有效） 3：-10～10V（参数 03-69～03-74 有效）	0

（2） 变频器最高操作频率范围设定

台达 MS300 变频器最高操作频率范围设定参数见表 3-6。通常最高的操作频率范围 0～599Hz 对应模拟量输入信号的范围为 0～10V （4～20mA，0～20mA，±10V）。当变频器控制一台异步电动机时，其最高操作频率设定默认使用参数 01-00 的值。当变频器分别控制 4 台电动机时，可以设置4组电动机参数，分别对应所控制的电动机1到电动机4，每一组电动机参数均包含最高操作频率、额定运转电压频率、额定运转电压等，最终通过I/O切换选择使用某一组的电动机参数。本部分涉及的电动机1、2、3、4相关参数，均是变频器分别控制4台电动机时的参数设定。当只控制1台电动机时，默认使用电动机1的相关设定参数。

表3-6　台达MS300变频器最高操作频率范围设定参数一览表

参数码	参数名称	设定频率范围/Hz	初始频率/Hz
01-00	最高操作频率	0.00~599.00	60.00/50.00
01-52	电动机2最高操作频率	0.00~599.00	60.00/50.00
01-53	电动机3最高操作频率	0.00~599.00	60.00/50.00
01-62	电动机4最高操作频率	0.00~599.00	60.00/50.00

（3）电动机额定运转电压频率设定

电动机额定运转电压频率设定参数见表3-7。通常根据电动机铭牌设定。

表3-7　变频器电动机额定运转电压频率设定参数一览表

参数码	参数名称	设定频率范围/Hz	初始频率/Hz
01-01	电动机1输出频率设定(基底频率或电动机额定频率)	0.00~599.00	60.00/50.00
01-35	电动机2输出频率设定(基底频率或电动机额定频率)	0.00~599.00	60.00/50.00
01-54	电动机3输出频率设定（基底频率或电动机额定频率）	0.00~599.00	60.00/50.00
01-63	电动机4输出频率设定（基底频率或电动机额定频率）	0.00~599.00	60.00/50.00

（4）电动机额定运转电压设定

电动机额定运转电压设定参数见表3-8。通常根据电动机铭牌上给出的额定电压设定。

表3-8　变频器电动机额定运转电压设定参数一览表

参数码	参数名称	设定电压范围	初始电压/V
01-02	电动机1输出电压设定(基底电压或电动机额定电压)	115V/230V机种:0.0~255.0V	220.0
		460V机种:0.0~510.0V	440.0
		575V机种:0.0~637.0V	575.0
01-36	电动机2输出电压设定(基底电压或电动机额定电压)	115V/230V机种:0.0~255.0V	220.0
		460V机种:0.0~510.0V	440.0
		575V机种:0.0~637.0V	575.0
01-55	电动机3输出电压设定（基底电压或电动机额定电压）	115V/230V机种:0.0~255.0V	220.0
		460V机种:0.0~510.0V	440.0
		575V机种:0.0~637.0V	575.0
01-64	电动机4输出电压设定（基底电压或电动机额定电压）	115V/230V机种:0.0~255.0V	220.0
		460V机种:0.0~510.0V	440.0
		575V机种:0.0~637.0V	575.0

（5）起动频率

变频器的起动频率参数功能见表3-9，变频器可以在设定的起动频率范围内进行跳频起动。当设定的起动频率大于最低输出频率，起动变频器时，变频器的输出频率将从0跳变到起动频率，然后再到达设定频率；当减速时，变频器的输出频率减速到最低输出频率之后，直接减到 0。

表 3-9　变频器起动频率参数功能

参数码	参数名称	设定频率范围/Hz	初始频率/Hz
01-09	起动频率	0. 00～599. 00	0. 50

（6）上限频率与下限频率

变频器的上/下限输出频率参数功能见表 3-10。上/下限输出频率是用来限制实际输出至电动机的频率值；若设定频率高于上限频率（01-10），则以上限频率运转；若设定频率低于下限频率（01-11）且设定频率高于最小频率（01-07），则以下限频率运行。

表 3-10　变频器上/下限输出频率参数功能

参数码	参数名称	设定频率范围/Hz	初始频率/Hz
01-10	上限频率	0. 00～599. 00	599. 00
01-11	下限频率	0. 00～599. 00	0. 00

设定时，应保证上限频率>下限频率（参数 01-10 设定值必须大于参数 01-11 设定值）。

上限频率设定值会限制变频器的最大输出频率，如果频率命令设定值高于（01-10）设定值，则输出频率会被钳制在上限频率设定值（01-10）。

（7）加减速时间

加减速时间参数功能见表 3-11。

表 3-11　变频器加减速时间参数功能

<table>
<tr><th>参数码</th><th>参数名称</th><th>设定时间范围</th><th>初始时间/s</th></tr>
<tr><td>01-12</td><td>第一加速时间设定</td><td rowspan="8">参数 01-45＝0：0. 00～600. 00s
参数 01-45＝1：0. 0～6000. 0 s</td><td rowspan="8">10. 00
10. 0</td></tr>
<tr><td>01-13</td><td>第一减速时间设定</td></tr>
<tr><td>01-14</td><td>第二加速时间设定</td></tr>
<tr><td>01-15</td><td>第二减速时间设定</td></tr>
<tr><td>01-16</td><td>第三加速时间设定</td></tr>
<tr><td>01-17</td><td>第三减速时间设定</td></tr>
<tr><td>01-18</td><td>第四加速时间设定</td></tr>
<tr><td>01-19</td><td>第四减速时间设定</td></tr>
</table>

加速时间是变频器由 0. 00 Hz 加速到最高操作频率（参数 01-00）所需时间。减速时间是变频器由最高操作频率（参数 01-00）减速到 0. 00 Hz 所需时间。

通过设定“多功能输入指令”参数，可以完成不同加减速时间之间切换，出厂设定均为第一加减速时间。

加减速时间设定太短可能触发变频器的保护功能动作（加速中过电流失速防止参数 06-03 或过电压失速防止参数 06-01），而使实际加减速时间大于此设定值。加速时间设定太短可能造成变频器加速时电流过大，致使电动机损坏或变频器的保护功能动作。减速时间设定太短可能造成变频器减速时电流过大或变频器内部电压过高，致使电动机损坏或变频器的保护功能动作。

(8) 多段速参数

利用多功能输入端子可选择段速运行，段速频率分别由参数 04-00 ~ 04-14 设定。多段速参数功能见表 3-12。多段速与外部端子动作时序如图 3-24 所示。

表 3-12 变频器多段速参数功能

参数码	参数名称	设定频率范围/Hz	初始频率/Hz
04-00	第 1 段速	0. 00~599. 00	0. 00
04-01	第 2 段速	0. 00~599. 00	0. 00
04-02	第 3 段速	0. 00~599. 00	0. 00
04-03	第 4 段速	0. 00~599. 00	0. 00
04-04	第 5 段速	0. 00~599. 00	0. 00
04-05	第 6 段速	0. 00~599. 00	0. 00
04-06	第 7 段速	0. 00~599. 00	0. 00
04-07	第 8 段速	0. 00~599. 00	0. 00
04-08	第 9 段速	0. 00~599. 00	0. 00
04-09	第 10 段速	0. 00~599. 00	0. 00
04-10	第 11 段速	0. 00~599. 00	0. 00
04-11	第 12 段速	0. 00~599. 00	0. 00
04-12	第 13 段速	0. 00~599. 00	0. 00
04-13	第 14 段速	0. 00~599. 00	0. 00
04-14	第 15 段速	0. 00~599. 00	0. 00

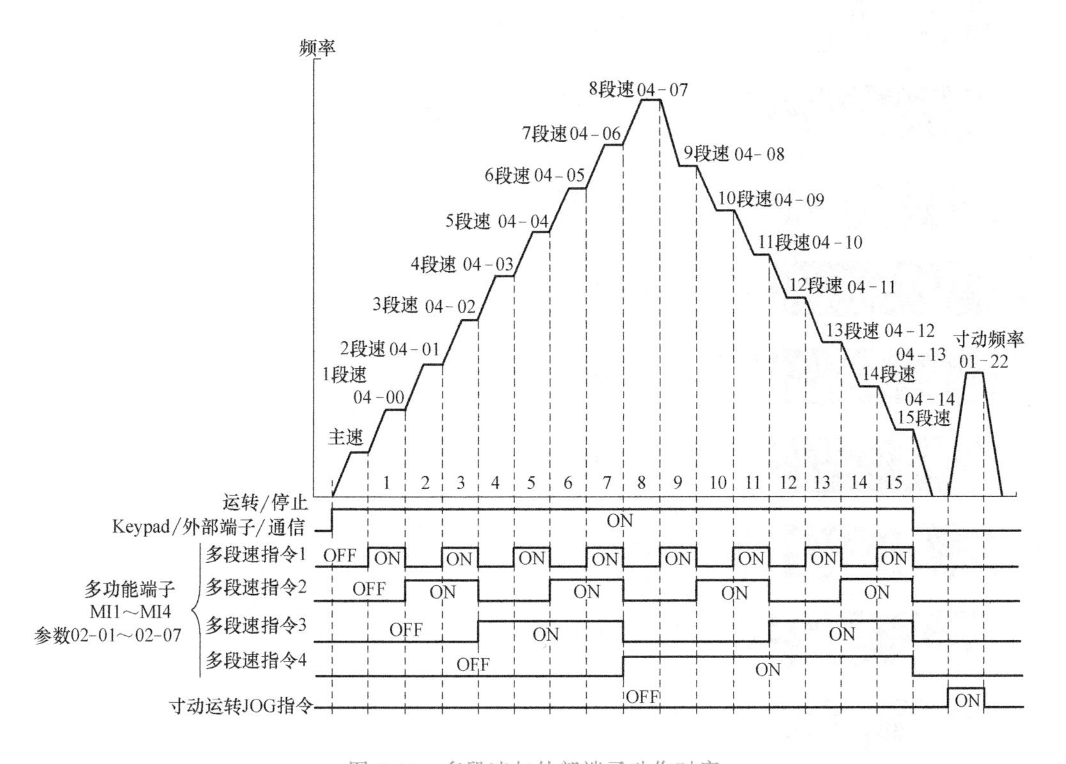

图 3-24 多段速与外部端子动作时序

4. 数字操作器

（1）面板说明

变频器的数字操作器面板是设定变频器参数等的重要途径，其各按键的功能如图 3-25 所示。数字操作器主显示区的显示功能说明见表 3-13。

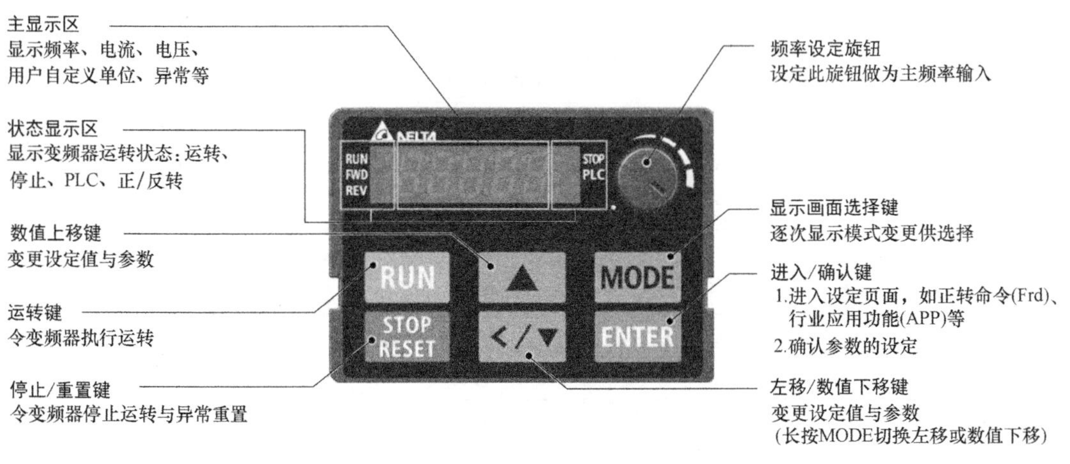

图 3-25　变频器数字操作器面板说明

表 3-13　变频器数字操作器主显示区显示功能说明表

显示项目	说　明
RUN FWD REV F60.00 STOP PLC	显示变频器目前的设定频率
RUN FWD REV H50.00 STOP PLC	显示变频器实际输出到电动机的频率
RUN FWD REV U 180 STOP PLC	显示用户定义的物理量输出
RUN FWD REV A 5.00 STOP PLC	显示负载电流
RUN FWD REV Frd STOP PLC	正转命令
RUN FWD REV rEv STOP PLC	反转命令
RUN FWD REV c 20 STOP PLC	显示计数值
RUN FWD REV 06.00 STOP PLC	显示参数项目
RUN FWD REV 10 STOP PLC	显示参数内容值
RUN FWD REV EF STOP PLC	外部异常显示

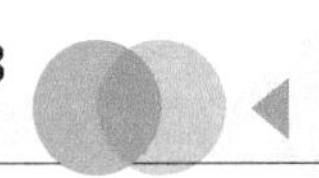

（续）

显示项目	说　明
RUN FWD REV End STOP PLC	若由显示区读到 End 的信息（如左图所示）大约 1s，表示数据已被接受并自动存入内部存储器
RUN FWD REV Err STOP PLC	若设定的资料不受或数值超出时即会显示

（2）七段显示器对照表

数字操作器主显示区的七段显示器对照见表 3-14。

表 3-14　变频器数字操作器主显示区七段显示器对照表

数字	0	1	2	3	4	5	6	7	8	9
七段显示器	0	1	2	3	4	5	6	7	8	9
英文字母	A	a	B	b	C	c	D	d	E	e
七段显示器	A	–	–	b	C	c	–	d	E	–
英文字母	F	f	G	g	H	h	I	i	J	j
七段显示器	F	–	G	–	H	h	–	i	J	j
英文字母	K	k	L	I	M	m	N	n	O	o
七段显示器	K	–	L	–	–	–	–	n	–	o
英文字母	P	p	Q	q	R	r	S	s	T	t
七段显示器	P	–	–	q	–	r	S	–	–	t
英文字母	U	u	V	v	W	w	X	x	Y	y
七段显示器	U	u	–	v	–	–	–	–	Y	–
英文字母	Z	z								
七段显示器	Z	–								

（3）面板操作

1）画面选择。

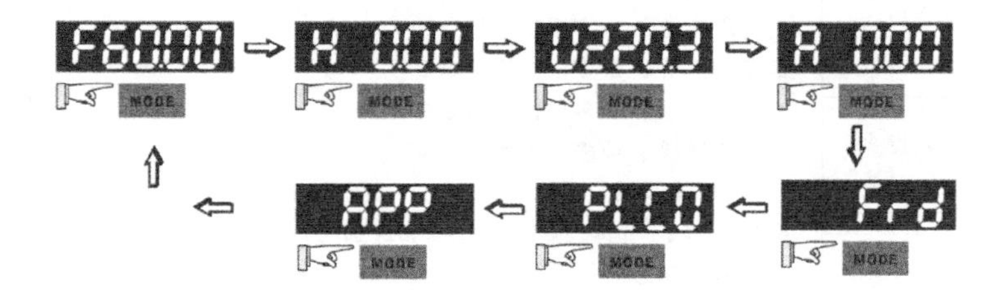

重点 1：在画面选择模式中 ENTER，进入参数设定。

重点 2：当参数 13-00≠0 时，才显示 APP。

2）参数设定。

重点：在参数设定模式中 MODE 可往返回画面选择模式。

3）转向设定（运转命令来源于数字操作面板时）。

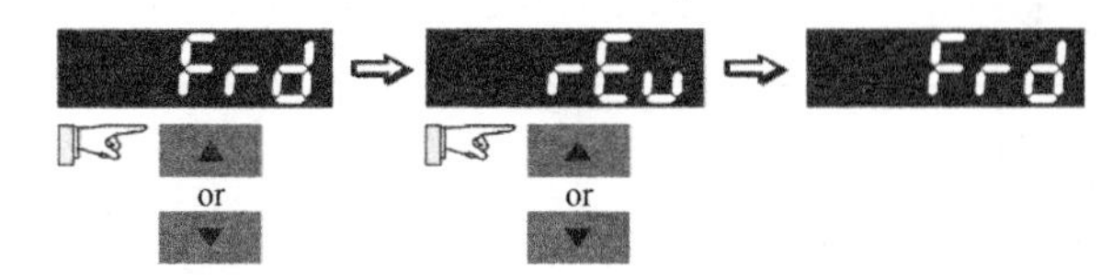

5. 变频器其他参数

台达 MS300 变频器还有其他比较重要的参数，如 02 段-数字输入/输出功能参数，见表 3-15。其他参数详见产品说明书。

表 3-15　变频器 02 段-数字输入/输出功能参数

参数码	参数名称	设定范围	初始值
02-00	二线/三线式运转控制	0:无功能 1:二线式模式 1,电源起动运转控制动作 (M1:正转/停止,M2:反转/停止) 2:二线式模式 2,电源起动运转控制动作 (M1:运转/停止,M2:反转/正转) 3:三线式,电源起动运转控制动作 (M1:运转,M2:反转/正转,M3:停止) 4:二线式模式 1,快速起动 (M1:正转/停止,M2:反转/停止) 5:二线式模式 2,快速起动 (M1:运转/停止,M2:反转/正转) 6:三线式,快速起动 (M1:运转,M2:反转/正转,M3:停止) 重要: 1. 在快速起动功能作用下,输出会保持为运行就绪状态。变频器将立即回应起动命令 2. 使用快速起动功能时,为了下达起动命令时可立即输出,输出端子 UVW 上会带有驱动电压,以便下达起动命令时可立即回应,切勿触碰端子或拆装电动机线路,以免发生触电危险	1
02-01	多功能输入指令一(MI1)	0:无功能 1:多段速指令 1/多段位置指令 1 2:多段速指令 2/多段位置指令 2 3:多段速指令 3/多段位置指令 3 4:多段速指令 4/多段位置指令 4 5:异常复归指令 Reset 6:JOG 指令[外部控制或 KPC-CC01(选购)] 7:加减速禁止指令 8:第一、二加减速时间切换 9:第三、四加减速时间切换 10:EF 输入(参数 07-20) 11:外部中断 B. B. 输入(Base Block) 12:输出停止	0
02-02	多功能输入指令一(MI2)		0
02-03	多功能输入指令一(MI3)		1
02-04	多功能输入指令一(MI4)		2

（续）

<table>
<tr><th>参数码</th><th>参数名称</th><th>设定范围</th><th>初始值</th></tr>
<tr><td>02-05</td><td>多功能输入指令一(MI5)</td><td rowspan="3">13:取消自动加减速设定
15:转速命令来自 AVI
16:转速命令来自 ACI
18:强制停机(参数 07-20)
19:递增指令
20:递减指令
21:PID 功能取消
22:计数器清除
23:计数输入(MI6)
24:FWD JOG 指令
25:REV JOG 指令
26:TQC/FOC 模式切换</td><td>3</td></tr>
<tr><td>02-06</td><td>多功能输入指令一(MI6)</td><td>4</td></tr>
<tr><td>02-07</td><td>多功能输入指令一(MI7)</td><td>0</td></tr>
<tr><td>02-09</td><td>UP/DOWN 键模式</td><td>0:UP/DOWN 依加减速时间
1:UP/DOWN 定速(参数 02-10)
2:脉波信号(参数 02-10)
3:外部端子 UP/DOWN 键模式
4:外部端子 UP/DOWN 键模式(参数 02-10)</td><td>0</td></tr>
<tr><td>02-10</td><td>定速 UP/DOWN 键加减速速率</td><td>0.001~1.000Hz/ms</td><td>0.001Hz/s</td></tr>
<tr><td>02-11</td><td>多功能输入响应时间</td><td>0.000~30.000s</td><td>0.005s</td></tr>
<tr><td>02-12</td><td>多功能输入模式选择</td><td>0000~FFFFh(0:N.O.;1:N.C.)</td><td>0000h</td></tr>
<tr><td>02-13</td><td>多功能输出 1(RY1)</td><td rowspan="2">0:无功能
1:运转中指示
2:运转速度到达
3:任意频率到达 1(参数 02-22)
4:任意频率到达 2(参数 02-24)
5:零速(频率命令)
6:零速含 STOP(频率命令)
7:过转矩 1(参数 06-06~06-08)
8:过转矩 2(参数 06-09~06-11)
9:变频器准备完成
10:欠电压警报(Lv)(参数 06-00)
11:故障指示
13:过热警告(参数 06-15)
14:软件制动动作指示(参数 07-00)
15:PID 回授异常(参数 08-13、08-14)
16:转差异常(oSL)
17:计数值到达,不归 0(参数 02-20)
18:计数值到达,归 0(参数 02-19)
19:外部中断 B.B. 输入(Base Block)
20:警告输出
21:过电压警告
22:过电流失速防止警告</td><td>11</td></tr>
<tr><td>02-16</td><td>多功能输出 2(MO1)</td><td>0</td></tr>
</table>

（续）

参数码	参数名称	设定范围	初始值
02-17	多功能输出 3（MO2）	23：过电压失速防止警告 24：变频器操作来源 25：正转命令 26：反转命令 29：高于等于参数 02-34 的设定频率时输出（≥02-34） 30：低于参数 02-34 的设定频率时输出（<02-34） 31：电动机线圈切换丫联结命令 32：电动机线圈切换△联结命令 33：零速（实际输出频率） 34：零速含 Stop（实际输出频率） 35：错误输出选择 1（参数 06-23） 36：错误输出选择 2（参数 06-24） 37：错误输出选择 3（参数 06-25） 38：错误输出选择 4（参数 06-26） 40：运转速度到达含停止 42：天车动作 43：电动机转速侦测 44：低电流输出（搭配 06-71～06-73） 45：UVW 输出电磁阀开关动作 46：主站 dEb 动作发生输出 50：提供给 CANopen 当作控制输出 51：提供给 RS485 当作控制输出 52：提供给通信卡当作控制输出 53：火灾模式指示 66：SO 输出逻辑 A 67：模拟输入准位到达输出 68：SO 输出逻辑 B 73：过转矩 3 74：过转矩 4 75：正转运行状态 76：反转运行状态	0

任务实施

流水线调试

一、硬件接线

由三相异步电动机电气原理图可知，三相异步电动机的 3 条相线和地线需连接变频器的电动机端口。当通过模拟量控制三相异步电动机调速时，运动控制器通过轴信号接口“AXIS5”将控制信号注入变频器，最终控制三相异步电动机。具体接线见表 3-16。

表 3-16　硬件接线表

模块	接口	模块	接口
接线一端		接线另一端	
流水线模组	流水线三相异步电动机	AXIS5	Drive_5 Power

二、变频器面板控制电动机调速

1. 变频器参数设定

根据控制要求，需使用变频器控制电动机。变频器的基本参数设定见表 3-17。

表 3-17 变频器基本参数设定

参数码	参数名称	设定值
00-20	频率指令来源设定	7
00-21	运转指令来源设定	0

2. 切换变频器面板为显示“目前的设定频率”界面

通过面板上的“MODE”按键，切换面板界面显示当前的设定频率，当前的设定频率为 10.14Hz，如图 3-26 所示。

3. 起动电动机

单击面板上的“RUN”键，电动机开始转动。

图 3-26 “目前的设定频率”显示界面

4. 调节流水线速度

首先旋转“频率设定”旋钮，通过面板改变频率为 20Hz，此时电动机转速改变；再旋转“频率设定”旋钮改变频率为 35Hz，流水线速度加快。

5. 流水线停止运行

单击面板上的“STOP”键，电动机停转，流水线停止运行。

三、模拟量输出控制电动机调速

1. 变频器参数设定

根据控制要求，需使用控制卡模拟量输出控制电动机。变频器的基本参数设定见表 3-18。

表 3-18 变频器基本参数设定

参数码	参数名称	设定值
00-20	频率指令来源设定	2
00-21	运转指令来源设定	1
03-00	AVI 模拟输入功能选择	1
03-01	ACI 模拟输入功能选择	0
03-28	AVI 端子输入选择	0

2. 控制器配置

(1) 运动控制器复位

控制器软件配置参数很多，本项目只需配置其中很少一部分参数，其余参数采用默认设置即可。首先用 MCT2008 管理软件对运动控制器复位，如图 3-27 所示。

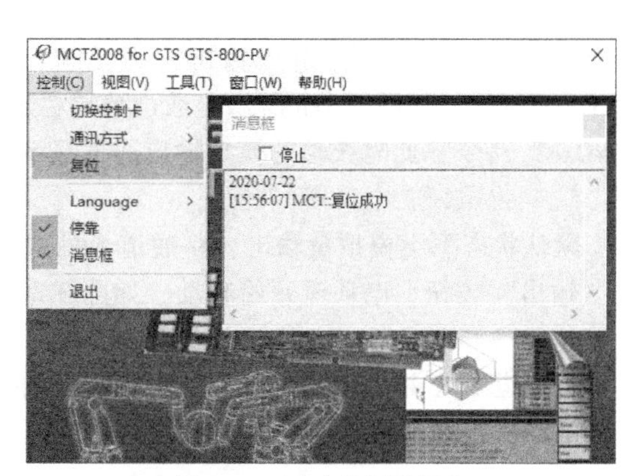

图 3-27 运动控制器复位

(2) 配置 axis

在 MCT2008 软件中选择“工具”→“控制器配置”，打开控制器 axis 配置界面，如图 3-28 所示。由于变频器连接的是端子板

CN5，因此选择轴号索引为“5”。驱动报警信号、正限位信号、负限位信号没有设计硬件接线，而控制器默认状态下以上信号都是触发的，故应将以上信号设置为“none”。axis 界面的其余参数均采用默认值即可。

（3）将控制器配置写入到运动控制器

如图 3-29 所示，通过上面几步设置的参数可以通过在菜单栏选择“控制”→“写入控制器状态”命令，直接将设置好的参数写入控制器内部。

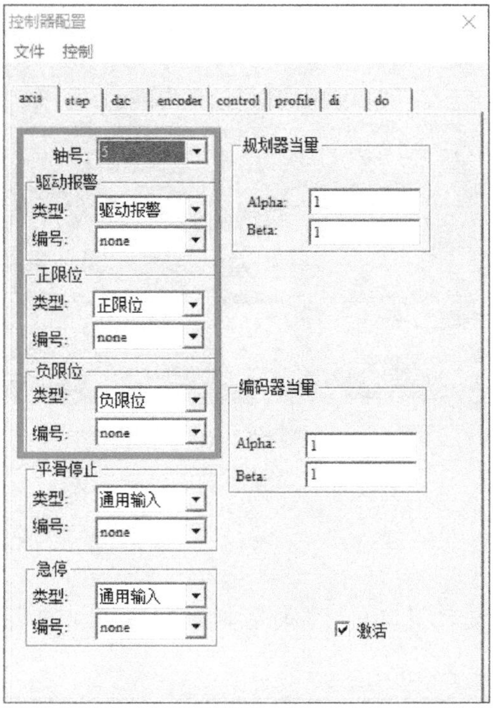

图 3-28　axis 配置界面

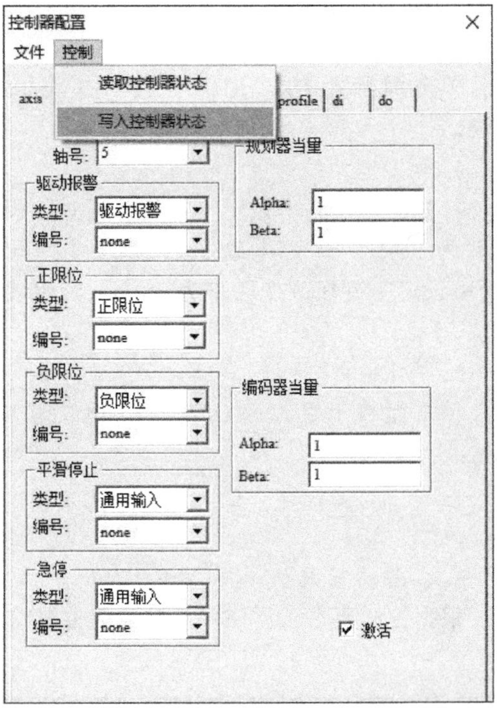

图 3-29　配置参数的写入

3. 打开“数字量输出”界面

选择“视图”→“数字量输出”调出 DO 界面，如图 3-30 所示，触发数字 I/O 输出 EXO8，此时继电器闭合。

4. 打开“电压输出”界面

选择“视图”→“电压输出”调出电压输出界面，如图 3-31a 所示。如图 3-31b 所示，通过菜单栏选择“选择”→“5#Dac”命令，此时 5 轴的模拟输出通道显示在界面中。

5. 输出电压，电动机转动

默认状态下无模拟量输出，将通道 5 处改为“3000”，单击“输出”按钮，电动机开始转动，如图 3-32 所示。

6. 改变输出电压，实现电动机调速

将通道 5 处由“3000”改为“10000”，单击“输出”按钮，电动机转速加快。

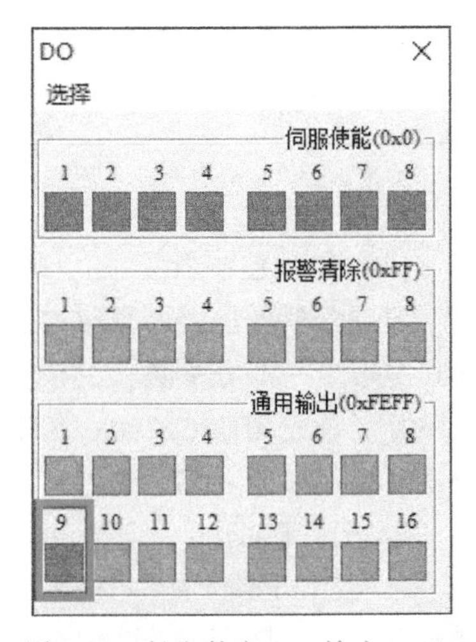

图 3-30　触发数字 I/O 输出 EXO8

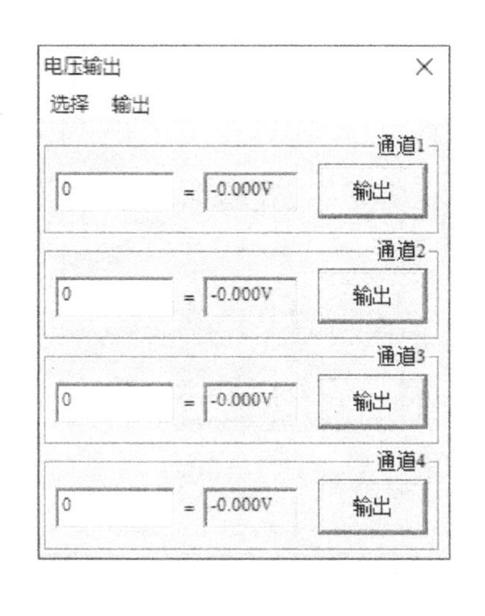

a) 电压输出界面

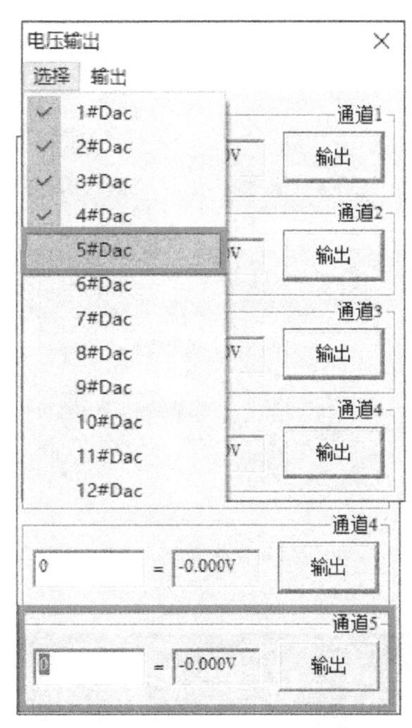

b) 调出5轴电压输出

图 3-31 电压输出界面操作

7. 电动机反转

在“数字量输出”界面单击通用输出信号 9，其变为绿色。等待电动机停转后，再触发数字 I/O 输出 EXO9，如图 3-33 所示。此时电动机反向转动。

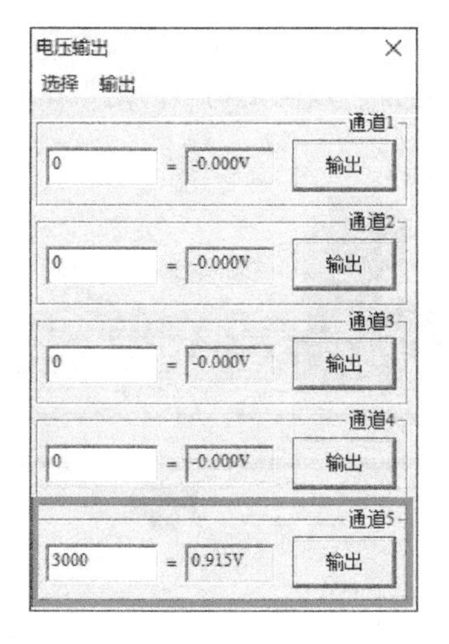

图 3-32 通道 5 模拟电压设置

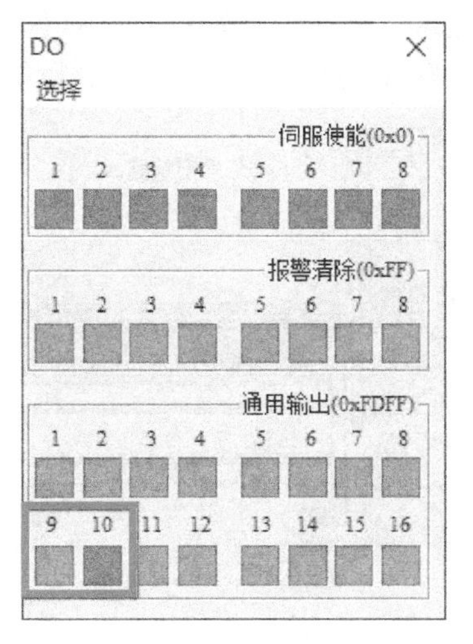

图 3-33 触发数字 I/O 输出 EXO9

8. 电动机停止转动，实验结束

电动机停转有如下两种方法：

1）在“数字量输出”界面单击数字 I/O 输出 EXO9 的按键，其变为绿色，此时界面如图 3-34 所示，电动机停止转动。

2）如图 3-35 所示，将通道 5 处改为“0”，单击“输出”按钮，电动机停止转动。

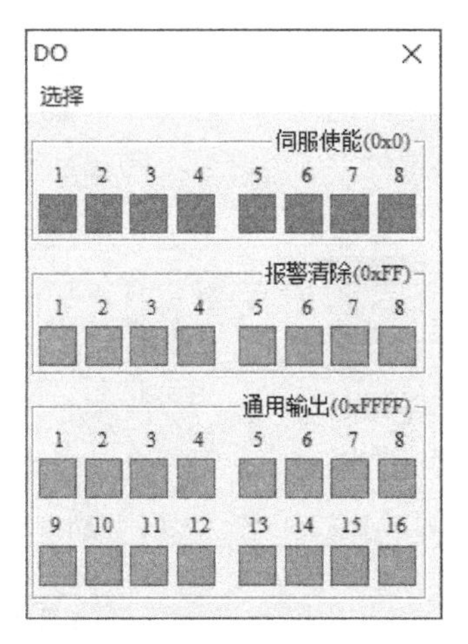

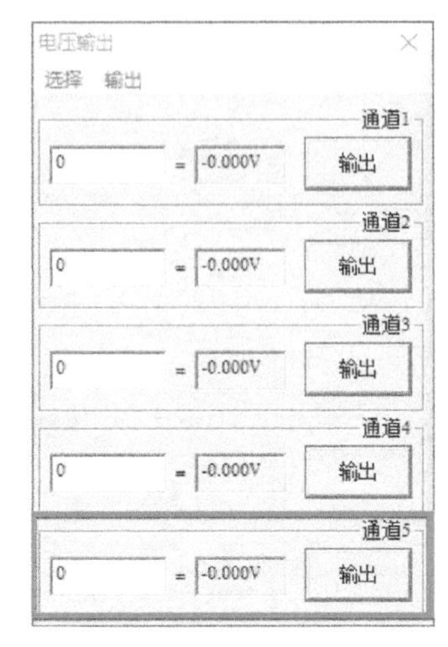

图 3-34 数字 I/O 输出 EXO9 不触发　　　图 3-35 通道 5 模拟电压输出置 0

任务 3.3 定位系统调试

任务引入

某工厂的物料输送通过流水线实现，如图 3-36 所示，为了降低成本，采用传感器加步进电动机控制实现物料的二次定位。具体要求如下：

物料随流水线传动，当物料通过对射传感器的位置时，传感器信号触发。当控制器接收 I/O 信号后，控制步进电动机运行，对物料进行二次定位，以满足物料的定点抓取。

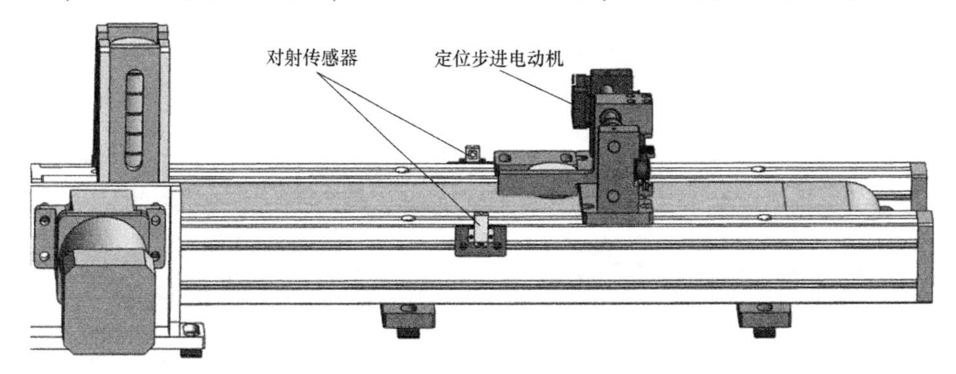

图 3-36 步进电动机定位系统示意图

相关知识

步进电动机的结构原理和运行特性

一、步进电动机

1. 步进电动机概述

步进电动机是一种将脉冲信号转换成相应电动机转角的机电装置。电动机每接收一个脉冲，就转动一个固定的角度（称为步距角）。步进电动机的转角与所接受的脉冲数成正比，其转速与脉冲频率成正比。因此，通过控制输入的脉冲特性，就可以较好地实现步进电动机的位置和速度精确控制。

步进电动机易用计算机控制，一般不带有编码器，常用于开环控制系统，具有较好的精度。图 3-37 所示为步进电动机控制的开环系统控制原理。由控制器发出脉冲信号（包括脉冲的方向、数量以及频率），到步进驱动装置，经过信号放大与处理，传递给步进电动机，实现位置和速度的控制。

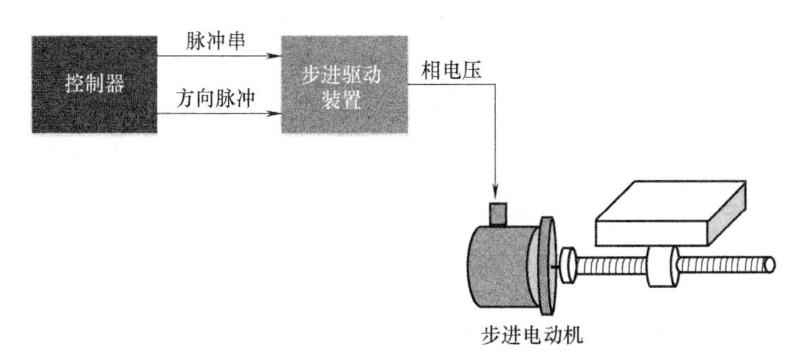

图 3-37　步进电动机控制系统原理

2. 步进电动机的分类

步进电动机按工作原理可分为三大类。

1）反应式：转子为软磁材料，步距角小、动态性能较差。

2）永磁式：转子为永磁材料，动态性能好、输出力矩大，但步距角大。

3）感应子式（混合式）：转子为永磁式、两段，开小齿，集成了反应式与永磁式优点——转矩大、动态性能好、步距角小，但结构复杂、成本较高。

3. 步进电动机的结构和工作原理

（1）结构

步进电动机由转子（转子铁心、永磁体、转轴、轴承）、定子（机座、定子绕组、定子铁心和前后端盖等）组成。图 3-38 所示为混合式步进电动机内部剖视图，由铜线组成的绕组绕制在定子铁心上，边缘有轮齿的为转子，定子绕组每有 1 个脉冲激励，在电磁场的作用下，转子旋转 1 个齿距。

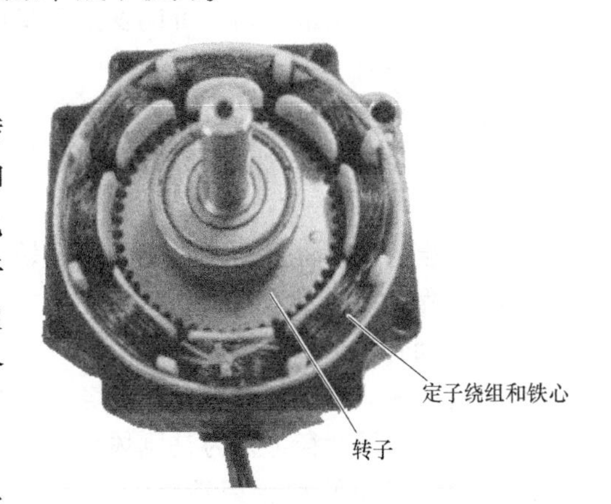

图 3-38　混合式步进电动机内部结构视图

（2）工作原理

步进电动机是纯粹的数字控制电动机，它将电脉冲信号转变成角位移。步进电动机只能通过脉冲电源供电才能运行，它不能直接使用交流电源和直流电源；此外，步进电动机的角位移与输入脉冲的数量严格成正比，因此，当它转 1 圈后，没有累计误差，具有良好的跟随性。

图 3-39 所示是三相步进电动机结构示意图，从图中可以看出，它分成转子和定子两部分。定子上有 6 个磁极，每两个相对的磁极组成一相，共三相，即 A、A′，B、B′，C、C′。转子上有 4 个均匀分布的齿 1~4。

当 A 相通电，B、C 相不通电时，定子产生以 A—A′为中心的励磁磁场，会对转子形成一

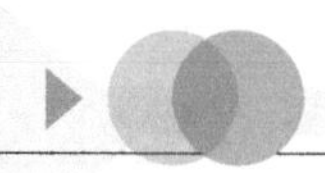

个转矩，此转矩带动转子的1、3齿对齐到A—A′的中心；当A、B相通电，C相不通电时，转子的2、4齿在B—B′相励磁磁场的吸引下开始顺时针转动，直至转子1、3齿和A—A′的作用力与转子2、4齿和B—B′的作用力相平衡；当B相通电，A、C相不通电时，励磁磁场带动转子的2、4齿对齐到B—B′的中心。如此，按照A→A、B→B→B、C→C→A、C→A的顺序循环通电，则电动机便按照一个方向运动。若按照A→A、C→C→B、C→B→A、B→A的顺序循环通电，则电动机反向转动。

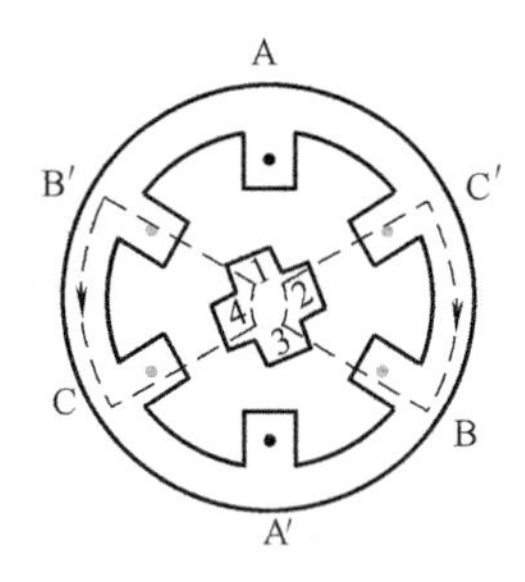

图3-39　三相步进电动机结构示意图

电动机绕组是否通电可由计算机进行控制，电动机定子绕组线圈每改变一次通电方式称为“一拍”，则上述通电方式称为三相双六拍。三相是指三相步进电动机；六拍是指定子绕组需要经过6次完成1个通电循环；双是指通电时，有时是单相绕组通电，有时是两相绕组同时通电。

4. 步进电动机的特性参数

（1）步距角

步距角是步进电动机接收一个脉冲信号，电动机转子转过的角位移。步距角的大小与电动机结构、控制方式等有关。

（2）静转矩

静转矩是指步进电动机通电但没有转动时，定子锁住转子的力矩。

（3）定位转矩

定位转矩是指步进电动机在不通电状态下，电动机转子自身的锁定力矩。

（4）空载起动频率

空载起动频率是指步进电动机在空载情况下能够正常起动的脉冲频率，如果脉冲频率高于该值，电动机不能正常起动，可能发生丢步或堵转现象。

（5）矩频特性

矩频特性是指步进电动机输入的脉冲频率和动态输出转矩之间的关系。通常步进电动机的动态输出转矩会随着脉冲频率的升高而降低。

（6）失步

失步包括丢步和越步。丢步是指转子转动的步距数少于脉冲数；越步是指转子转动的步距数大于脉冲数。

（7）振动特性

振动是由振动源、传播途径、对象组成的[3]。对于步进电动机系统来说，振动源是输入的脉冲频率，传播途径可认为是刚体传播，对象是由惯量组成的机械系统。因此，步进电动机系统的振动一般由两种原因造成，一是系统惯量不匹配引起的振动；二是脉冲频率引起的振动。

1）系统惯量不匹配引起的振动。惯量不匹配引起的振动是由于速度规划的频率范围和机械系统的共振点有交集，从而引发的共振。

在一些要求不高的自动化场合，为降低机械系统的成本，通过降低速度和加速度，使得速度规划的有效频率成分远离机械系统的共振频率，以避开共振区。而在高速高精度的自动化行业，其速度和加速度是有严格要求的，因此必须优化机械系统，以加大系统带宽，使机械系统的共振频率远离速度规划的有效频率成分，以此避开共振区。

2）脉冲频率引起的振动。由于步进电动机是由脉冲驱动以步距角为单位一步步转动，故而在转动过程中脉冲频率与机械系统的共振频率有可能发生交集，引发共振。

一般通过改变驱动器的细分来解决此原因引起的振动，当细分越大时，步进电动机的运转越连续，运动性能更好。通常在实际系统当中，改变速度规划仍不能够满足用户需求，则可以调整细分来改善系统的动态性能。

二、步进电动机驱动器

1. 概述

步进驱动器的端口、接线和使用

步进电动机驱动器是一种能驱动步进电动机运转的功率放大器，能把控制器发来的脉冲信号转变为步进电动机的角位移，电动机的转速与脉冲频率成正比，所以控制脉冲频率可以精确调速，控制脉冲数就可以精确定位。步进电动机驱动器接线原理如图 3-40 所示。

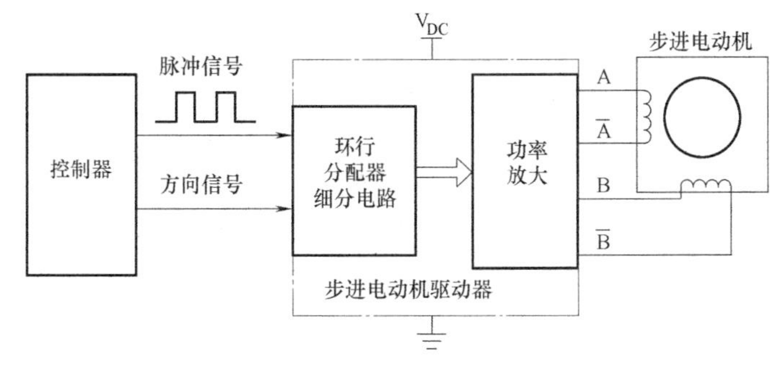

图 3-40　步进电动机驱动器接线原理图

本书选用的步进电动机驱动器是数字式两相步进驱动器。此数字驱动器外设细分、电流、辅助功能拨码，用户可根据需要自由设置，内部编写先进驱动控制算法，能保证步进电动机在各速度段精准、稳定运行，其中，内置细分算法，能使电动机在低转速时平稳运行；内置中高速力矩补偿算法，能最大限度地提高电动机中高转速时的转矩；内置参数自整定算法，能自适应各种电动机，最大限度发挥电动机性能；内置平滑算法，能极大提升电动机加减速性能。

2. 主要参数

步进电动机驱动器的主要技术参数见表 3-19。

表 3-19　步进电动机驱动器主要技术参数

输入电压		DC 24~48V
最大脉冲频率		200kHz
默认通信速率		57.6kbit/s
使用环境	场合	尽量避免粉尘、油雾及腐蚀性气体
	工作温度	0~70℃
	冷却方式	自然冷却或强制风冷

3. 端口说明

（1）控制信号输入端口

步进电动机驱动器的控制信号输入端口的外形如图 3-41 所示，各端口说明见表 3-20。

（2）功率端口

步进电动机驱动器的功率端口外形如图 3-42 所示，各端口说明见表 3-21。

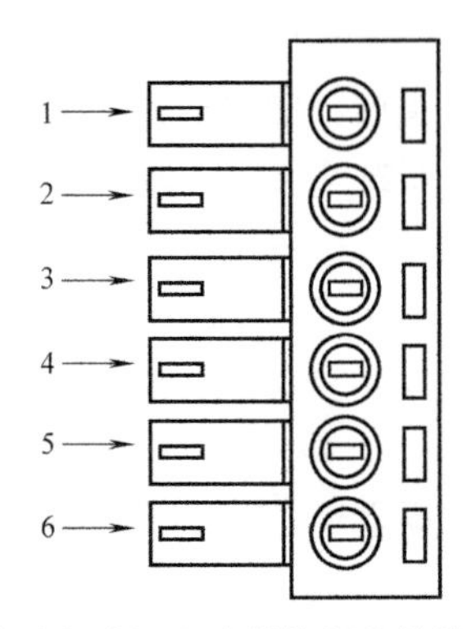

图 3-41　步进电动机驱动器控制信号输入端口外形

表 3-20　步进电动机驱动器控制信号输入端口说明

端子号	符号	名称	说明
1	ENA-	使能输入负	兼容 5~24V 电平
2	ENA+	使能输入正	
3	DIR-	方向输入负	兼容 5~24V 电平
4	DIR+	方向输入正	
5	PLS-	脉冲输入负	兼容 5~24V 电平
6	PLS+	脉冲输入正	

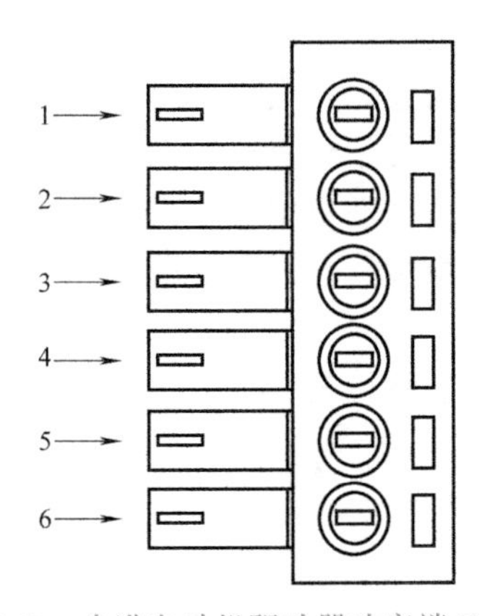

图 3-42　步进电动机驱动器功率端口外形

表 3-21　步进电动机驱动器功率端口说明

端子号	标识	符号	名称	说明
1	电动机相线	B-	电动机 B-端	电动机 B 相绕组
2		B+	电动机 B+端	
3		A-	电动机 A-端	电动机 A 相绕组
4		A+	电动机 A+端	
5	电源输入端	VCC	电源正极	DC24~48V
6		GND	电源负极	

4. 控制信号接线

（1）控制信号单端共阳极接线

驱动器控制信号与控制器的单端共阳极接线如图 3-43 所示。

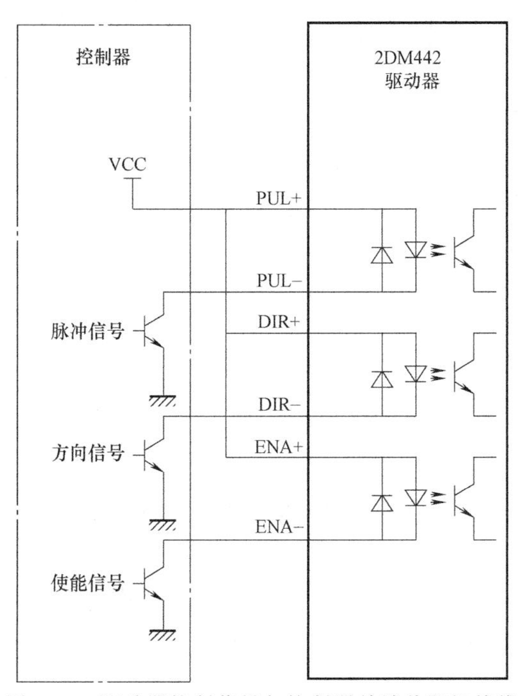

图 3-43　驱动器控制信号与控制器单端共阳极接线

（2）控制信号单端共阴极接线

驱动器控制信号与控制器的单端共阴极接线如图 3-44 所示。

（3）控制信号差分接线方式

驱动器控制信号与控制器的差分接线如图 3-45 所示。

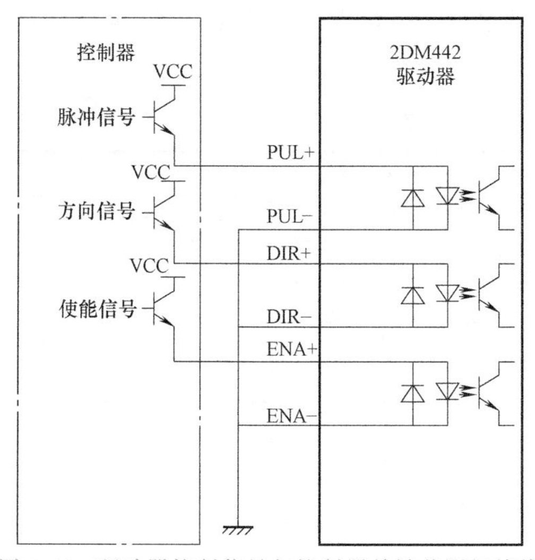

图 3-44　驱动器控制信号与控制器单端共阴极接线

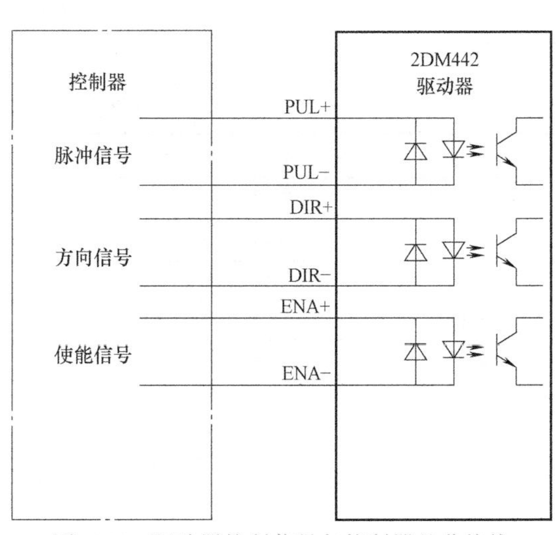

图 3-45　驱动器控制信号与控制器差分接线

（4）控制信号时序图

为了避免一些误动作和偏差，PUL、DIR 和 ENA 应满足一定要求，如图 3-46 所示。

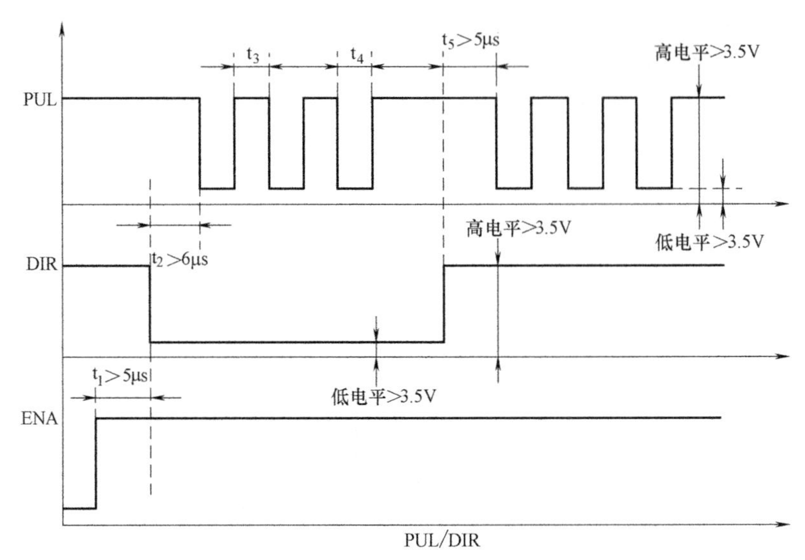

图 3-46　驱动器控制信号时序图

1）t_1：ENA（使能信号）应提前 DIR（方向信号）至少 5μs，确定为高。一般建议 ENA+和 ENA-悬空即可。

2）t_2：DIR 至少提前 PUL（脉冲信号）6μs，以确定 PUL 的高或低。

3）t_3：脉冲宽度不小于 2.5μs。

4）t_4：低电平宽度不小于 2.5μs。

5. 拨码开关

（1）SW-2 拨码开关说明

SW-2 拨码开关主要设置驱动器电流大小和细分，用户可根据需求进行设置，每次设置完需要重新给驱动器通电，才能使设置生效。

1）电流拨码设置。SW-2 电流拨码开关设置包括 4 个拨码开关 SW1～SW4，其中 SW4 为停止电流拨码，一般将其设置为 off，可以减少电动机和驱动器的发热。SW1～SW3 拨码开关的设置见表 3-22。

表 3-22　SW-2 电流拨码开关设置

电流/A		拨码开关		
峰值	有效值	SW1	SW2	SW3
1.0	0.71	1	1	1
1.46	1.04	0	1	1
1.91	1.36	1	0	1
2.37	1.69	0	0	1
2.84	2.03	1	1	0
3.31	2.36	0	1	0
3.76	2.69	1	0	0
4.2	3.0	0	0	0

2）细分拨码设置。驱动器的细分由 SW-2 细分拨码设置，包括 4 个拨码开关 SW5～SW8，具体设置见表 3-23。

表 3-23　SW-2 细分拨码开关设置

细分	拨码开关			
	SW5	SW6	SW7	SW8
400	0	1	1	1
800	1	0	1	1
1600	0	0	1	1
3200	1	1	0	1
6400	0	1	0	1
12800	1	0	0	1
25600	0	0	0	1
1000	1	1	1	0
2000	0	1	1	0
4000	1	0	1	0
5000	0	0	1	0
8000	1	1	0	0
10000	0	1	0	0
20000	1	0	0	0
25000	0	0	0	0

（2）SW-1 拨码开关设置

SW-1 侧拨码开关主要为辅助功能设置，默认情况下都处于 off 状态，采用默认状态即可。

任务实施

定位系统的调试包括步进电动机及其驱动器的调试和流水线检测传感器的测试两部分。

一、硬件接线

定位系统调试

流水线步进电动机的 4 根相线需连接步进驱动器的功率端口。当通过控制器软件控制步进电动机时，运动控制器通过轴信号接口“AXIS4”将控制信号注入驱动器最终控制步进电动机。同时流水线步进电动机带有正负限位开关。具体接线见表 3-24。

表 3-24　硬件接线表

<table>
<tr><th>模块</th><th colspan="2">接口</th><th>模块</th><th colspan="2">接口</th></tr>
<tr><td colspan="3">接线一端</td><td colspan="3">接线另一端</td></tr>
<tr><td rowspan="10">流水线模组</td><td colspan="2">流水线步进电动机</td><td rowspan="7">AXIS4</td><td colspan="2">Drive_4 Power</td></tr>
<tr><td rowspan="3">定位电动机正限</td><td>黑色端子</td><td rowspan="3">Limit3+</td><td>LIM</td></tr>
<tr><td>0V</td><td>0V</td></tr>
<tr><td>24V</td><td>24V</td></tr>
<tr><td rowspan="3">定位电动机负限</td><td>黑色端子</td><td rowspan="3">Limit3-</td><td>LIM</td></tr>
<tr><td>0V</td><td>0V</td></tr>
<tr><td>24V</td><td>24V</td></tr>
<tr><td rowspan="3">流水线来料检测</td><td>黄色端子</td><td>DI/DO</td><td colspan="2">EXI 4</td></tr>
<tr><td>0V</td><td rowspan="2">DC Power</td><td colspan="2">0V</td></tr>
<tr><td>24V</td><td colspan="2">24V</td></tr>
</table>

二、步进驱动器参数设置

1. SW-2拨码开关设置

如图3-47所示，SW-2拨码开关位于步进驱动器的一侧。

（1）电流拨码设置

参考流水线步进电动机的额定电流参数，此处将电流设置为1.91A（峰值），则拨码开关SW1、SW2、SW3分别设置为on、off、on，SW4为默认状态off。

（2）细分拨码设置

此处将驱动器细分设置为8000，则SW5、SW6、SW7、SW8分别设置为on、on、off、off。

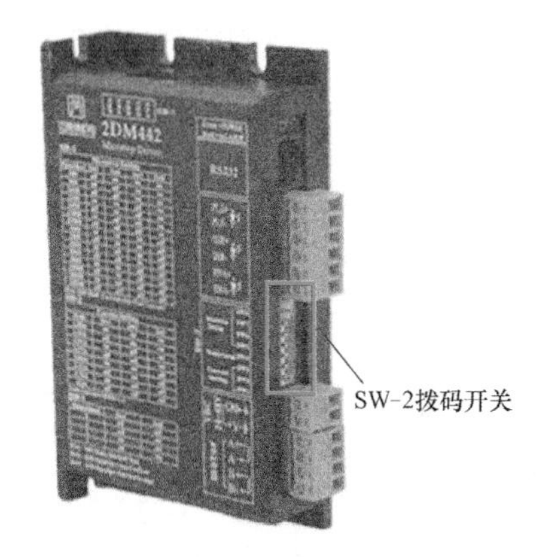

图3-47　步进驱动器SW-2拨码开关图示

2. 驱动器重新通电

每次调整拨码开关后都要重新通电，所设置的值才能有效。在设置好拨码开关后，单击图3-48a方框所示的停止按钮，关闭电源。再单击图3-48b方框所示的起动按钮，打开电源，重新给步进驱动器通电。

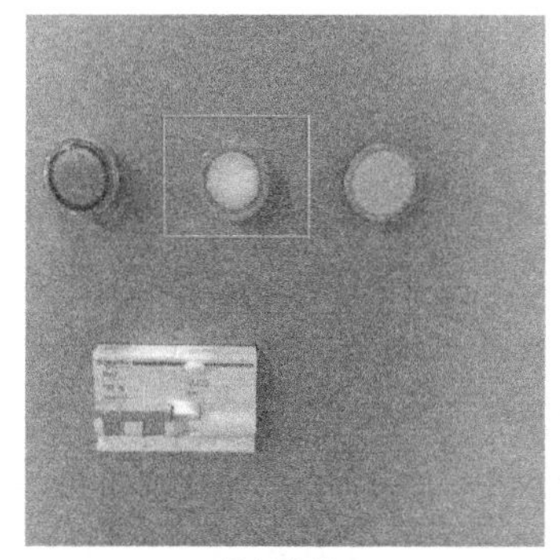

a）关闭电源

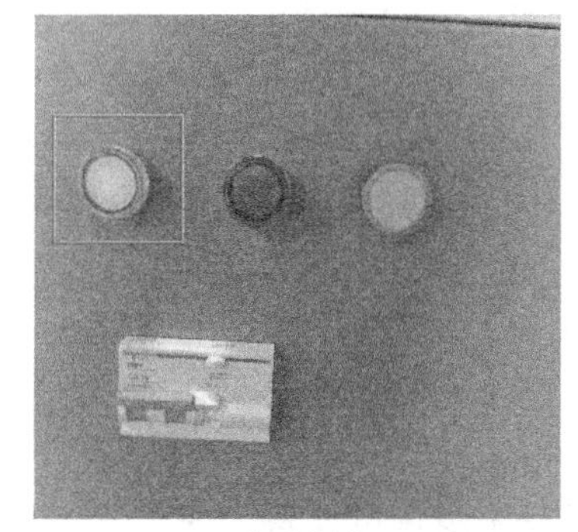

b）打开电源

图3-48　电源按钮图示

三、控制器配置

1. 运动控制器复位

由于控制器软件配置参数很多，本项目只需配置其中很少一部分参数，其余参数采用默认值即可。首先用MCT2008管理软件对运动控制器复位，如图3-49所示。复位后控制器默认情况下是脉冲模式（脉冲+方向）。

2. 配置axis

选择“工具”→“控制器配置”菜单命令，打开控制器axis配置界面。由于步进电动机驱动器连接的是端子板AXIS CN4，因此选择轴号索引为“4”。正限位和负限位硬件接线已连接轴4的对应编号的限位位置，而驱动报警信号由于没有设计硬件接线，故需将其设置为“none”即可，如图3-50所示。axis设置界面的其余参数均采用默认值即可。

3. 配置di

本任务有两路di信号输入，限位开关正常情况下与地断开，平台运动到限位位置开关被按下后变为与地接通。从厂家手册（《运动控制器编程手册之基本功能》）可查到控制器配置初始化后限位开关默认状态为“常闭开关，输入为低电平，高电平限位触发”，故需要将轴 4 的“正限位”和“负限位”均设置为“取反”，如图 3-51 所示。

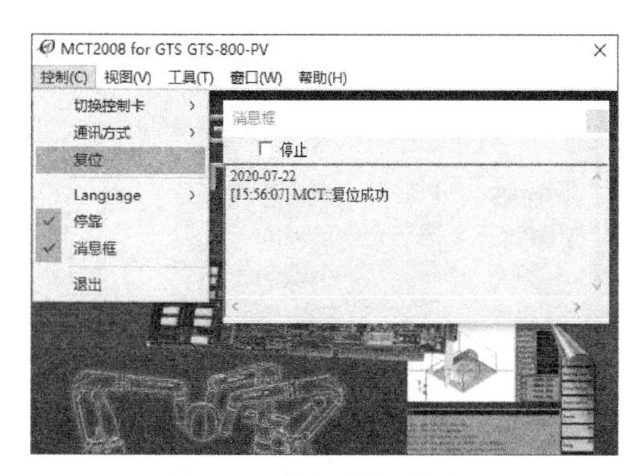

图 3-49　运动控制器复位

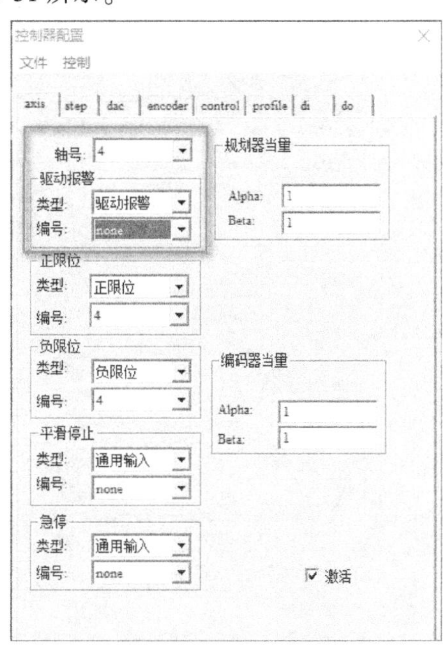

图 3-50　axis 配置界面

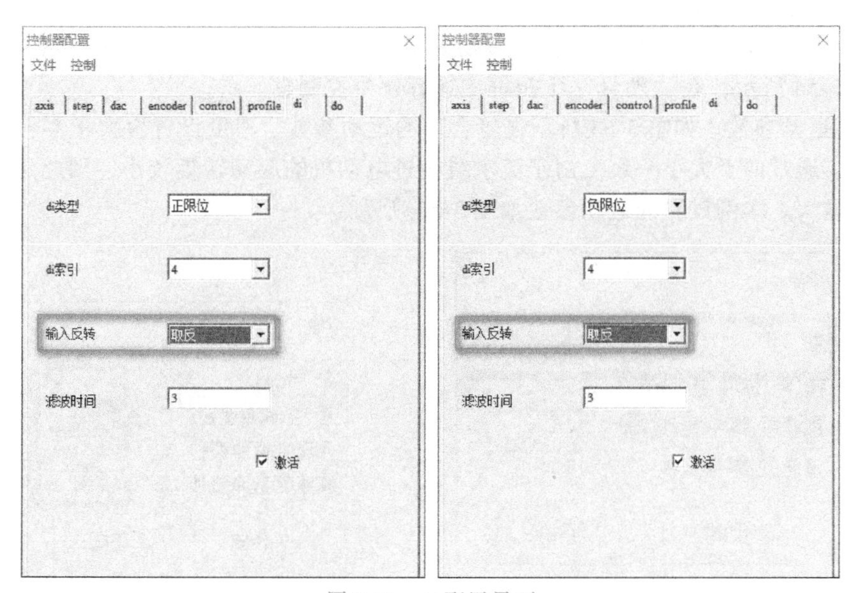

图 3-51　di 配置界面

4. 将配置写入运动控制器

如图 3-52 所示，可以通过选择“控制”→“写入控制器状态”菜单命令，直接将设置好的参数写入控制器内部，方便后面调试。

四、步进电动机运动

1. 查看轴状态

将控制器配置写入控制器后，选择“视图”→“轴状态”调出轴状态界面，如图 3-53 所示。轴号索引选择“4”，然后确认轴不存在报警、限位等异常状态。

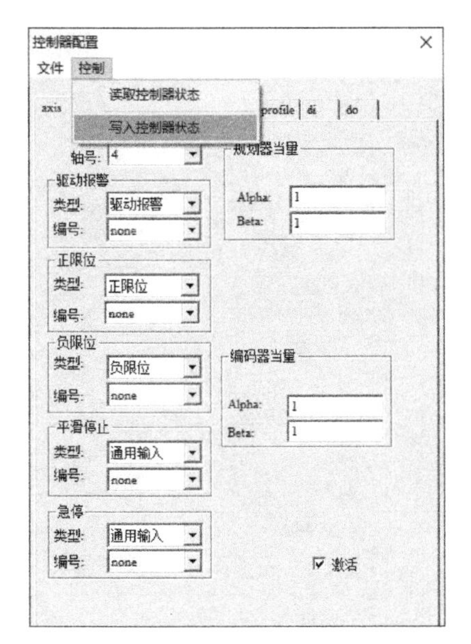

图 3-52　控制器配置参数的写入

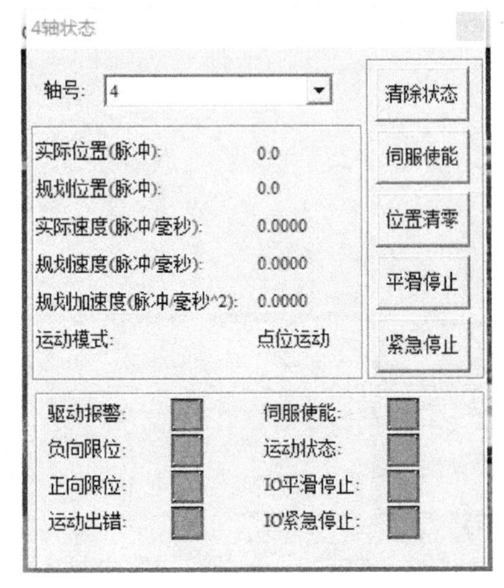

图 3-53　轴状态界面

2. 选择运动模式，控制电动机运动

（1）Jog 运动（点动）

1）打开 Jog 运动（点动）界面，选择控制轴号。选择“视图”→“Jog”调出 Jog 运动的界面，如图 3-54 所示，在“轴号”下拉框中选择 4 号控制轴。

2）设置运动参数。如图 3-55 所示设置合适的运动参数。速度设置应大于零；加速度、减速度大于零，通常两者大小一致。由于流水线步进电动机的起动转矩较小，因此建议速度、加减速度不宜过大。本例设置的运动参数如图 3-55 所示。

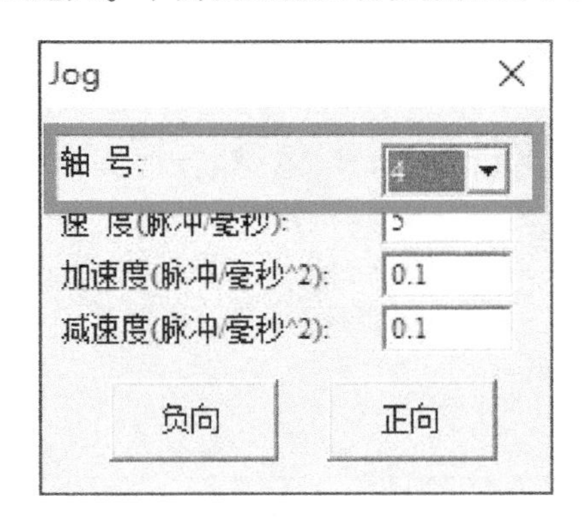

图 3-54　Jog 运动界面

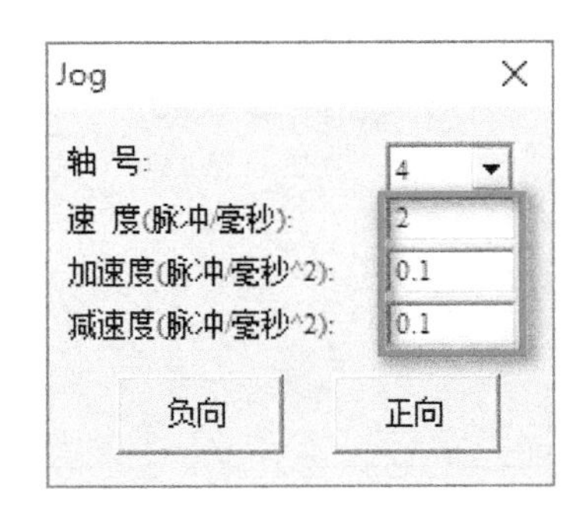

图 3-55　Jog 运动参数设置

3）开始点动。按下“负向”按钮，此时电动机开始往负向运动。按下“正向”按钮，此时电动机开始往正向运动。松开按钮，电动机停止运动。

（2）点位运动

1）打开点位运动界面，选择控制轴号。选择“视图”→“点位运动”调出点位运动的界面，如图 3-56 所示，在“轴号”下拉框中选择 4 号控制轴。

2）设置运动参数。在进行点位运动前需要知道电动机运动的正负方向，然后再根据二次定位机械手当前的位置状态设置合适的运动参数，避免因步长设置过大造成碰撞。

其中，步长的方向决定电动机运动方向的正负；速度应大于零；加速度、减速度两者均大于零，通常两者大小一致。由于流水线步进电动机的起动转矩较小，因此建议速度、加减速度不宜过大。本例设置的运动参数如图 3-57 所示。

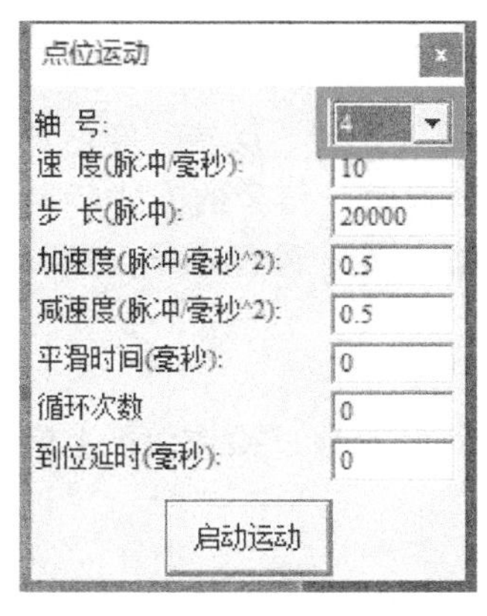

图 3-56　点位运动界面

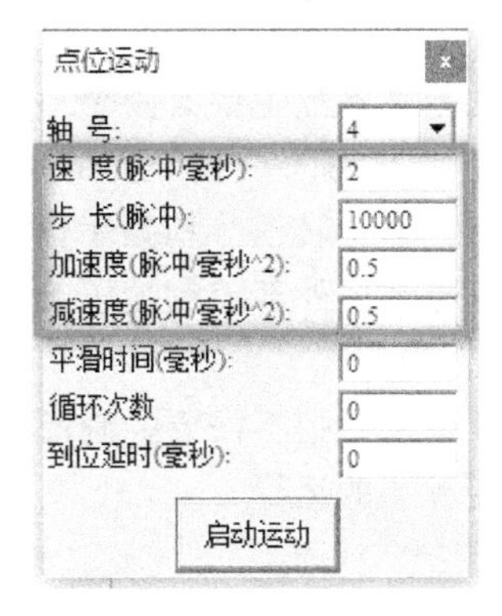

图 3-57　点位运动参数设置

3）启动运动。单击“启动运动”按钮，电动机开始往正方向运动 10000 个脉冲。

五、送料检测传感器信号测试

1）打开数字量输入界面，如图 3-58 所示。

2）当物料经过传感器位置时，触发传感器，控制器数字量输入“5”变暗，如图 3-59 所示。

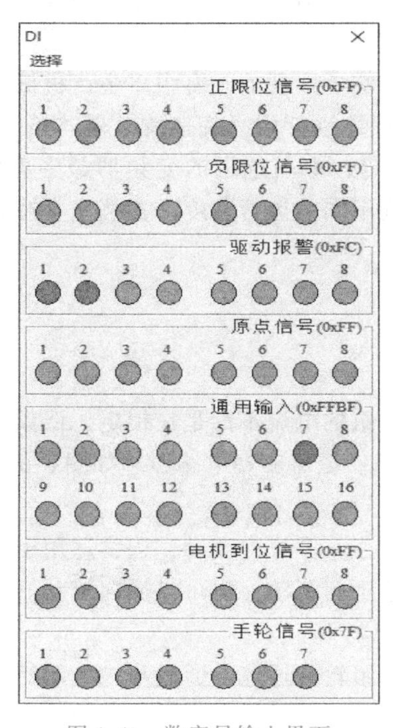

图 3-58　数字量输入界面

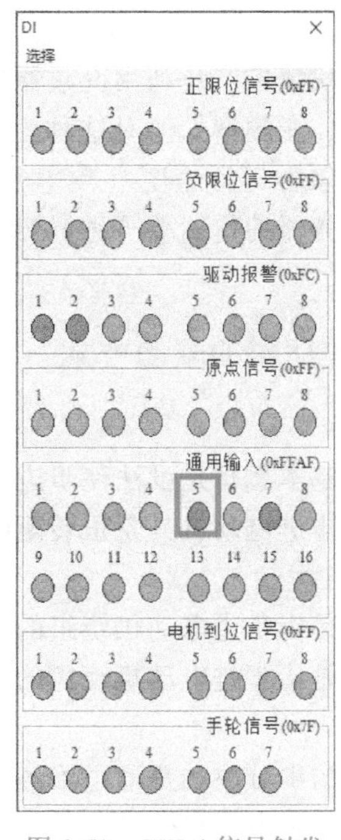

图 3-59　EXI 4 信号触发

拓展知识　变频器的控制方式及步进电动机的驱动方式

一、变频器的控制方式

变频器的各种控制方式、步进电动机的驱动

变频器运行的基本参数主要有两个，它们是运转（正转、反转、停止）信号和频率信号。变频器不同的控制方式，就是给定这两个信号的方式不同而已。比如面板控制，即运转信号和频率信号都由面板给定；外部端子控制，即运转信号和频率信号都由外部控制端子给定。

1. 面板控制

变频器的面板控制是指不需要控制端子的接线，完全通过操作面板上的按键和旋钮来控制变频器的运行。

2. 外部端子控制

变频器的外部端子控制需要外部控制端子的接线。可将外部端子 MI1 接到继电器的常开触点控制正转的起停，将外部端子 MI2 接到继电器的常开触点控制反转的起停。同时，正转、反转信号需要进行互锁。

当继电器控制外部端子接通时，电动机正转或反转；断开时，电动机停止。

3. 组合控制

变频器的组合控制是应用面板按键和继电器接线的外部端子共同控制变频器运行的一种方式。通过设置变频器的相关参数，可以选择组合控制模式。组合模式 1 为外部端子控制运转信号，面板控制频率信号；组合模式 2 为面板控制运转信号，外部端子控制频率信号。

4. 多段速控制

变频器的多段速控制是利用变频器的多功能端子实现的。有很多生产机械正反转的运行速度需要经常改变，变频器如何对这种生产机械特性进行运行控制呢？基本的方法是利用“参数预置”功能将多种运行速度（频率）先行设定，本书选用的变频器最多可以设置 15 段速度，运行时由变频器的控制端子进行切换，得到不同的运行速度。多档速度控制必须在外部控制模式下才有效。

二、步进电动机的驱动方式

1. 恒流驱动

恒流控制的基本思想是设法使步进电动机绕组的电流不论是在锁定、低频或高频工作时均保持定值，使得步进电动机具备恒转矩的特性[4]。恒流驱动电路原理如图 3-60 所示。

2. 单/双极性驱动

单极性驱动是指步进电动机绕组的电流只能往一个方向流动，通常适用于反应式步进电动机。双极性驱动是指步进电动机绕组的电流能够正向流动，也可以反向流动。

3. 细分驱动

步进电动机的细分驱动是通过给各相励磁绕组轮流通电，通过步进电动机内部磁场合成方向的变化来驱动步进电动机转动。一般情况下，步距角的大小只有整步和半步两种，可达到的细分数很有限。要增加细分数，就必须控制步进电动机各相励磁绕组中的电流，使其按阶梯状

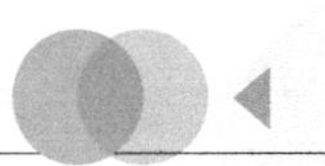

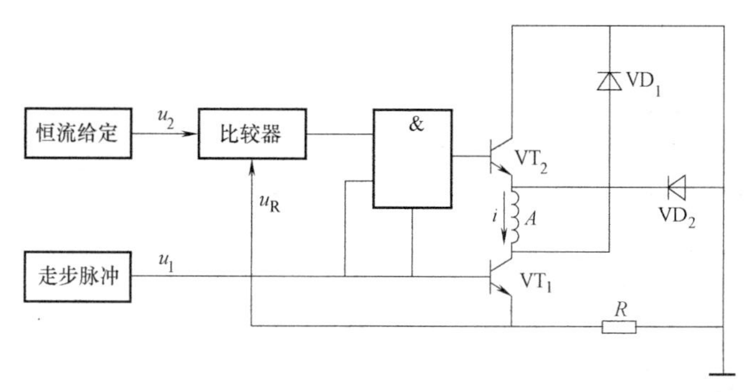

图 3-60　恒流驱动电路原理

上升或下降，即在零电流到最大相电流之间能有多个稳定的中间电流状态。相应的磁场矢量就存在多个中间状态，这样相邻两相或多相的合成磁场的方向也将有多个稳定的中间状态，转子就沿着这些中间状态以微步距转动。

图 3-61a 给出了三相双六拍四细分的各相电流状态，由于各相电流是以 1/4 幅度上升或下降的，原来一步所转过的角度将分 4 步完成，实现步距角的四细分。

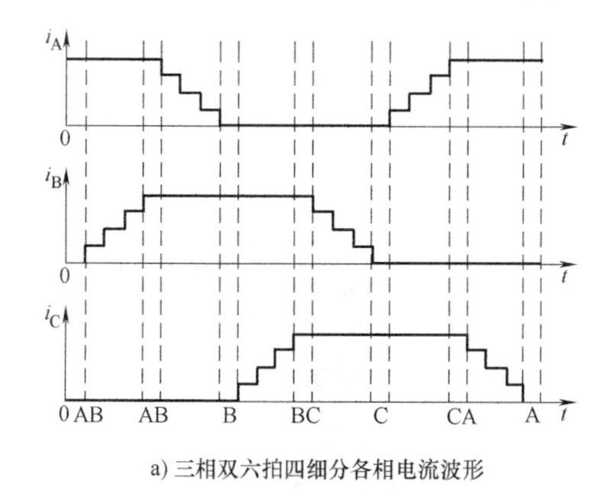

a) 三相双六拍四细分各相电流波形

b) 细分时合成磁动势的旋转情况

图 3-61　细分驱动电路的原理

由图 3-61b 可看出合成磁动势的旋转情况。理论上四细分后每步的步距角是相等的，应为 15°，但根据图 3-61a 的阶梯电流变化，根据三角关系求得图 3-61b 中的步距角：$\theta_1 = 13.9°$、$\theta_2 = 16.1°$、$\theta_3 = 16.1°$、$\theta_4 = 13.9°$，可见四细分时步距角有 2 个数值，步距角不均匀容易引起电动机的振动和失步。如果要使细分后步距角一致，则通过电流的台阶就不应该是均匀的。如若使 θ_1、θ_2、θ_3、θ_4 都为 15°，则 i_B 应满足 $i_B = 0.2679I_N \to 0.5I_N \to 0.732I_N \to I_N$。$I_N$ 为电流额定值。

由此可见，步进电动机细分驱动的原理就是通过等角度有规律地插入电流合成相量，从而减少合成磁动势转动角度，达到步进电动机细分驱动控制的目的。

项目4 搬运系统的搭建

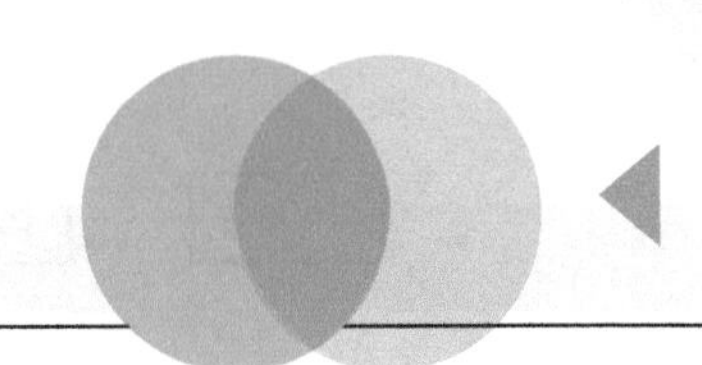

任务4.1 硬件安装

任务引入

搬运系统的硬件介绍

某工厂的物料搬运系统采用XYZ模组实现物料的搬运，如图4-1所示，模组选用交流伺服电动机+滚珠丝杠+直线导轨的传动方式，并配备正负限位开关和原点开关。本任务具体要求如下：

首先了解模组中伺服电动机、滚珠丝杠、直线导轨等结构的安装流程，根据要求完成限位开关和原点开关的安装。再学习两个模组之间的安装方法和注意事项。然后安装气动回路。最后了解各轴拖链导轨的安装以及走线方法，参照电路图完成接线。

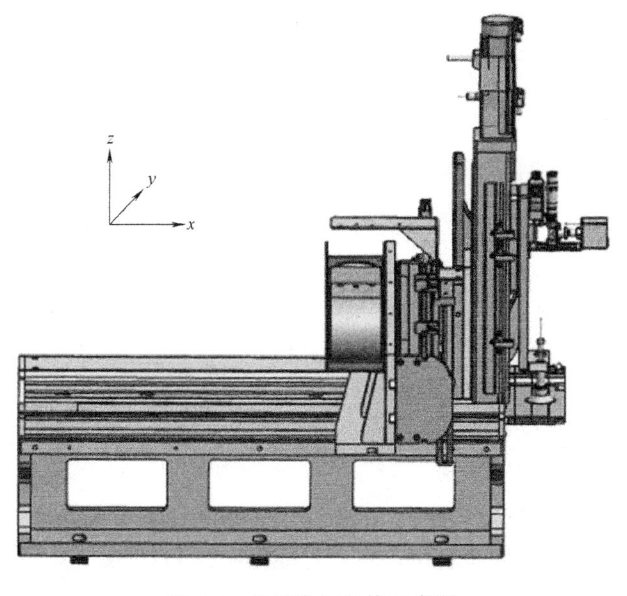

图4-1 物料搬运系统示意图

相关知识

一、直线模组

伺服电机直线模组主要由直线模组、伺服电动机、联轴器等组成。

1. 直线模组

直线模组由滚珠丝杠、直线导轨、螺母座等组成，外形如图 4-2 所示。

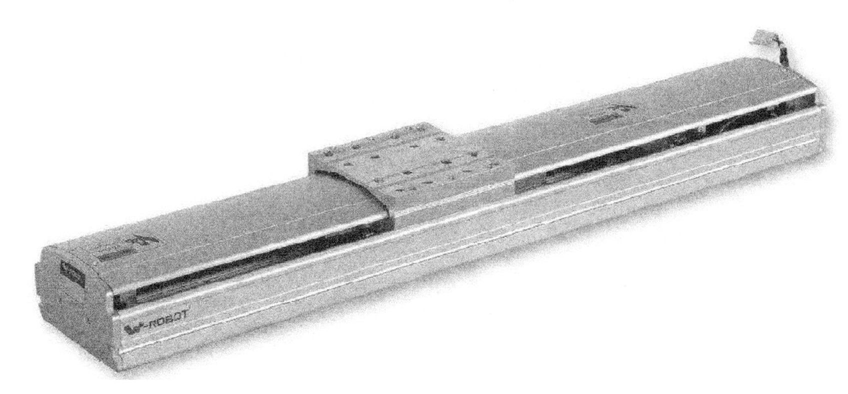

图 4-2　直线模组外形

（1）定义

直线模组也可称为线性模组、直角坐标机器人、直线滑台等，可以通过各个单元的组合实现负载的直线、曲线运动，使轻负载的自动化更加灵活、定位更加精准。

（2）发展过程及应用领域

直线模组最早是在德国开发使用的，用于光伏设备、上/下料机械手、裁衣设备、涂胶设备、贴片设备等，其优点有单体运动速度快、重复定位精度高、本体质量轻、占设备空间小、寿命长。目前直线模组在世界范围内广泛使用。近几年，直线模组更是快速发展。

直线模组发展至今，已经被广泛应用到各种各样的设备当中，如测量、激光焊接、激光切割、点胶、喷涂、数控等领域。

当前广泛使用的直线模组分为两种类型：同步带型和滚珠丝杠型。同步带型直线模组主要由带、直线导轨、铝合金型材、联轴器、电动机、光电开关等组成。滚珠丝杠型直线模组主要由滚珠丝杠、直线导轨、铝合金型材、滚珠丝杠支撑座、联轴器、电动机、光电开关等组成。

2. 滚珠丝杠

（1）结构及工作原理

按照国标 GB/T 17587.3—2017，滚珠丝杠是由滚珠丝杠、滚珠螺母（一个或多个）和滚珠组成的部件，可将旋转运动转变为直线运动，或将直线运动转变为旋转运动。当滚珠丝杠作为主动体时，螺母就会随丝杠的转动角度按照对应规格的导程转变成直线运动，被动工件可以通过螺母座和螺母连接，从而实现对应的直线运动。其各部件外形如图 4-3 所示。

滚珠丝杠是工业设备和精密仪器上最常使用的传动元件之一，兼具高精度、可逆性和高效率的特点。由于摩擦阻力很小，滚珠丝杠被广泛应用于各种工业设备和精密仪器。

（2）发展史

人们应用丝杠来做传动的历史其实不算很长，传统上的丝杠一直有定位不佳、易损坏的情况。直到 1898 年人们首次尝试将钢珠置入螺母及丝杠之间以滚动摩擦取代滑动摩擦，来改善其定位不佳及易损坏的情况。1940 年将滚珠丝杠置于汽车转向装置上，是滚珠丝杠应用上的巨大革命，并逐渐取代传统艾克姆螺杠（ACME）。到了近年来，滚珠丝杠已成为使用最广的部件之一。

（3）分类

滚珠丝杠常用的循环方式有两种：外循环和内循环。滚珠在循环过程中有时与丝杠脱离接

图 4-3　滚珠丝杠各部件外形示意图

触的循环方式称为外循环；始终与丝杠保持接触的循环方式称为内循环。滚珠每一个循环闭路称为列，每个滚珠循环闭路内所含导程数称为圈数。内循环滚珠丝杠的每个螺母有 2 列、3 列、4 列、5 列等几种，每列只有一圈；外循环每列有 1.5 圈、2.5 圈和 3.5 圈等几种。

1）外循环。外循环是滚珠在循环过程结束后通过螺母外表面的螺旋槽或插管返回丝杠螺母间重新进入循环。外循环滚珠丝杠按滚珠循环时的返回方式主要有端盖式、插管式和螺旋槽式。端盖式在螺母上加工一纵向孔，作为滚珠的回程通道，螺母两端的盖板上开有滚珠的回程口，滚珠由此进入回程管，形成循环；插管式用弯管作为返回管道，这种结构工艺性好，但是由于管道突出于螺母体外，径向尺寸较大；螺旋槽式在螺母外圆上铣出螺旋槽，槽的两端钻出通孔并与螺纹滚道相切，形成返回通道，这种结构比插管式结构径向尺寸小，但制造较复杂。外循环滚珠丝杠结构和制造工艺简单，使用广泛。其缺点是滚道接缝处很难做得平滑，影响滚珠滚道的平稳性。

2）内循环。内循环均采用反向器实现滚珠循环。反向器有两种类型：圆柱凸键反向器，它的圆柱部分嵌入螺母内，端部开有反向槽，反向槽靠圆柱外圆面及其上端的圆键定位，以保证对准螺纹滚道方向；扁圆镶块反向器，此种反向器为一般圆头平键镶块，镶块嵌入螺母的切槽中，其端部开有反向槽，用镶块的外轮廓定位。两种反向器比较，后者尺寸较小，从而减小了螺母的径向尺寸及缩短了轴向尺寸，但这种反向器的外轮廓和螺母上的切槽尺寸精度要求较高。

滚珠丝杠的螺母，根据钢球的循环方式可分为弯管式、循环器式、端盖式。

（4）应用

滚珠丝杠主要有高精度研磨加工的精密滚珠丝杠（精度分为 C0～C6 的 7 个等级）和经高精度冷轧加工成形的冷轧滚珠丝杠（精度分为 C7～C10 的 4 个等级），用户可根据使用精度的需求选择合适的滚珠丝杠。另外，为应对用户急需交货的情况，还有已对轴端部进行了加工的成品、可自由对轴端部进行追加工的半成品及冷轧滚珠丝杠。

滚珠丝杠轴承以多年来累积的制品技术为基础，从材料、热处理、制造、检查至出货，以严谨的品保制度来加以管理，因此具有高信赖性。

（5）具体应用领域

1）超高 DN 值滚珠丝杠：高速工具机、高速综合加工中心机。

2）端盖式滚珠丝杠：快速搬运系统、一般产业机械、自动化机械。

3）高速化滚珠丝杠：CNC机械、精密工具机、产业机械、电子机械、高速化机械。

4）精密研磨级滚珠丝杠：CNC机械、精密工具机、产业机械、电子机械、输送机械、航天工业设备、阀门开关装置等。

5）螺母旋转式（R1）系列滚珠丝杠：半导体机械、产业用机器人、木工机、激光加工机、搬送装置等。

6）重负荷滚珠丝杠：全电式射出成形机、冲压机、半导体制造装置、重负荷制动器、产业机械、锻压机械。

3. 直线导轨

直线导轨通常由滑块、导轨和螺钉组成，外形如图4-4所示。

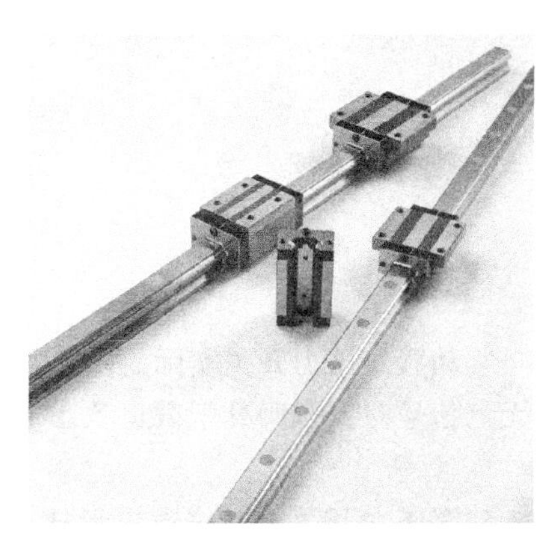

图4-4　直线导轨外形

（1）定义

直线导轨又称线轨、滑轨、线性导轨、线性滑轨，用于高速高精度直线往复运动场合，且可以承担一定的转矩，可在高负载的情况下实现高精度的直线运动。

（2）分类

直线导轨（linear slider）可分为滚轮直线导轨、圆柱直线导轨、滚珠直线导轨三种，用来支撑和引导运动部件，使其按给定的方向做往复直线运动。按摩擦性质不同，直线导轨可以分为滑动摩擦导轨、滚动摩擦导轨、弹性摩擦导轨、流体摩擦导轨等几种。

（3）工作原理

直线导轨有两个基本元件：一个是作为导向的固定元件（导轨），另一个是移动元件（滑块）。移动元件和固定元件之间不用中间介质传递运动，而用滚动钢球。因为滚动钢球适用于高速运动，摩擦因数小、灵敏度高，能够满足运动部件的工作要求，如机床的刀架、拖板等。机床的工作部件移动时，钢球就在滑块沟槽中循环滚动，把滑块的磨损量分摊到各个钢球上，从而延长直线导轨的使用寿命。为了消除滑块与导轨之间的间隙，通常预加负载以提高导轨系统的稳定性，预加负载的方法是在导轨和滑块之间安装超尺寸的钢球。如果作用在钢球上的作用力太大，钢球经受预加负载时间过长，会导致滑块运动阻力增大。这里存在一个平衡问题：为了提高系统的灵敏度，减少运动阻力，相应地要减少预加负载；而为了提高运动精度，要求有足够的预加负载。

当工作时间过长，钢球开始磨损时，作用在钢球上的预加负载开始减弱，导致机床工作部件运动精度降低。如果要保持初始精度，必须更换滑块，甚至更换导轨。如果导轨系统已有预加负载作用，但系统精度已丧失，则需要更换滚动元件。

决定直线导轨系统性能的重要因素是固定元件和移动元件的接触形式。直线导轨系统的设计，通常要保证固定元件和移动元件之间有最大的接触面积，这不但能提高系统的承载能力，而且系统能承受间歇切削或重力切削产生的冲击力，把作用力广泛扩散，扩大承受力的面积。为了实现这一点，导轨系统的沟槽形状有多种形式，具有代表性的有两种：一种称为哥特式（尖拱式），形状是半圆的延伸，接触点为顶点；另一种为圆弧形。

二、真空发生器

真空发生器是利用正压气源产生负压的一种新型、高效、清洁、经济、小型的真空元器件，它使得在气动系统中同时获得正负压变得十分容易和方便。

真空发生器的工作原理是利用喷管高速喷射压缩空气，在喷管出口形成射流，产生卷吸流动，在卷吸作用下，喷管出口周围的空气不断地被抽吸走，使吸附腔内的压力降至大气压以下，形成一定真空度。真空发生器广泛应用在工业自动化中的机械、电子、包装、印刷、塑料及机器人等领域。本书选用的真空发生器的外形和结构如图 4-5 所示。

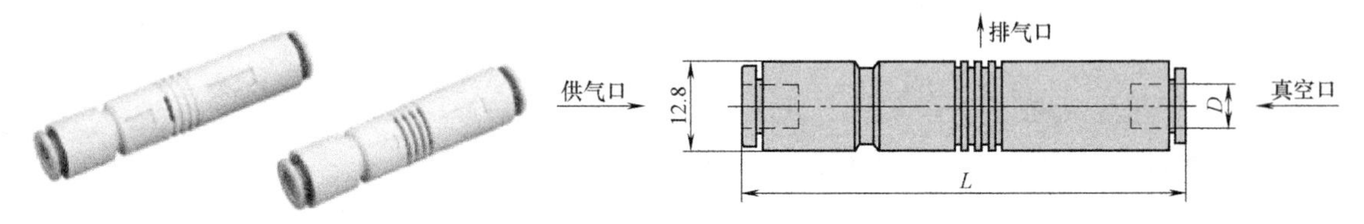

图 4-5　真空发生器外形结构

三、数字压力开关

气动数字压力开关实际是一个气控阀。当信号口有气信号时，该阀处于打开状态；当信号口无气信号时，该阀处于截止状态。本书选用亚德客的数显压力开关为例进行说明。

1. 型号

数字压力开关主要按输出形式、接电方式、测量压力范围、出线长度等参数进行型号选择，具体型号说明如图 4-6 所示。

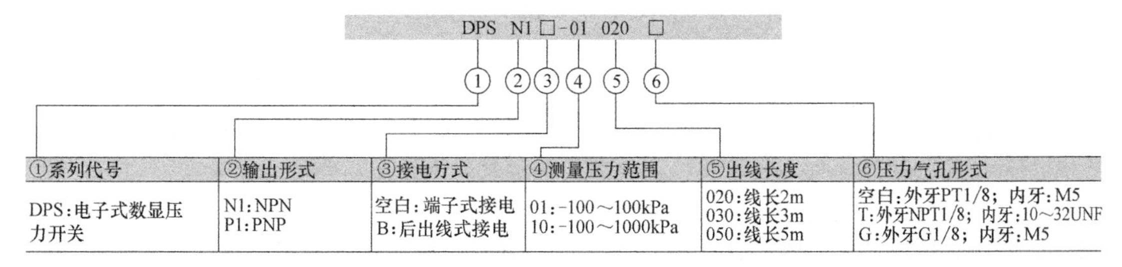
DPS N1□-01 020 □

①系列代号	②输出形式	③接电方式	④测量压力范围	⑤出线长度	⑥压力气孔形式
DPS:电子式数显压力开关	N1:NPN P1:PNP	空白:端子式接电 B:后出线式接电	01:-100～100kPa 10:-100～1000kPa	020:线长2m 030:线长3m 050:线长5m	空白:外牙PT1/8；内牙:M5 T:外牙NPT1/8；内牙:10～32UNF G:外牙G1/8；内牙:M5

图 4-6　数字压力开关型号说明

2. 不同模式

数字压力开关的基本功能是通过面板设置相关参数来实现的，其中包含模式切换、基本模式设定、简易模式气压值设定等。具体操作请查阅配套使用手册。

3. 接线原理图

数字压力开关的接线原理如图 4-7 所示。

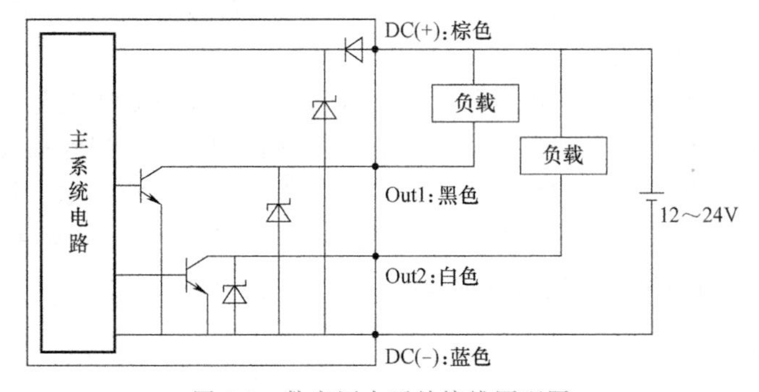

图 4-7　数字压力开关接线原理图

任务实施

搬运系统的硬件安装

搬运系统的硬件安装主要包括XYZ模组的机械安装和电动机传感器的电气安装两部分。针对机械部分的安装，本书只说明机械安装流程，对于安装精度的要求请参考相关资料。

一、单轴模组的安装

单轴模组的安装包括直线导轨、丝杠螺母、伺服电动机和传感器四个部分的安装。其结构如图4-8所示，轴向视图如图4-9所示。

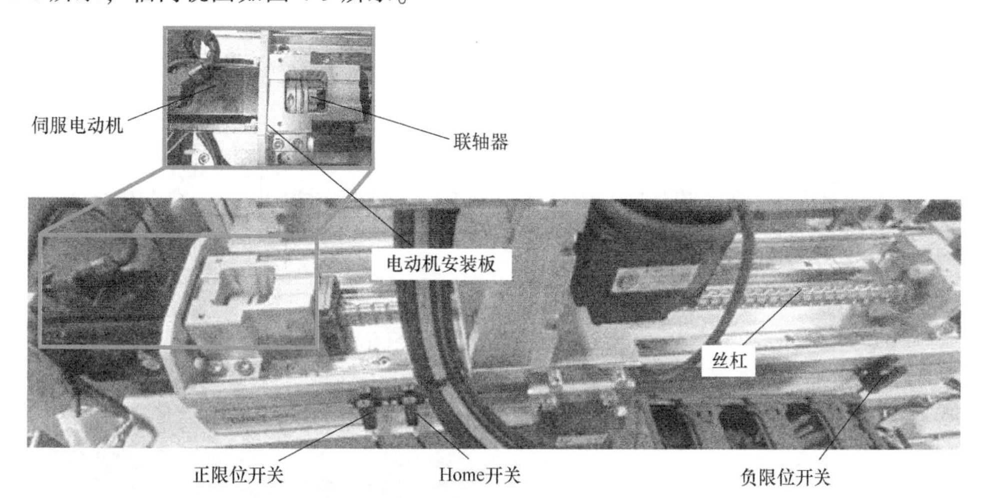

图4-8　单轴模组结构

图4-9　单轴模组轴向视图

1）直线导轨的安装。在模组两侧分布有两条直线导轨，其安装方法如图4-10所示。

2）滚珠丝杠的安装。如图4-11所示。

3）利用图4-9所示的模组滑块构件将直线导轨滑块和螺母座连接在一起。

4）将伺服电动机安装到模组一端的电动机安装板上，再利用联轴器将电动机轴与丝杠轴连接在一起，拧紧螺钉。

5）在模组滑块靠近限位开关的一侧安装挡片，一般安装在其中心位置，如图4-12所示。

6）安装限位开关与原点开关。正负限位开关的安装根据轴运动方向的正负、需要的导程及挡片的位置确定，正负限位开关之间的距离一般为最大行程。正限位开关安装在轴运动方向的正方向极限处，负限位开关同理，并确保挡片能触发限位信号。原点开关紧挨正限位开关，

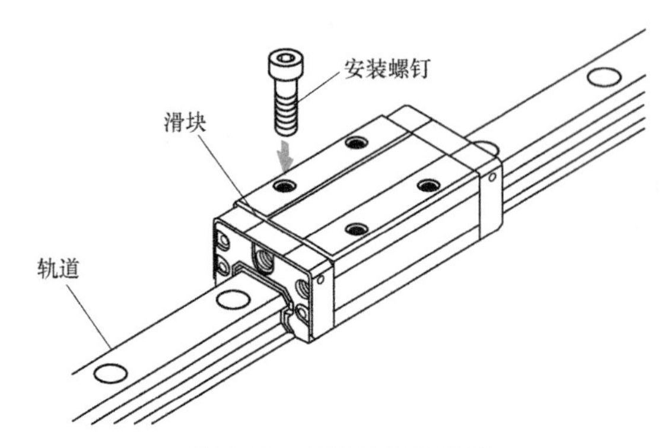

图 4-10　直线导轨的安装

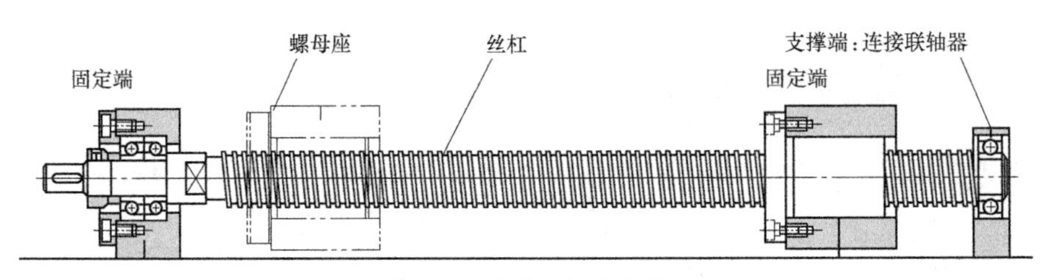

图 4-11　滚珠丝杠的安装

安装在正负限位开关之间。

7）安装模组的剩余外壳构件，如顶盖、侧端盖等。

二、XYZ 模组的组装

1）将图 4-13 所示的 Y 轴电动机安装板 1 与 X 轴模组的模组滑块通过螺钉进行连接。

2）利用肋板保证 Y 轴电动机安装板 2 与安装板 1 垂直，用螺钉进行固定。

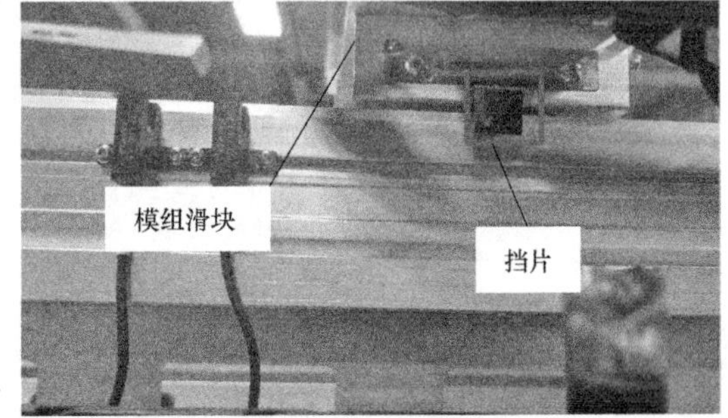

图 4-12　挡片安装图示

3）将 Y 轴模组安装在 Y 轴电动机安装板 2 上。

4）利用同样的方法完成 Z 轴模组的安装，三轴模组的安装如图 4-14 所示。

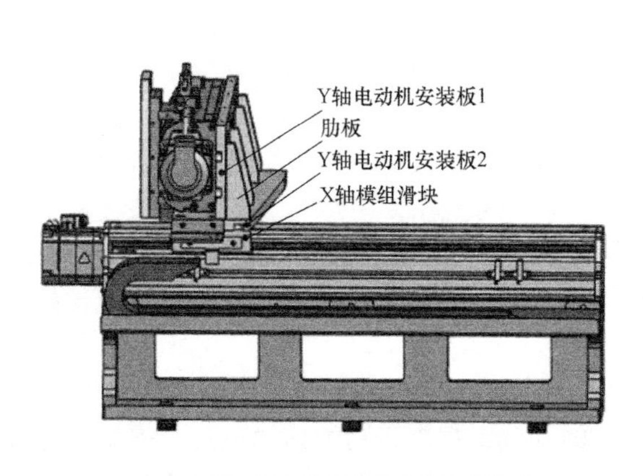

图 4-13　XY 两轴模组安装图示

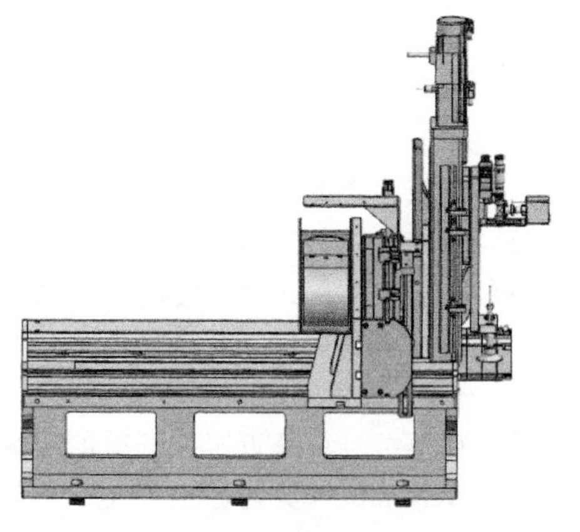

图 4-14　XYZ 三轴模组安装图示

5）在 Z 轴的模组滑块上安装电磁阀、负压表，并完成气路安装。

6）安装 XYZ 三轴的拖链导轨，完成走线。

任务 4.2 搬运系统调试

任务引入

某工厂的物料搬运系统采用 XYZ 模组实现物料的搬运，在模组安装接线完成后，应对模组进行调试，以确认电动机旋转与设定的正负方向一致，并在模组到达限位后进行保护。具体要求如下：

设定电动机驱动器为位置控制模式，使用控制器向伺服电动机发送正向脉冲指令，电动机带动模组往设定的正方向运动。当电动机运动触发正限位开关后，控制器正限位报警，电动机无法再往正方向运动，此时向电动机发送负向脉冲，电动机可以往负方向运动；当模组运动离开正限位开关后，可利用控制器清除正限位报警。同样，当电动机运动触发负限位开关后，电动机无法往负向运动，需往正向运动，才能清除控制器的负限位报警。

相关知识

伺服控制对自动化类专业既是一门基础技术，又是一门专业技术。它结合生产实际，解决各类复杂定位控制问题，如机器人轨迹控制、数控机床位置控制等。它是一门机械、电力电子、控制和信息技术相结合的交叉学科。

一、伺服控制系统认知

伺服电机系统介绍

伺服控制系统是用来精确地跟随或复现某个过程的反馈控制系统，又称随动系统。在很多情况下，伺服控制系统专指被控制量（系统的输出量）是机械位移或位移速度、加速度的反馈控制系统，其作用是使输出的机械位移（或转角）准确地跟踪输入的位移（或转角）。伺服控制系统的结构组成和其他形式的反馈控制系统没有本质区别。

伺服控制系统最初用于船舶的自动驾驶、火炮控制和指挥仪中，后来逐渐推广到其他领域，如数控车床、天线位置控制、导弹和飞船的制导等。采用伺服控制系统具有以下几个优点：

1）以小功率指令信号控制大功率负载。火炮控制和船舵控制就是典型的例子。

2）在没有机械连接的情况下，由输入轴控制远处的输出轴，实现远距离同步传动。

3）使输出机械位移精确地跟踪电信号，如记录和指示仪表等。

二、伺服控制系统简介

1. 伺服控制系统结构

机电一体化的伺服控制系统的结构类型繁多，但从自动控制理论的角度来分析，伺服控制系统一般包括调节元件、执行元件、被控对象、测量反馈元件、比较元件等五部分，如图 4-15 所示。

1）比较元件：比较元件将输入的指令信号与系统的反馈信号进行比较，以获得输出与输

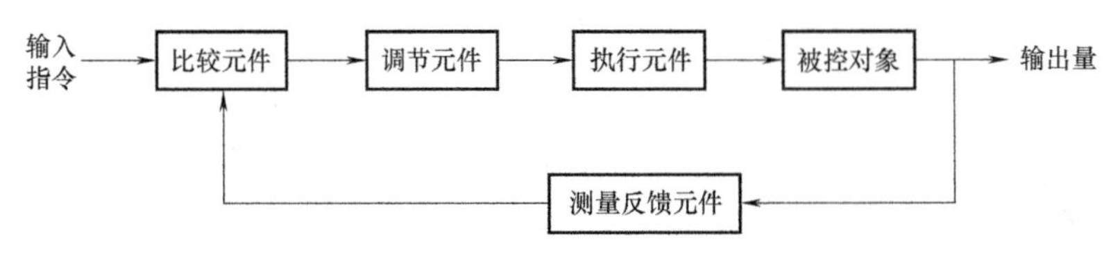

图 4-15　伺服控制系统框图

入之间的偏差信号，通常由专门的电路或计算机来实现。

2）调节元件：控制器通常是计算机或者 PID 控制，主要的任务是对比较元件输出的偏差信号进行变换处理，以控制执行元件按要求动作。

3）执行元件：执行元件的作用是按控制信号的要求，将输入的各种形式的能量转化成机械能，驱动被控对象工作。机电一体化系统中的执行元件一般指各种电动机或液压、气动伺服机构等。

4）被控对象：控制系统中实现最终控制要求的机器、设备或运动部件等统称为被控对象。

5）测量反馈元件：测量反馈元件是指能够对输出进行测量并转换成比较元件所需要的量纲的装置，一般包括传感器和转换电路。

2. 伺服控制系统的分类

伺服控制系统常见的分类有以下三种。

（1）按被控量参数特性分类

按被控量不同，机电一体化系统可分为位移、速度、力矩等伺服系统，此外还有温度、湿度、磁场、光等伺服系统。

（2）按驱动元件的类型分类

按驱动元件的不同可分为电气伺服系统、液压伺服系统、气动伺服系统。电气伺服系统根据电动机类型的不同又可分为直流伺服系统、交流伺服系统和步进电动机控制伺服系统。

（3）按控制原理分类

按控制原理不同，伺服系统可以分为开环控制伺服系统、闭环控制伺服系统、半闭环控制伺服系统。

3. 伺服控制系统的性能要求

对伺服控制系统的基本要求包括稳定性、准确性、快速响应性三个方面。

（1）稳定性

稳定性是作用在系统上的扰动消失后，系统能够恢复到原来的稳定状态下运行或者在输入指令信号作用下，系统能够达到新的稳定运行状态的能力。在给定输入或外界干扰作用下，伺服控制系统应能在短暂的调节过程后到达新的或者恢复到原有平衡状态。

（2）准确性

伺服系统的准确性是指输出量能跟随输入量的精确程度。作为精密加工的数控机床，要求的定位精度或轮廓加工精度通常都比较高，允许的偏差一般为 0.001~0.01mm。

（3）快速响应性

快速响应性一是指动态响应过程中，输出量随输入指令信号变化的迅速程度；二是指动态响应过程结束的迅速程度。快速响应性是伺服系统动态品质的标志之一，即要求跟踪指令信号的响应要快，一方面要求过渡过程时间短，一般在 200ms 以内，甚至小于几十毫秒；另一方面，为满足超调要求，要求过渡过程的前沿陡，即上升率要大。

三、伺服电动机

伺服电动机主要靠脉冲来定位，伺服电动机接收 1 个脉冲，就会旋转 1 个脉冲对应的角度，从而实现电动机的角位移变化。伺服电动机通常都带有编码器，因此伺服电动机每旋转一个角度，编码器都会发出相应的脉冲信号和伺服电动机接收的脉冲信号做比较，构成闭环，从而可以精确地控制电动机的角位移，实现精确定位。

直流伺服电动机分为有刷电动机和无刷电动机。有刷电动机成本低，结构简单，起动转矩大，调速范围宽，控制容易，需要维护，但维护方便（更换电刷），可以产生电磁干扰，因此对环境有要求，它可用于对成本敏感的普通工业和民用场合。

交流伺服电动机是无刷电动机，分为同步电动机和异步电动机，目前运动控制中一般用同步电动机，它的功率范围大，惯量大，最高转动速度低，且随着功率增大而快速降低，因而适合低速平稳运行[5]。

伺服电动机内部转子为永磁铁，定子绕组线圈通电产生变化的磁场，转子在此磁场的作用下转动，同时电动机自带的编码器反馈信号给驱动器，驱动器根据反馈值与目标值进行比较，调整转子转动的角度。伺服电动机的精度决定于编码器的精度（线数）。

必须指出，普通的两相和三相异步电动机正常情况下都是在对称状态下工作，不对称运行属于故障状态。而交流伺服电动机则可以靠不同程度的不对称运行来达到控制目的，这是交流伺服电动机在运行上与普通异步电动机的根本区别。

结合任务需求，搬运系统 X 轴选用安川伺服电动机。目前安川伺服电动机在市场上的主流产品以 Σ7 系列为主，其中包含旋转型伺服电动机、直接驱动伺服电动机、直线伺服电动机。本任务以旋转型伺服电动机及其配套的伺服驱动器为例，介绍其基本功能。

1. 伺服电动机规格

（1）型号说明

伺服电动机的型号说明如图 4-16 所示。

（2）额定值信息

针对不同的项目场景，选用合适的电动机尤为重要，需要使用者掌握伺服电动机的主要参数，如额定输出、额定转矩、额定电流、额定转速、最大转速等。伺服电动机的主要参数见表 4-1。

2. 伺服控制模式

（1）转矩控制

转矩控制是通过外部模拟量的输入或直接地址赋值来设置电动机轴对外输出转矩的大小。转矩控制主要应用于对材质的受力有严格要求的场合，例如绕线装置、拉光纤设备等。以绕线装置为例，转矩的设置要根据缠绕半径的变化随时更改以确保材质的受力不会随着缠绕半径的变化而改变。

（2）速度控制

速度控制主要是通过输入的模拟量或脉冲频率进行转动速度的控制。在实际工况中，经常在上位机中搭建速度环+位置环的双环控制模型，既能保证速度的精确控制，又可以实现对电动机的定位。

（3）位置控制

位置控制主要是通过外部脉冲的频率确定转动速度的大小，通过外部脉冲的个数来确定转动角度，也有些伺服系统可以通过通信方式直接对速度和位移进行赋值。位置控制对速度和位置都有很严格的控制，所以一般应用于定位装置，多应用于数控机床、印刷机械等。

SGD7S - R70 A 00 A 001 000 B

Σ-7系列
Σ-7S型

第1+2+3位 第4位 第5+6位 第7位 第8+9+10位 第11+12+13位 第14位

第1+2+3位 最大适用电动机容量

电压	符号	规格
三相AC 200V	R70	0.05kW
	R90	0.1kW
	1R6	0.2kW
	2R8	0.4kW
	3R8	0.5kW
	5R5	0.75kW
	7R6	1.0kW
	120	1.5kW
	180	2.0kW
	200	3.0kW
	330	5.0kW
	470	6.0kW
	550	7.5kW
	590	11kW
	780	15kW
单相AC 100V	R70	0.05kW
	R90	0.1kW
	2R1	0.2kW
	2R8	0.4kW

第4位 电压

符号	规格
A	AC200V
F	AC100V

第5+6位 接口

符号	规格
00	模拟量电压、脉冲序列指令型

第7位 设计顺序

A

第8+9+10位 硬件选购件规格

符号	规格	适用机型
无 000	无选购件	所有机型
001	机架安装规格	SGD7S-R70A～-330A
		SGD7S-R70F～-2R8F
	管道通风规格	SGD7S-470A～-780A
002	涂漆处理	所有机型
008	单相AC200V电源输入规格	SGD7S-120A
020	无动态制动器功能	SGD7S-R70A～-2R8A
		SGD7S-R70F～-2R8F
	动态制动器外置电阻器	SGD7S-3R8A～780A

第11+12+13位 FT/EX规格

符号	规格
无 000	无

图 4-16 伺服电动机型号说明

表 4-1 伺服电动机主要参数一览表

型号	SGM7J 系列
额定功率/W	200
额定电流/A	1.5
瞬时最大电流/A	6.5
额定转矩/(N·m)	0.64
瞬时最大转矩/(N·m)	1.91
额定/最大转速/(r/min)	3000/6000
转子惯量×10^{-4}/(kg·m^2)	0.14

四、伺服驱动器

1. 铭牌信息

伺服驱动器侧面都有铭牌，铭牌标注的基本信息如图 4-17 所示。

2. 主要参数

伺服驱动器的主要参数见表 4-2。

伺服驱动器
端口、参数介绍

图 4-17 伺服驱动器铭牌信息图示

表 4-2 伺服驱动器主要参数一览表

型号		SGD7S 系列
额定功率/W		200
连续输出电流/A		1.6
瞬时最大输出电流/A		5.9
主电路	电源	AC200~240V,-15%~10%,50Hz/60Hz
	输入电流/A	2.4
控制	电源	AC200~240V,-15%~10%,50Hz/60Hz
	输入电流/A	0.2
电能损耗/W	主回路电能损耗	12.1
	控制回路电能损耗	12
	内置再生电阻电能损耗	—
	合计电能损耗	24.1
过电压等级		Ⅲ

3. 伺服驱动器与伺服电动机及周边设备连接

根据伺服驱动器各端口功能特性，连接相应的外围设备，其示例如图 4-18 所示。

当伺服驱动器控制伺服电动机时，其基本接线如图 4-19 所示。

由图 4-19 可知，伺服驱动器各个引脚功能的不同主要分为电源接线端子区、伺服电动机接线端子区、输入输出接线端子区等。

4. 输入输出信号接口 CN1 说明

出厂设定中输入输出信号接口 CN1 的引脚号、符号及名称如图 4-20 所示。

5. 伺服驱动器参数的操作

参数的书写方法有设定数值的“数值设定型”和选择功能的“功能选择型”两种，如图 4-21 所示。

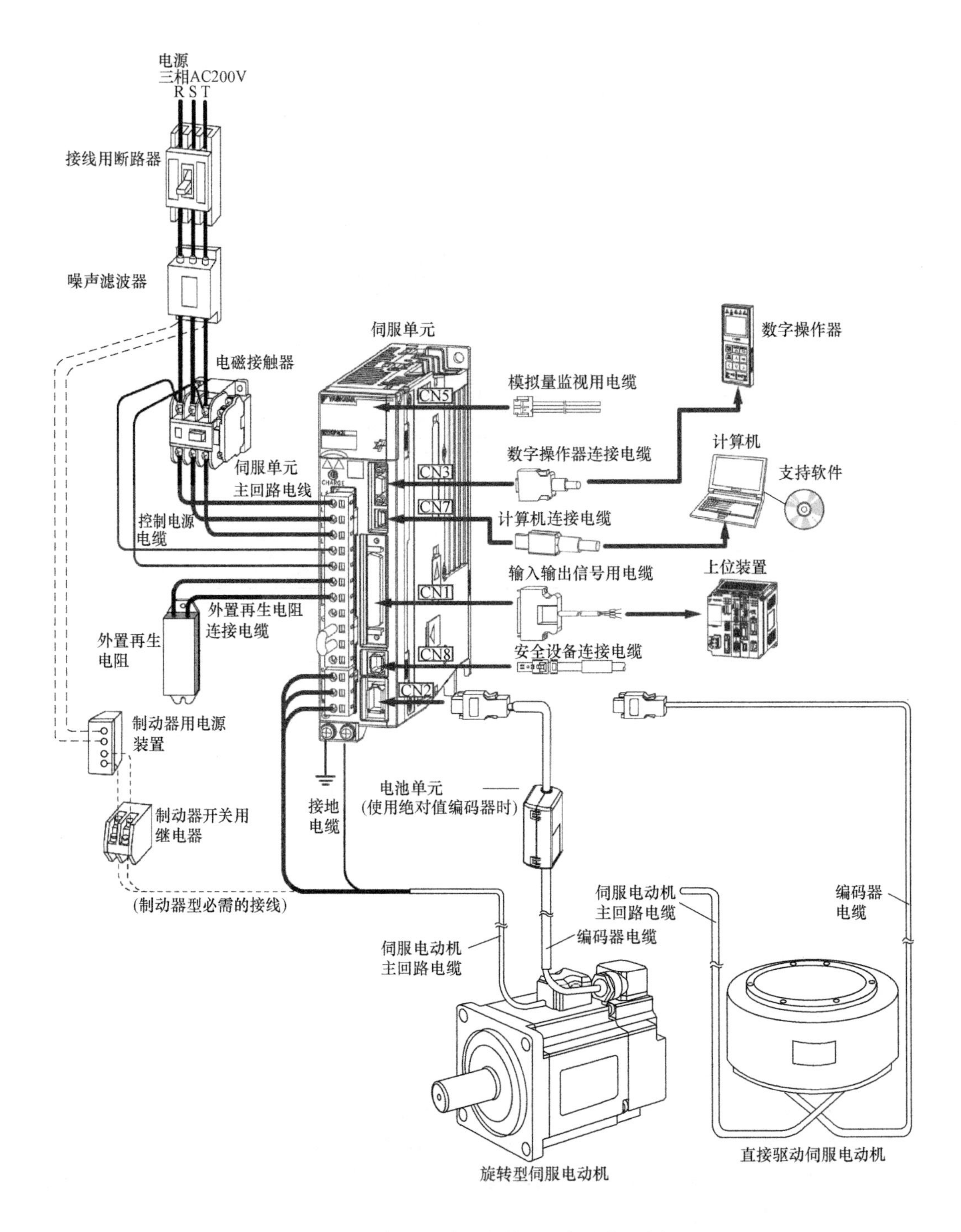

图 4-18　伺服驱动器与外围设备连接示例

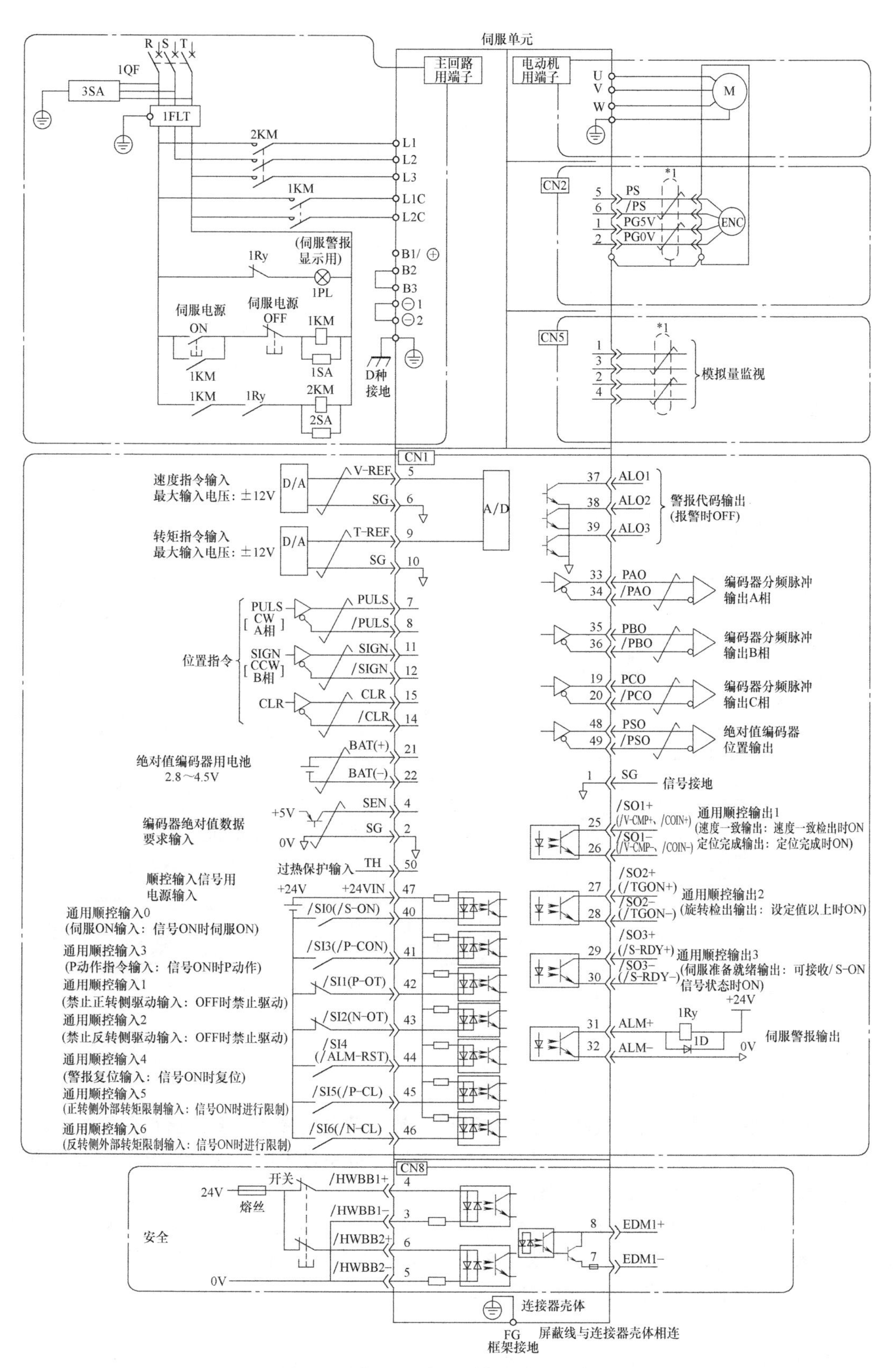

图 4-19　伺服驱动器连接电动机接线图

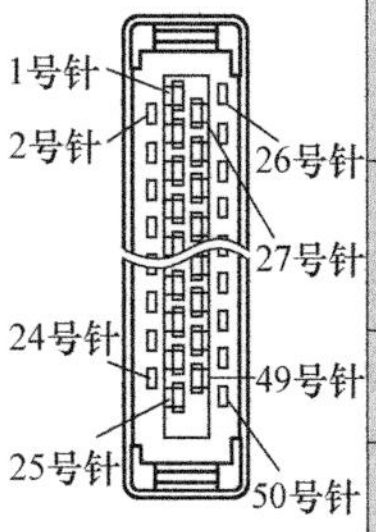

1号针
2号针
26号针
27号针
24号针
49号针
25号针
50号针

从箭头方向看到的未安装连接器壳体的状态下的外观如下所示。

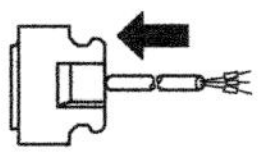

引脚号	信号	名称
2	SG	信号接地
4	SEN	编码器绝对值数据要求输入(SEN)
6	SG	信号接地
8	/PULS	脉冲指令输入
10	SG	信号接地
12	/SIGN	符号指令输入
14	/CLR	位置偏差清除输入
16	–	–
18	PL3	指令脉冲用集电极开路电源输出
20	/PCO	编码器分频脉冲输出C相
22	BAT–	绝对值编码器用电池(–)
24	–	–

引脚号	信号	名称
1	SG	信号接地
3	PL1	指令脉冲用集电极开路电源输出
5	V-REF	速度指令输入
7	PULS	脉冲指令输入
9	T-REF	转矩指令输入
11	SIGN	符号指令输入
13	PL2	指令脉冲用集电极开路电源输出
15	CLR	位置偏差清除输入
17	–	–
19	PCO	编码器分频脉冲输出C相
21	BAT+	绝对值编码器用电池(+)
23	–	–
25	/SO1+ (V-CMP+)	通用顺控输出1

引脚号	信号	名称
27	/SO2+ (TGON+)	通用顺控输出2
29	/SO3+ (/S-RDY+)	通用顺控输出3
31	ALM+	伺服警报输出
33	PAO	编码器分频脉冲输出A相
35	PBO	编码器分频脉冲输出B相
37	ALO1	警报代码输出
39	ALO3	警报代码输出
41	/SI3 (P-CON)	通用顺控输入3
43	/SI2 (N-OT)	通用顺控输入2
45	/SI5 (/P-CL)	通用顺控输入5
47	+24VIN	顺控输入信号用电源输入
49	/PSO	绝对值编码器位置输出

引脚号	信号	名称
26	/SO1- (V-CMP-)	通用顺控输出1
28	/SO2- (TGON-)	通用顺控输出2
30	/SO3- (/S-RDY-)	通用顺控输出3
32	ALM–	伺服警报输出
34	/PAO	编码器分频脉冲输出A相
36	/PBO	编码器分频脉冲输出B相
38	ALO2	警报代码输出
40	/SI0 (S-ON)	通用顺控输入0
42	/SI1 (P-OT)	通用顺控输入1
44	/SI4 (/ALM-RST)	通用顺控输入4
46	/SI6 (/N-CL)	通用顺控输入6
48	PSO	绝对值编码器位置输出
50	TH	过热保护输入

图 4-20　输入输出信号接口 CN1 引脚号、符号及名称图示

6. 伺服驱动器运行前需要设定的主要参数

驱动器参数分为设定用参数和调整用参数两大类。设定用参数主要指运行所需基本设定的参数；调整用参数主要指调整伺服性能的参数。在实际应用过程中，主要以设定用参数调整为主，这里着重介绍设定用参数的基本使用。

驱动器参数可使用 SigmaWin+、面板操作器及数字操作器设定。SigmaWin+为安川伺服驱动器配套的驱动器软件，因此一般建议在 SigmaWin+上进行参数的设定。在运行电动机前需要先在 SigmaWin+软件中设定以下几个主要参数。

（1）控制方式的选择

控制方式选择可使用速度控制、位置控制及转矩控制，通过“Pn000 = n.　X”来设定，具体的参数功能见表 4-3。

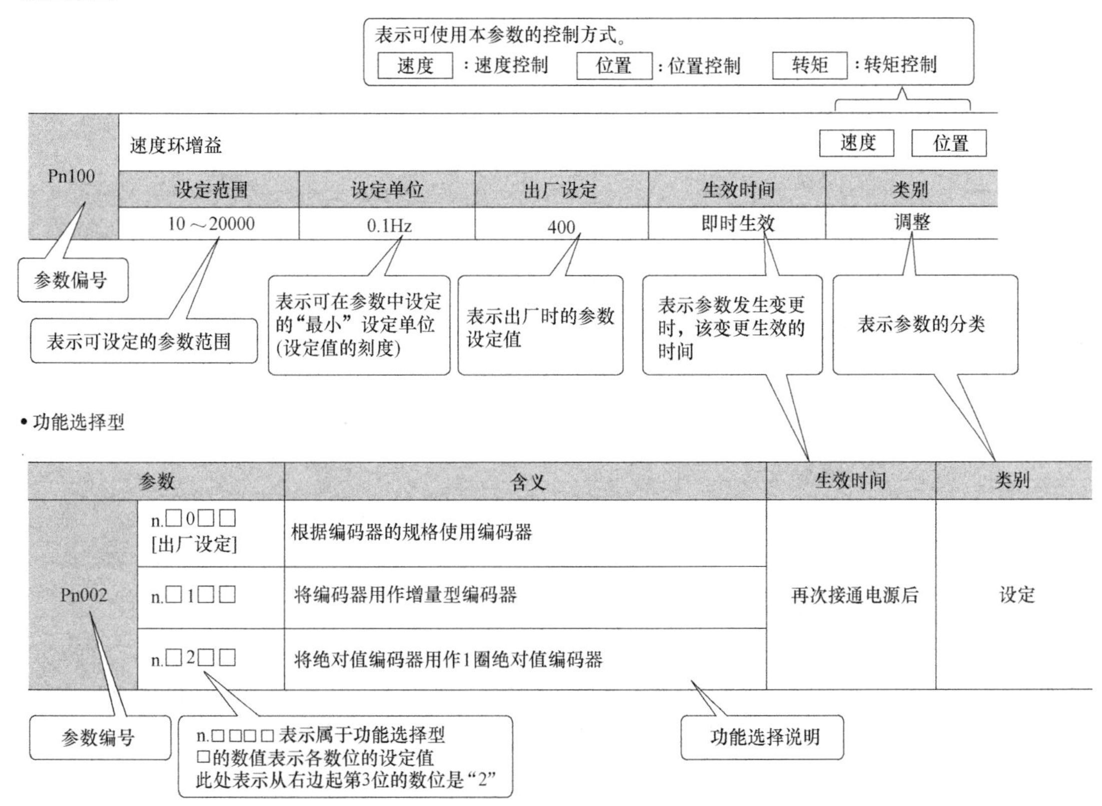

图 4-21　伺服驱动器两种类型参数的书写方法图示

表 4-3　控制方式选择功能列表

Pn000 = n. X	控制方式	概　要
n. 0 [出厂设定]	速度控制	通过模拟量电压速度指令来控制伺服电动机的转速。适合于如下场合： • 控制速度时 • 使用伺服单元的编码器分频脉冲输出，通过上位装置构建位置环进行位置控制时
n. 1	位置控制	通过脉冲序列位置指令来控制机器的位置。以输入脉冲数来控制位置，以输入脉冲的频率来控制速度。用于需要定位动作的场合
n. 2	转矩控制	通过模拟量电压转矩指令来控制伺服电动机的输出转矩。用于需要输出必要的转矩时（推压动作等）
n. 3	内部设定速度控制	是指令事先设定在伺服单元中的3个内部设定速度的速度控制。选择这种控制方式时，不需要模拟量指令
n. 4	内部设定速度控制⇔速度控制	可组合使用上述4种控制方式。可根据用途任意组合使用
n. 5	内部设定速度控制⇔位置控制	

（续）

Pn000 = n.　X	控制方式	概　　要
n.　6	内部设定速度控制 ⇔转矩控制	可组合使用上述 4 种控制方式。可根据用途任意组合使用
n.　7	位置控制 ⇔速度控制	
n.　8	位置控制 ⇔转矩控制	
n.　9	转矩控制 ⇔速度控制	
n.　A	速度控制 ⇔带零位固定功能的速度控制	速度控制时，可使用零位固定功能
n.　B	位置控制 ⇔带指令脉冲禁止功能的位置控制	位置控制时，可使用指令脉冲禁止功能

（2）电动机旋转方向的设定

无须改变速度指令/位置指令的极性（指令方向），即可切换伺服电动机的旋转方向（Pn000 = n.　X）。此时，虽然伺服电动机的旋转方向会改变，但是编码器分频脉冲输出等输出信号的极性（A 相、B 相的相位关系）不会改变。具体的参数功能如图 4-22 所示。

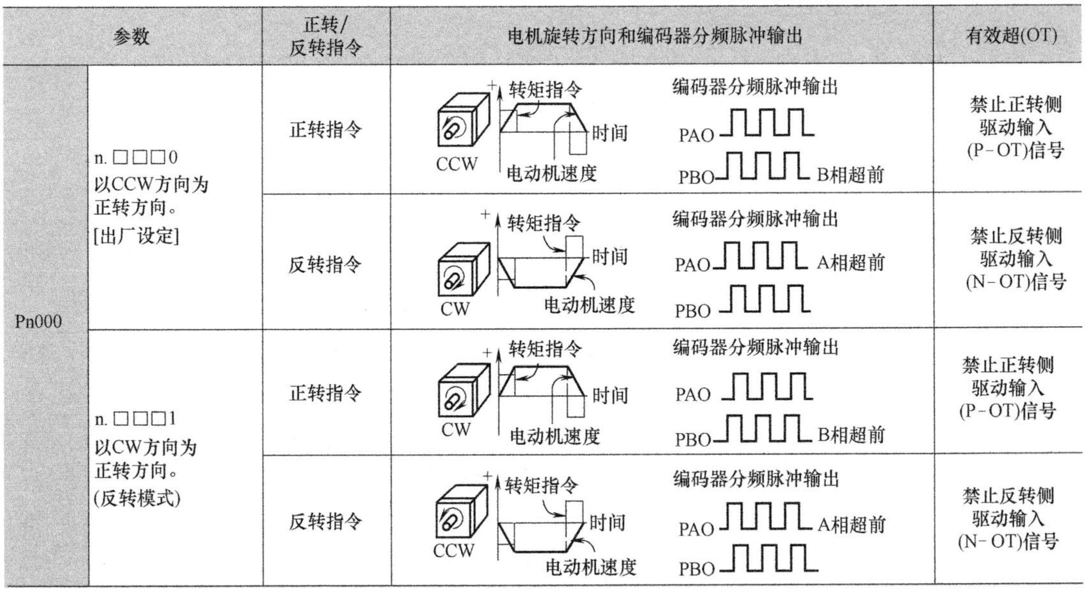

参数		正转/反转指令	电机旋转方向和编码器分频脉冲输出	有效超(OT)
Pn000	n.□□□0 以CCW方向为正转方向。 [出厂设定]	正转指令	CCW　转矩指令　时间　电动机速度 编码器分频脉冲输出　PAO　PBO　B相超前	禁止正转侧驱动输入(P-OT)信号
		反转指令	CW　转矩指令　时间　电动机速度 编码器分频脉冲输出　PAO　A相超前　PBO	禁止反转侧驱动输入(N-OT)信号
	n.□□□1 以CW方向为正转方向。 (反转模式)	正转指令	CW　转矩指令　时间　电动机速度 编码器分频脉冲输出　PAO　PBO　B相超前	禁止正转侧驱动输入(P-OT)信号
		反转指令	CCW　转矩指令　时间　电动机速度 编码器分频脉冲输出　PAO　A相超前　PBO	禁止反转侧驱动输入(N-OT)信号

图 4-22　电动机旋转方向设定参数功能图示

（3）指令脉冲形态

执行位置控制时，需依照上位机的指令脉冲形态。因此，通过位置控制指令形态选择开关（Pn200）对指令脉冲的形态进行设定。具体的参数功能如图 4-23 所示。

（4）电子齿轮比

首先引入“指令单位”的概念，指令单位是指电动机接收 1 个脉冲，负载移动的位移单

参数		指令脉冲形态	输入倍增	正转指令	反转指令
Pn200	n.□□□0 [出厂设定]	符号+脉冲串(正逻辑)	–	PULS (CN1-7) SIGN (CN1-11) H电平	PULS (CN1-7) SIGN (CN1-11) L电平
	n.□□□1	CW+CCW脉冲串 (正逻辑)	–	CW (CN1-7) L电平 CCW (CN1-11)	CW (CN1-7) CCW (CN1-11) L电平
	n.□□□2	90°相位差二相脉冲	1倍	90° A相 (CN1-7) B相 (CN1-11)	90° A相 (CN1-7) B相 (CN1-11)
	n.□□□3		2倍		
	n.□□□4		4倍		
	n.□□□5	符号+脉冲串(负逻辑)	–	PULS (CN1-7) SIGN (CN1-11) L电平	PULS (CN1-7) SIGN (CN1-11) H电平
	n.□□□6	CW+CCW脉冲串 (负逻辑)	–	CW (CN1-7) H电平 CCW (CN1-11)	CW (CN1-7) CCW (CN1-11) H电平

图 4-23　指令脉冲形态参数功能图示

位。指令单位是将移动量转换成易懂的距离等物理量单位［例如 μm 及（°）等］，而不是转换成脉冲。

电子齿轮是将按照指令单位指定的移动量转换成实际移动所需脉冲数的功能。

根据该电子齿轮功能的说明，伺服驱动器每接收 1 个脉冲输入，工件的移动距离为 1 个指令单位，即如果使用伺服驱动器的电子齿轮，可将脉冲转换成指令单位进行读取。

1）不使用和使用电子齿轮的区别。如图 4-24 所示的机械构成，以使工件移动 10mm 为例。

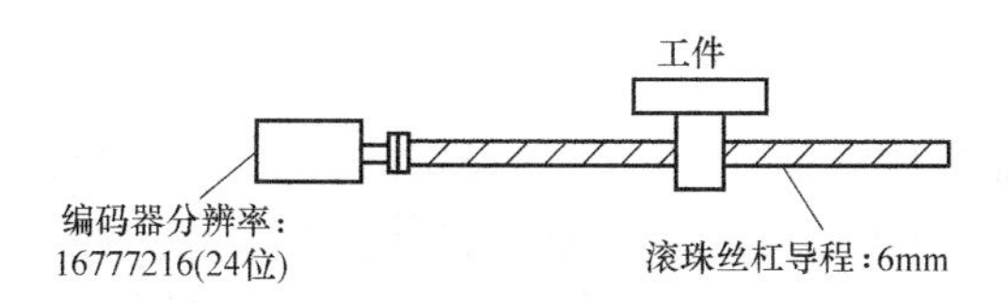

图 4-24　伺服电动机带动滚珠丝杠机械构成

不使用电子齿轮时

> 需使工件移动 10mm 时
> ① 计算转动圈数。
> 伺服电动机每 1 圈转动 6mm，因此将工件移动 10mm 时，转动圈数为 10/6 圈。
> ② 计算所需的指令脉冲数。
> 16777216 个脉冲为 1 圈，因此，所需脉冲数为 10/6×16777216 ＝ 27962026. 66 …个脉冲。
> ③ 输入 27962027 个脉冲的指令。

使用电子齿轮时

> 使用“指令单位”将工件移动 10mm 时，以 1μm 为指令单位，每 1 个脉冲的移动量为 1μm。需移动 10mm（10000μm）时，需要 10000/1＝10000 个脉冲，因此输入 10000 个脉冲。

可以看出不使用电子齿轮时，必须要根据不同指令分别计算指令脉冲数，较为烦琐。当使用电子齿轮比时，无须根据不同指令分别计算指令脉冲数，较为简单。

2）电子齿轮比的设定参数。安川驱动器电子齿轮比通过 Pn20E（电子齿轮比分子）、Pn210（电子齿轮比分母）两个参数进行设定，其具体参数功能如图 4-25 所示。

参数					
Pn20E	电子齿轮比(分子)				位置
	设定范围	设定单位	出厂设定	生效时间	类别
	1～1073741824	1	64	再次接通电源后	设定
Pn210	电子齿轮比(分母)				位置
	设定范围	设定单位	出厂设定	生效时间	类别
	1～1073741824	1	1	再次接通电源后	设定

图 4-25　电子齿轮比参数功能图示

3）电子齿轮比设定的计算方法。电动机轴和负载侧的机器减速比为 n/m（伺服电动机旋转 m 圈时负载轴旋转 n 圈）时，则电子齿轮比的设定值为

$$\text{电子齿轮比}=\frac{\text{Pn20E}}{\text{Pn210}}=\frac{\text{编码器分辨率}}{\text{负载轴旋转 1 圈的移动量（指令单位）}}\times\frac{m}{n} \tag{4-1}$$

（5）编码器分频脉冲数

编码器分频脉冲数输出是在伺服驱动器内部处理编码器发出的信号后，以 90°相位差的 2 相脉冲（A 相、B 相）形态向外部输出的信号，可在上位机装置中作为位置反馈使用。

编码器分频脉冲数可由参数 Pn212 设定，其参数功能如图 4-26 所示。

参数					
Pn212	编码器分频脉冲数		速度	位置	转矩
	设定范围	设定单位	出厂设定	生效时间	类别
	16～1073741824	1 节距/Rev	2048	再次接通电源后	设定

图 4-26　编码器分频脉冲数参数功能图示

任务实施

搬运系统由 XYZ 三轴模组搭建完成，三轴使用的伺服电动机分别为安川电动机、松下电动机和多摩川电动机。首先完成搬运系统的硬件接线，然后进行模组和真空吸盘的调试任务。模组的调试包括伺服电动机方向的调试、原点及正负限位信号的调试。首先进行 X 轴模组的调试，然后完成 Y 轴和 Z 轴的调试，最后进行真空吸盘的调试。

一、搬运系统的硬件接线

搬运系统的电气接线分为伺服电动机的接线、原点及限位开关的接线和气动元件的接线。具体接线见表 4-4～表 4-6。

搬运系统调试

表 4-4　伺服电动机接线

模块	接　口	模块	接　口
接线一端		接线另一端	
X 轴模组	X 轴电动机动力	AXIS1	Drive_1 Power
	X 轴电动机编码器		Drive_1 Encoder
Y 轴模组	Y 轴电动机动力	AXIS2	Drive_2Power
	Y 轴电动机编码器		Drive_2 Encoder
Z 轴模组	Z 轴电动机动力	AXIS3	Drive_3 Power
	Z 轴电动机编码器		Drive_3 Encoder

表 4-5 气动元件接线

模块	接口		模块	接口	
接线一端			接线另一端		
Z 轴模组	真空电磁阀	0V	AXIS5	KA6	0V
		24V			24V
	负压表	黄色端子	DI/DO	EXI 5	
		0V	DC Power	0V	
		24V		24V	

表 4-6 原点及限位开关接线

模块	接口		模块	接口	
接线一端			接线另一端		
X 轴模组	X 轴正限	黑色端子	AXIS1	Limit0+	LIM
		0V			0V
		24V			24V
	X 轴负限	黑色端子		Limit0-	LIM
		0V			0V
		24V			24V
	X 轴原点	黑色端子		Home0	LIM
		0V			0V
		24V			24V
Y 轴模组	Y 轴正限	黑色端子	AXIS2	Limit1+	LIM
		0V			0V
		24V			24V
	Y 轴负限	黑色端子		Limit1-	LIM
		0V			0V
		24V			24V
	Y 轴原点	黑色端子		Home1	LIM
		0V			0V
		24V			24V
Z 轴模组	Z 轴正限	黑色端子	AXIS3	Limit2+	LIM
		0V			0V
		24V			24V
	Z 轴负限	黑色端子		Limit2-	LIM
		0V			0V
		24V			24V
	Z 轴原点	黑色端子		Home2	LIM
		0V			0V
		24V			24V

二、伺服驱动器模式设置

1. 驱动器软件连接

（1）连接 USB 通信线

将设备上安川驱动器的调试接口与工控机的 USB 接口进行连接，如图 4-27 所示。

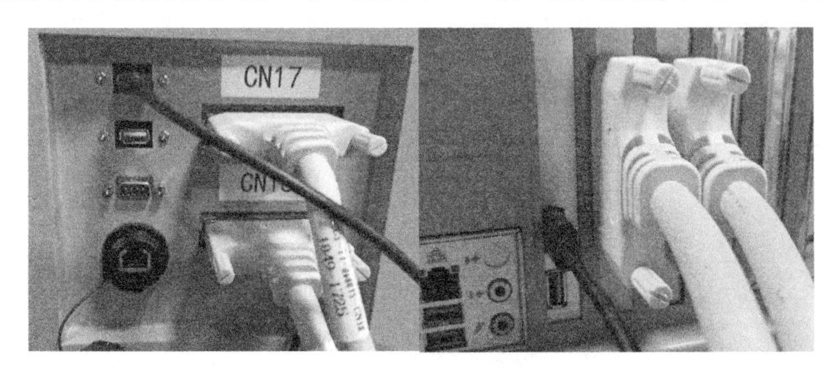

图 4-27　驱动器与工控机通信硬件连接

（2）打开安川伺服驱动器软件“SigmaWin+Ver. 7”

界面如图 4-28 所示。

图 4-28　伺服驱动器软件“SigmaWin+Ver. 7”起始界面图示

（3）连接伺服驱动器单元

如图 4-29 所示，单击软件界面左上角的“Home”键，选择下拉菜单中的“开始”→“连接伺服”命令。

（4）检索、连接伺服驱动器单元

单击“连接伺服”命令后，进入“通信设定”界面，如图 4-30 所示，选择 USB 连接，单击“检索伺服单元”按钮。在检索到设备后，进入图 4-31 所示界面，选择搜索到的伺服驱动器单元，单击“连接”按钮。

（5）连接成功

伺服驱动器单元连接成功后，在左上方可看到所连接的伺服单元信息，如图 4-32 所示。

图 4-29 “SigmaWin+Ver. 7”连接伺服驱动器单元图示

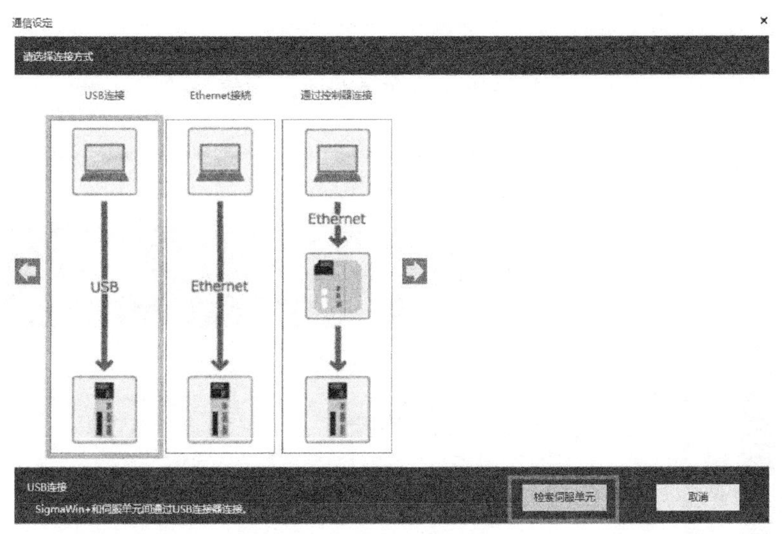

图 4-30 检索伺服单元界面

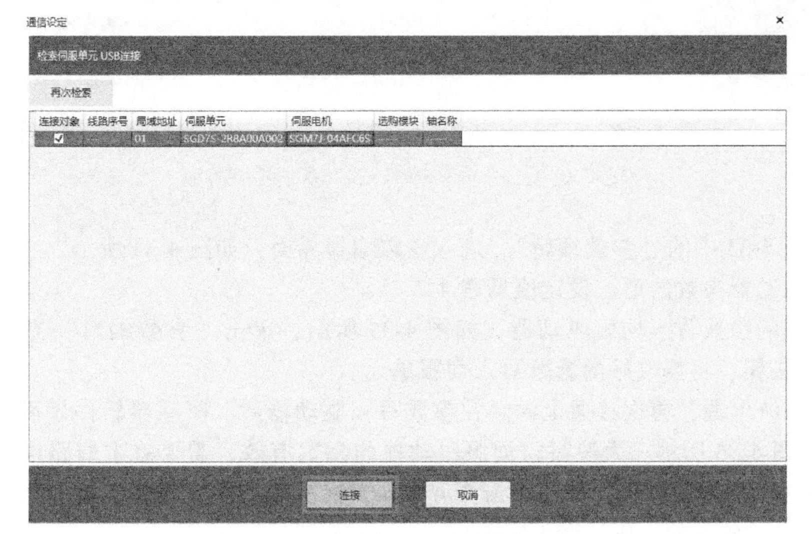

图 4-31 连接伺服驱动器单元界面

图 4-32　连接成功界面

2. 驱动器参数设定

1）如图 4-33 所示，单击所连接伺服驱动器单元的“菜单”按钮，可进入菜单界面。

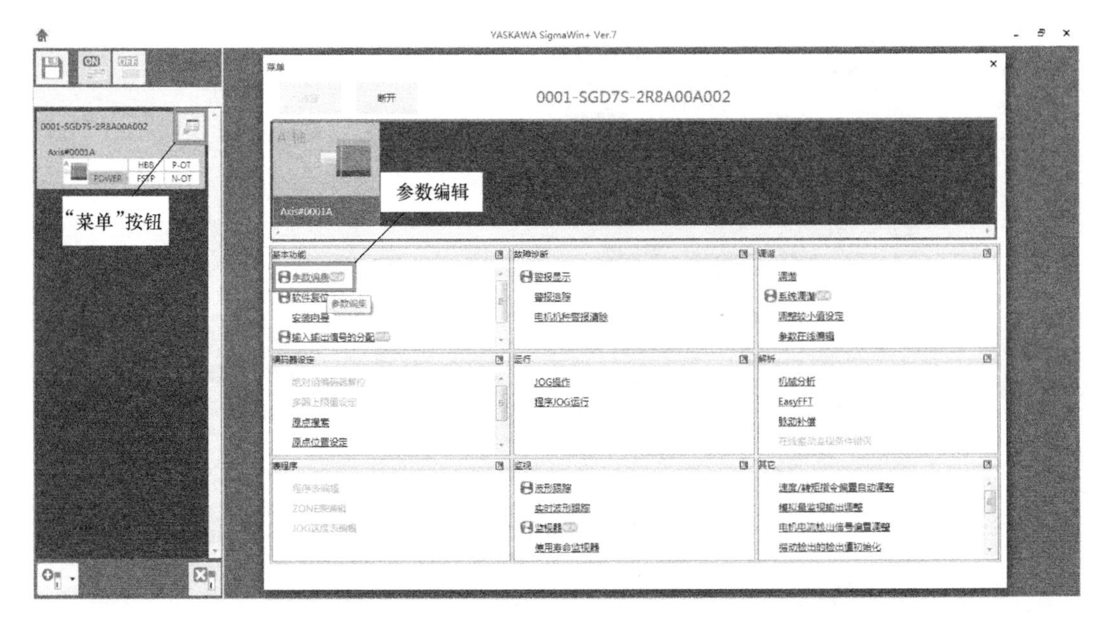

图 4-33　“SigmaWin+Ver. 7”菜单界面图示

2）单击图 4-33 中的“参数编辑”，进入参数编辑界面，如图 4-34 所示。

3）设定驱动器参数的值，设定值见表 4-7。

4）将设置的参数写入伺服驱动器。如图 4-35 所示，单击“参数编辑”界面中的“正在编辑的参数”按钮，将修改好的参数写入伺服单元。

5）关闭系统电源，再次接通电源。在参数写入驱动器后，驱动器软件界面发出警报，并弹窗提示，如图 4-36 所示。为使写入伺服驱动器的参数有效，需要将主回路电源关闭，单击图 4-37a 方框所示的起动按钮。然后单击图 4-37b 方框所示的停止按钮，重新通电。此时，修改的驱动器参数设置有效，驱动器设定完成。

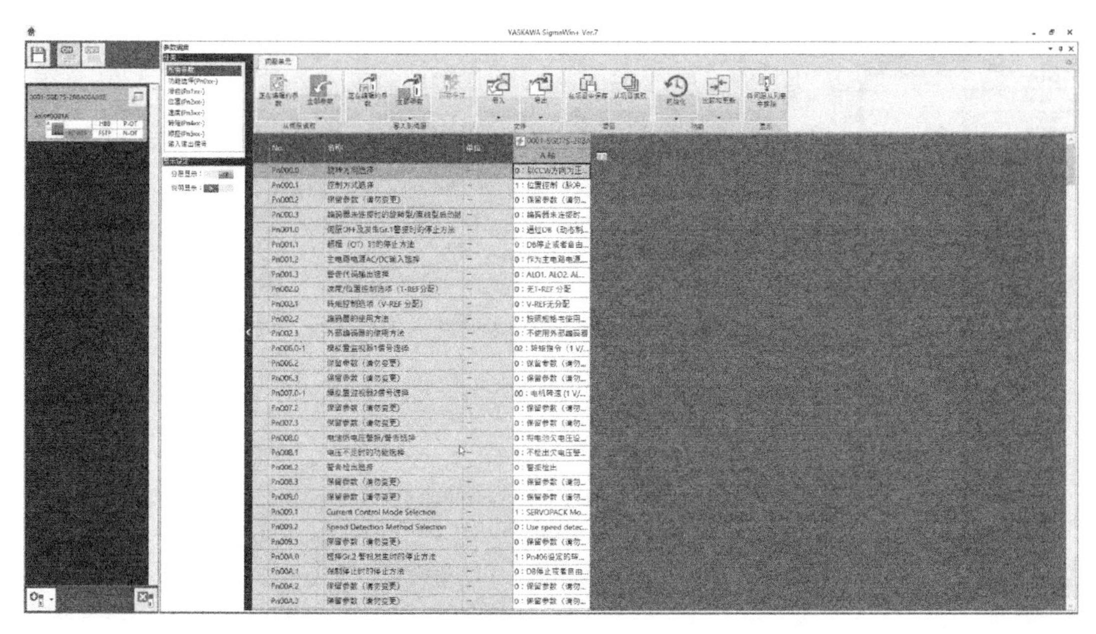

图 4-34 “SigmaWin+Ver. 7” 参数编辑界面

表 4-7 驱动器参数设置

No.	名称	设定值
Pn000. 0	旋转方向选择	0:以 CCW 方向为正转方向
Pn000. 1	控制方式选择	1:位置控制(脉冲序列控制)
Pn200. 0	指令脉冲形态	0:符号+脉冲,正逻辑
Pn20E	电子齿轮比(分子)	16777216
Pn210	电子齿轮比(分母)	10000
Pn212	编码器分频脉冲数	2500

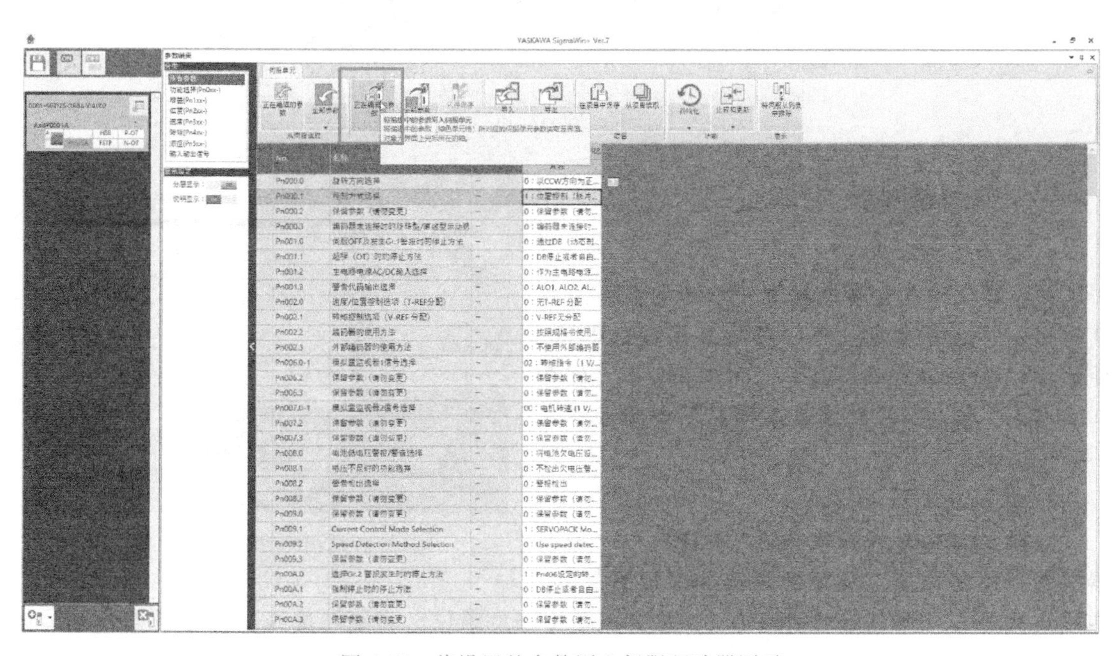

图 4-35 将设置的参数写入伺服驱动器图示

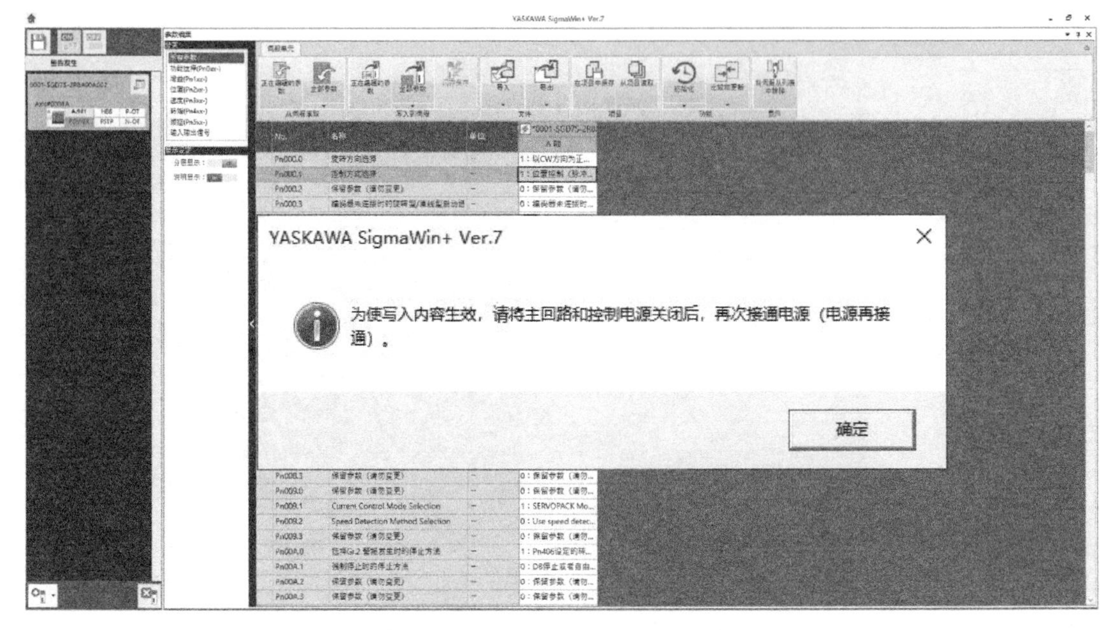

图 4-36　参数设定后伺服驱动器软件弹窗图示

a) 单击起动按钮

b) 单击停止按钮

图 4-37　电源按钮图示

三、控制器配置

1. 运动控制器复位

控制器软件配置参数很多，本任务只需配置其中很少一部分参数，其余参数采用默认即可。使用 MCT2008 管理软件对运动控制器复位，如图 4-38 所示。复位后控制器默认情况下是脉冲模式（脉冲+方向）。

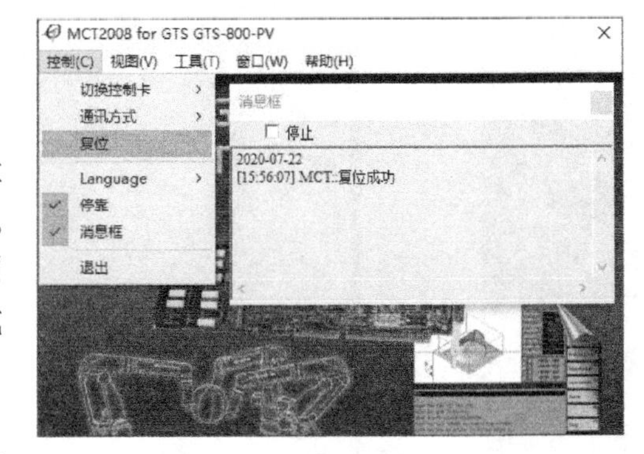

图 4-38　运动控制器复位

2. 配置 axis

选择 MCT2008 控制软件的“工具”→“控制器配置”菜单命令，打开控制器 axis 配置界面，如图 4-39 所示。本任务只使用轴 1，并且正限位和负限位已经硬件接线到轴 1 的对应编号的限位位置。驱动报警信号由于没有设计硬件接线，故将其设置为“none”即可。axis 设置界面的其余参数均采用默认值即可。

3. 配置 encoder

控制器复位后，“输入脉冲反转”为“反转”状态。在此，先切换到“encoder”选项卡，将“输入脉冲反转”设为“正常”，如图 4-40 所示。

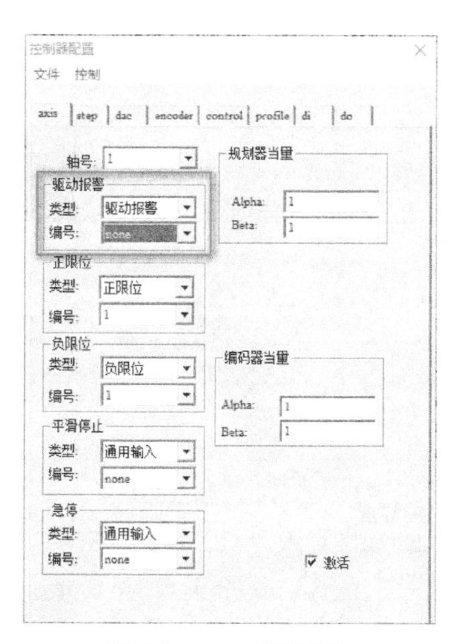

图 4-39 axis 配置界面

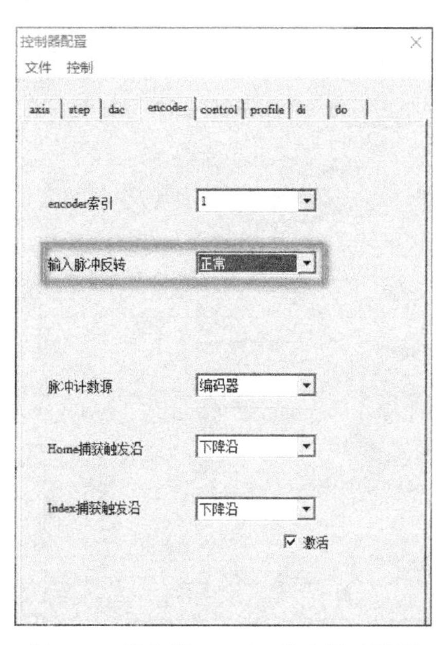

图 4-40 编码器 encoder 输入脉冲设置

4. 配置 di

本任务有三路 di 信号输入，从表 4-6 的硬件接线方式中可知，限位开关正常情况下为与地断开，平台运动到限位位置后开关触发变为与地接通。从厂家手册（《运动控制器编程手册之基本功能》）可查到控制器配置初始化后限位开关默认状态为“常闭开关，输入为低电平，高电平限位触发”。

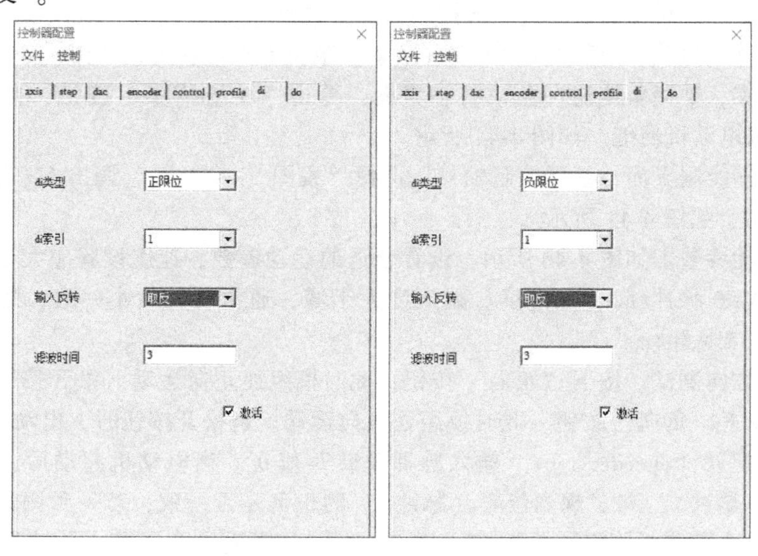

图 4-41 di 配置界面

因此，需要将轴 1 的“正限位”和“负限位”均设置为“取反”，如图 4-41 所示。di 界面中的其他参数采用默认状态即可。

5. 将配置的参数写入到运动控制器

如图 4-42a 所示，可以通过选择“控制”→“写入控制器状态”菜单命令，将设置好的参数写入控制器内部。也可以保存为配置文件，供后续使用。选择“文件”→“写入到文件”命令，即可对配置信息进行保存，生成配置文件（ * . cfg），例如将其保存为“GTS800. cfg”文件，如图 4-42b 所示。

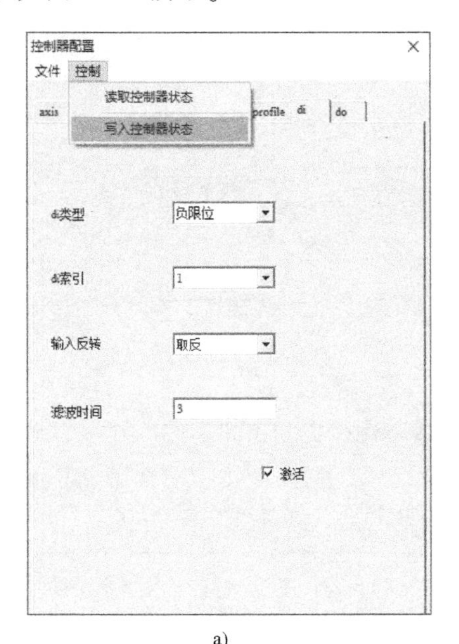

a)

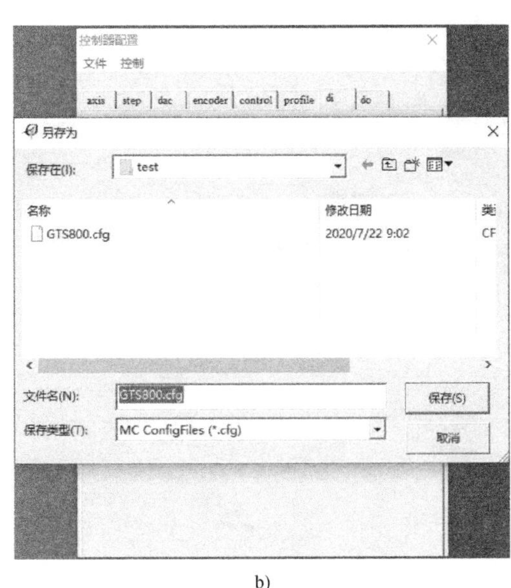

b)

图 4-42 控制器配置参数写入和配置文件生成图示

四、模组的点动

1）查看轴状态。将控制器配置写入控制器后，选择“视图”→“轴状态”调出轴状态界面。轴号索引选择“1”，然后确认轴不存在报警、限位等异常状态，如图 4-43 所示。

2）位置清零，轴伺服使能。在轴状态界面，单击“位置清零”按钮，再单击“伺服使能”按钮，伺服电动机使能，如图 4-44 所示。

3）打开点动控制界面，选择控制轴号。选择“视图”→“Jog”调出 Jog 运动的界面，轴号索引选择“1”，如图 4-45 所示。

4）设置点动参数。如图 4-46 所示，设置合适的运动参数，速度设置应大于零，通常建议速度设置不超过 50 脉冲/ms；加速度、减速度大于零，通常两者大小一致，通常建议加减速度设置不超过 0.5 脉冲/ms^2。

5）电动机方向测试。按下“正向”按钮，此时模组往正向运动。松开按钮，电动机停止运动。然后再按下“负向”按钮，此时模组往负向运动。当松开按钮时，电动机停止运动。

6）控制器配置“encoder”→“输入脉冲反转”修正。当电动机起动后，观察轴状态界面“实际位置（脉冲）”和“规划位置（脉冲）”的正负是否一致，若一致则无须修正；若两者方向相反，则重新进入“控制器配置”→“encoder”界面，将“输入脉冲反转”设为“反转”，写入到控制器状态，再次让模组运动，此时“实际位置（脉冲）”和“规划位置（脉冲)”正负一致。

至此，电动机方向调试完成。

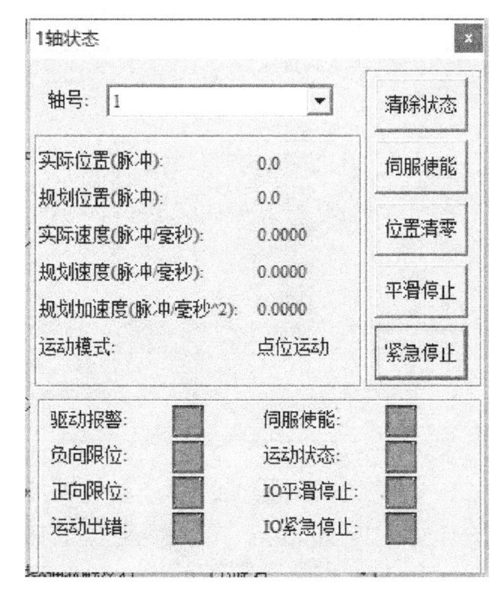

图 4-43　轴状态界面图

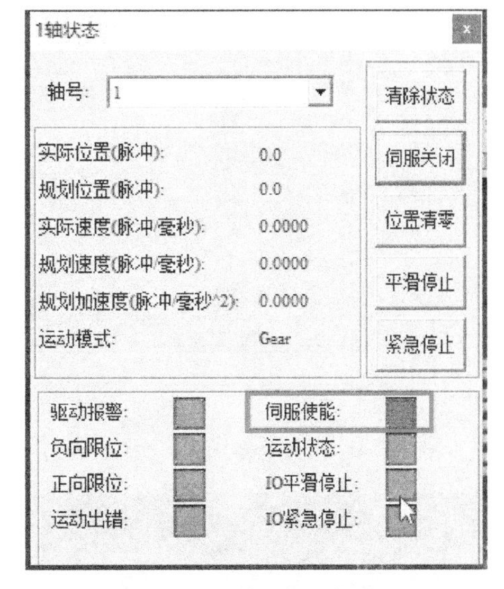

图 4-44　轴 1 伺服使能

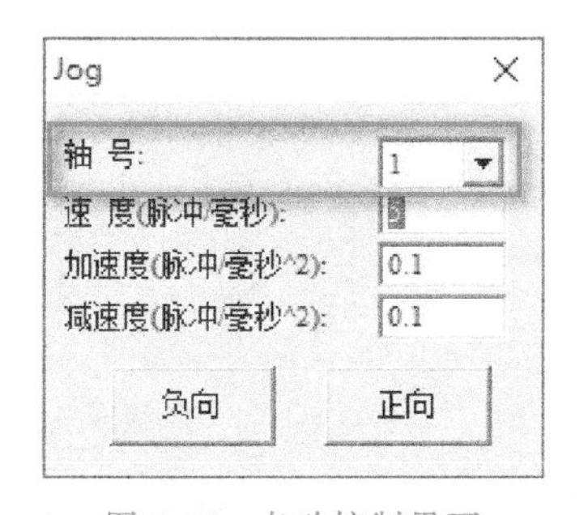

图 4-45　点动控制界面

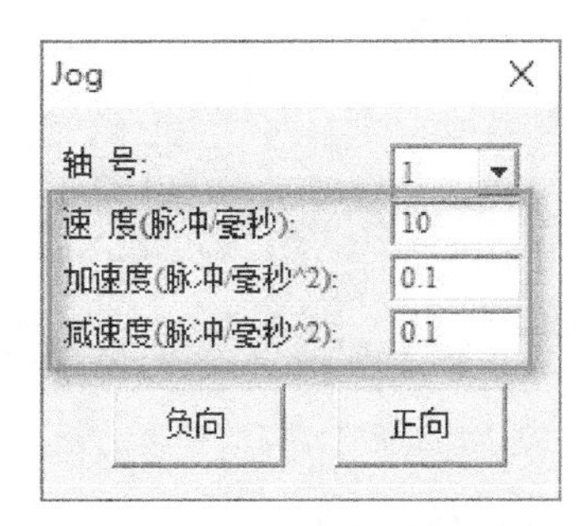

图 4-46　点动参数设置图示

五、测试原点、限位信号

分别在原点及正负限位开关处进行遮挡，观察其是否正常触发。再打开控制器软件MCT2008，查看是否可以接收触发信号。

1. 原点信号测试

1）打开捕获界面。使用 MCT2008 管理软件，选择“视图”→“捕获”调出“捕获”界面，如图 4-47 所示。

2）选择轴 1。在“捕获”界面，勾选“轴 1”，如图 4-48 所示。

3）使模组运动，当滑轨附带的挡片遮挡到原点开关时，原点信号触发，如图 4-49 所示。

4）原点信号捕获。在原点信号触发后，控制器软件捕获到原点信号，如图 4-50 所示。

2. 限位信号调试

1）打开轴状态界面。选择“视图”→“轴状态”调出轴状态界面，轴号索引选择“1”。

2）使模组往 X 轴正向点动，当滑轨附带的挡片遮挡到正限位开关时，正限位信号触发，如图 4-51 所示。

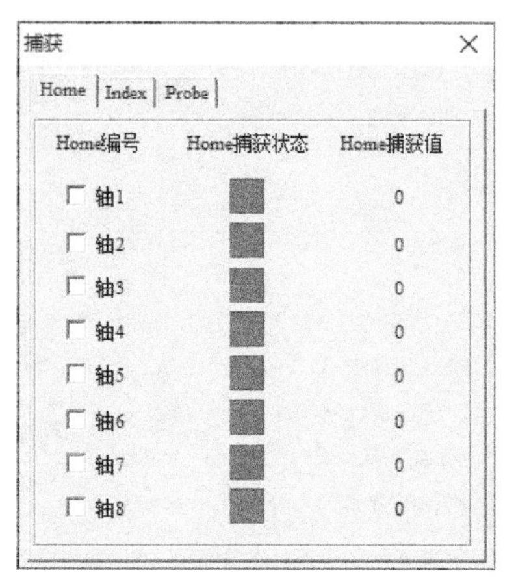

图 4-47　控制器管理软件捕获界面

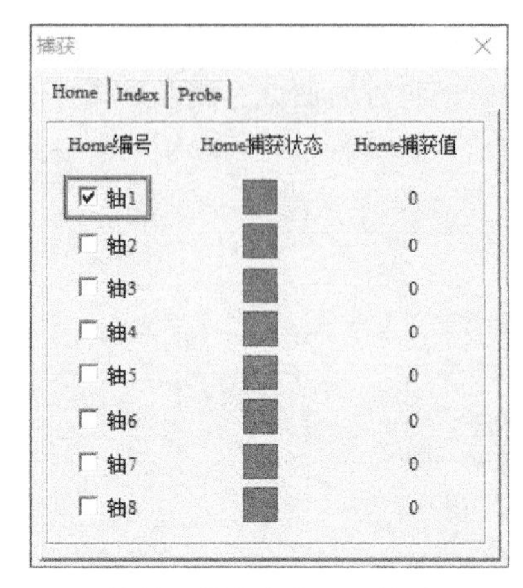

图 4-48　控制器软件捕获界面轴号配置图示

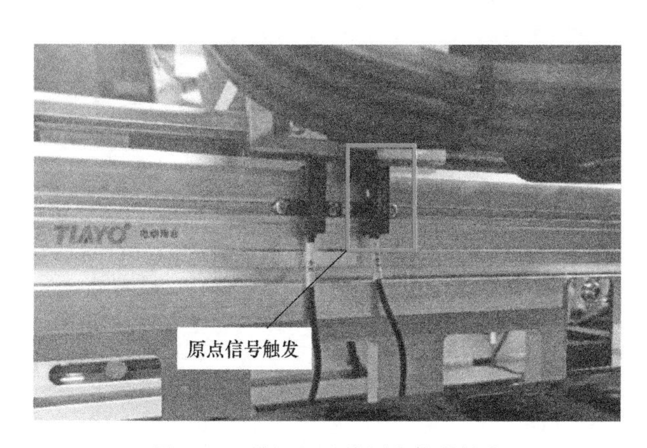

图 4-49　模组运动使原点信号触发

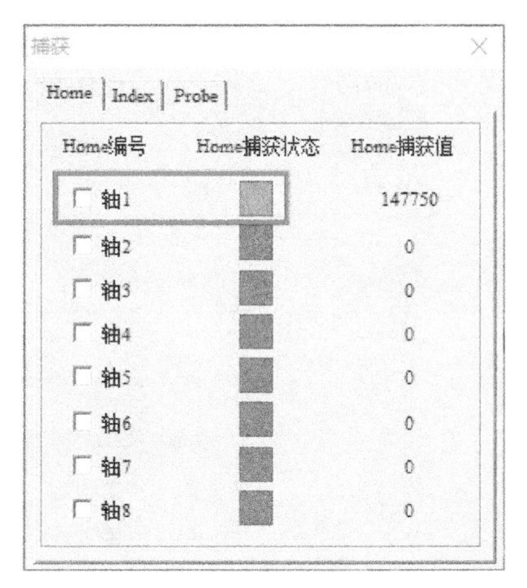

图 4-50　控制器软件原点信号的捕获

此时，控制器软件中 1 轴的正向限位触发，如图 4-52 所示，模组无法再往 X 轴正方向运动。

图 4-51　模组运动至触发正限位

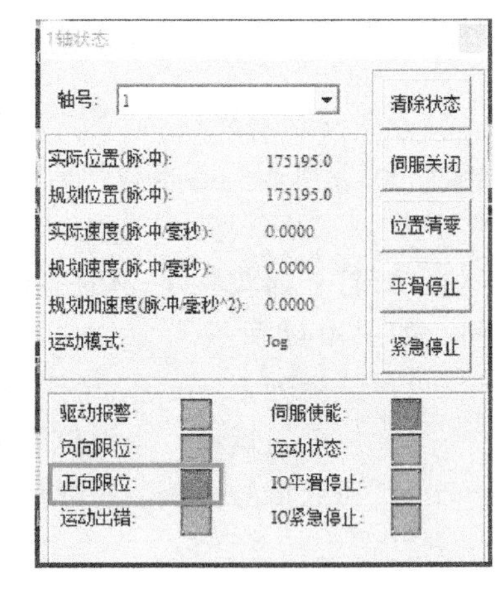

图 4-52　正向限位触发的轴状态界面

3）使模组往 X 轴负向点动，当模组离开正限位开关处后，可单击“轴状态”界面的“清除状态”按钮清除正向限位报警。

4）使模组往X轴负向点动，当滑轨附带的挡片遮挡到负限位开关时，负限位信号触发，如图4-53所示。此时，控制器软件中1轴的负向限位触发，如图4-54所示，模组无法再往X轴负方向运动。

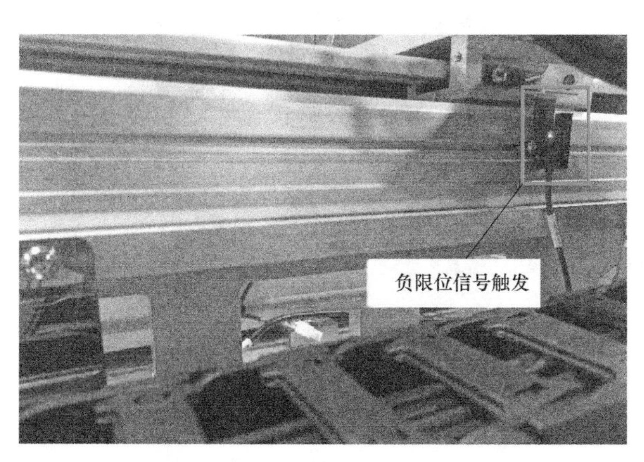

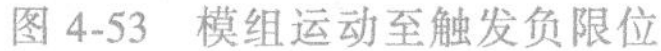
图4-53　模组运动至触发负限位

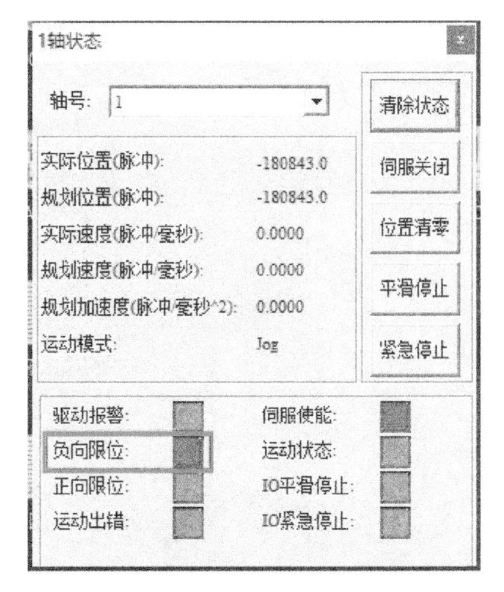

图4-54　负限位触发的轴状态界面

5）使模组往X轴正向点动，当模组离开负限位开关处后，单击“轴状态”界面的“清除状态”按钮清除负向限位报警。

六、Y轴、Z轴的调试

Y轴、Z轴的驱动器参数已设置为位置模式，因此，只需要按照上述三~五的步骤完成对Y轴、Z轴的模组调试。

七、真空吸盘的调试

1. 打开数字量输出界面

使用MCT2008管理软件，选择“视图”→“数字量输出”调出“DO”界面，如图4-55所示。

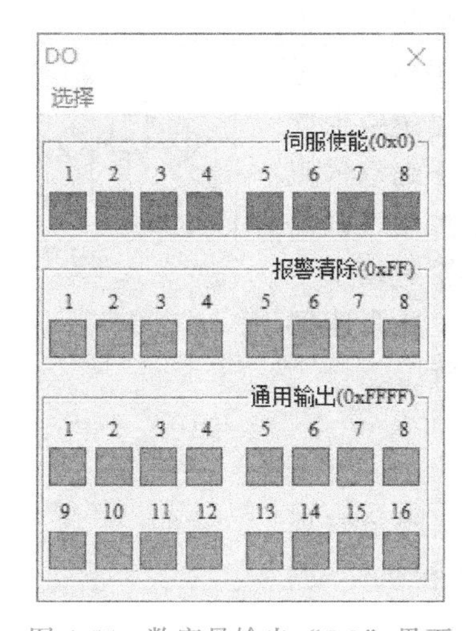

图4-55　数字量输出“DO”界面

2. 触发 EXO11，吸盘吸气

如图 4-56 所示，触发数字 I/O 输出 EXO11。此时，真空电磁阀线圈通电，如图 4-57 所示，阀门打开，经过真空发生器后，产生真空，吸盘吸气。

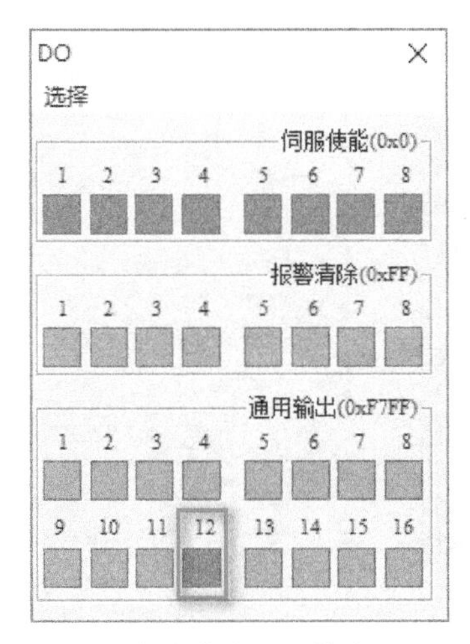

图 4-56　触发数字 I/O 输出 EXO11

图 4-57　真空电磁阀线圈得电图示

拓展知识　气动回路的基本应用

气动回路的基本应用

气动回路主要包括气源（气泵）、气源处理装置、气动执行元件（直线气缸、摆动气马达）和控制元件（开关阀、电磁换向阀、比例伺服阀）等。根据控制元件的不同，气动回路可分为方向控制回路、压力控制回路和速度控制回路。

一、方向控制回路和速度控制回路

图 4-58 所示是一个比例换向阀控制气动回路。该回路以气泵为气源提供驱动，压缩空气经气源处理装置的过滤、减压、雾化后流入手动开关阀。当开关阀打开后，压缩空气进入比例换向阀控制气缸的位移。比例换向阀通过设定电压控制气缸两腔体的压缩空气流量，进而控制两腔的压力差，以控制气缸的位置伺服[6]。在气缸进出口处各安装了一个单向节流阀，以此构成回路节流调速回路，可手动调定单向节流阀设置背压。

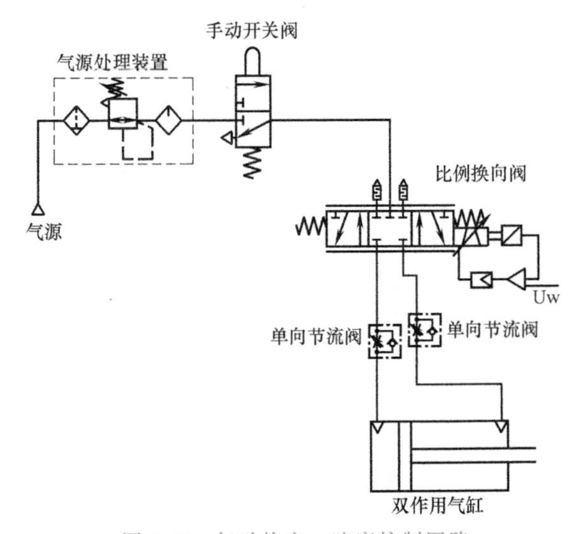

图 4-58　气动换向、速度控制回路

二、压力控制回路

图 4-59 所示是一个比例调压阀控制回路。同样，该回路以气泵为气源提供驱动，压缩空气经气源处理装置后流入手动开关阀。当开关阀打开后，压缩空气进入比例调

压阀。比例调压阀回路可以直接控制气缸两腔室的气体压差，来实现气缸的位置伺服，控制方式简单。

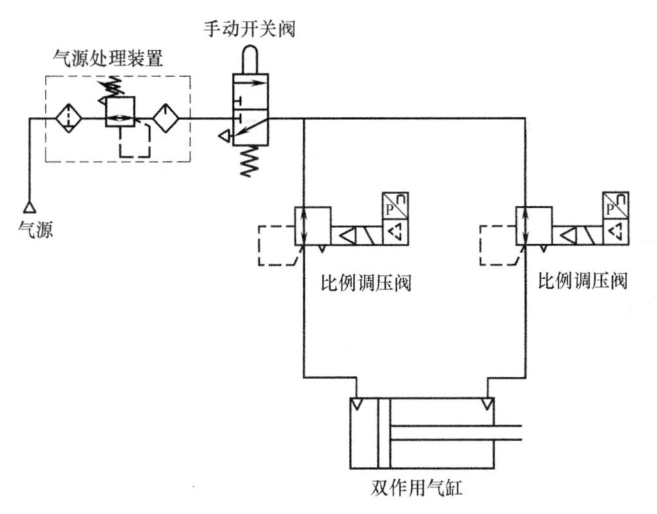

图 4-59　气动压力控制回路

项目 5

综合供料系统应用案例

任务 5.1 单轴点位运动程序

任务引入

运动控制器函数库的使用

C++是一种高效实用的程序设计语言，在运动控制系统中可以通过 C++编写程序，以实现系统的各种功能性运动。本任务具体要求如下：

首先掌握 C++程序的基本结构，了解头文件、预处理指令、变量、函数等基本概念，学会编写简单的 C++程序。然后了解运动控制器的指令函数库，学会运动控制器函数库的调用，掌握单轴点位运动程序的编写。

相关知识

一、Hello World

学习程序设计语言最好的方法就是写代码。第一个示例是经典的“Hello World”程序，该程序运行时，可以在屏幕上输出“Hello World!”。

例 1-1 C++编写的“Hello World”程序，如下：

```
#include 〈iostream〉              //预处理指令

int main( )                       //主函数
{                                 //主函数体开始
  puts("Hello World!");           //声明部分+执行部分
  return 0;
}                                 //主函数体结束
```

如例 1-1 所示，可以看到 C++程序具有一定的结构，包含了预处理指令、主函数、主函数体、声明部分、执行部分。其中预处理指令是在编译前加载的外部程序指令，如例 1-1 中的 #include 〈iostream〉，是将 iostream 的头文件的内容加载进来，由加载进来的程序与其他程序共同构成一个完整的可编译的源程序。

main () 函数是程序的主函数，操作系统通过调用 main () 函数来执行程序，main () 函数是程序的入口函数，无论 main () 函数在程序中的哪个位置，程序执行的时候总会从

main（）函数开始。每个 C++程序有且只能有一个 main（）函数。

main（）函数的基本结构如下：

```
int main ()
{
  函数体
}
```

main（）函数由两部分组成，第一部分是第一行的“int main( )”，这部分称为函数头，是函数定义的开始；第二部分是花括号“{}”组成的部分，称为函数体，用来编写语句实现函数所需功能。分号是 C++语句结束的标志，每个语句和数据定义后必须有一个分号。预处理命令、函数头和花括号“}”之后不能加分号。

二、Visual Studio 的使用

Visual Studio 是微软开发的开发工具包系列产品，以下简称 VS。它包括了代码管控工具、集成开发环境（IDE）等，并提供程序命令提示的功能[7]。接下来对 VS 开发环境的使用进行简单介绍。

1. 创建并运行程序

1）启动 VS，初始软件界面如图 5-1 所示，单击界面上的“创建新项目（N)”创建新项目。

图 5-1 新建 VS 项目

2）在创建项目后弹出“创建新项目”界面，如图 5-2 所示，选择“控制台应用”，单击“下一步”按钮。

3）在创建控制台程序后弹出“配置新项目”界面，如图 5-3 所示，在“项目名称（N)”文本框输入项目的名称“HelloWorld”，在“位置（L)”下选择项目存放的位置，单击“创建”按钮。

4）项目创建好后，源文件下的“HelloWorld. cpp”文件用来编辑程序，将“HelloWorld. cpp”修改成例 1-1 中的代码，如图 5-4 所示。

5）选择“调试”→“开始执行（不调试)”用来生成并运行程序。在控制台会显示如输出 5. 1 所示的结果。

图 5-2 “创建新项目”界面图示

配置新项目

控制台应用 C++ Windows 控制台

项目名称(N)

HelloWorld

位置(L)

C:\Users\123\Desktop\

解决方案名称(M)

将解决方案和项目放在同一目录中(D)

上一步(B) 创建(C)

图 5-3 “配置新项目”界面图示

输出 5.1：

```
> Hello World!
请按任意键继续...
```

2. 调试程序

集成开发环境（IDE）很重要的一个功能就是对程序进行调试，调试的步骤如下。

1）将光标定位到“puts("Hello World!")”这一行，选择“调试”→“切换断点”

```
1   // HelloWorld.cpp : 此文件包含 "main" 函数。程序执行将在此处开始并结束。
2   //
3
4   #include <iostream>
5
6   int main()
7   {
8       puts("Hello World!");
9       return 0;
10  }
11
12  // 运行程序: Ctrl + F5 或调试 >“开始执行(不调试)”菜单
13  // 调试程序: F5 或调试 >“开始调试”菜单
14
15  // 入门使用技巧:
16  //   1. 使用解决方案资源管理器窗口添加/管理文件
17  //   2. 使用团队资源管理器窗口连接到源代码管理
18  //   3. 使用输出窗口查看生成输出和其他消息
19  //   4. 使用错误列表窗口查看错误
20  //   5. 转到“项目”>“添加新项”以创建新的代码文件，或转到“项目”>“添加现有项”以将现有代码文件添加到
21  //   6. 将来，若要再次打开此项目，请转到“文件”>“打开”>“项目”并选择 .sln 文件
22
```

图 5-4　编辑 HelloWorld.cpp 文件

(F9)，在该行插入断点，如图 5-5 所示。

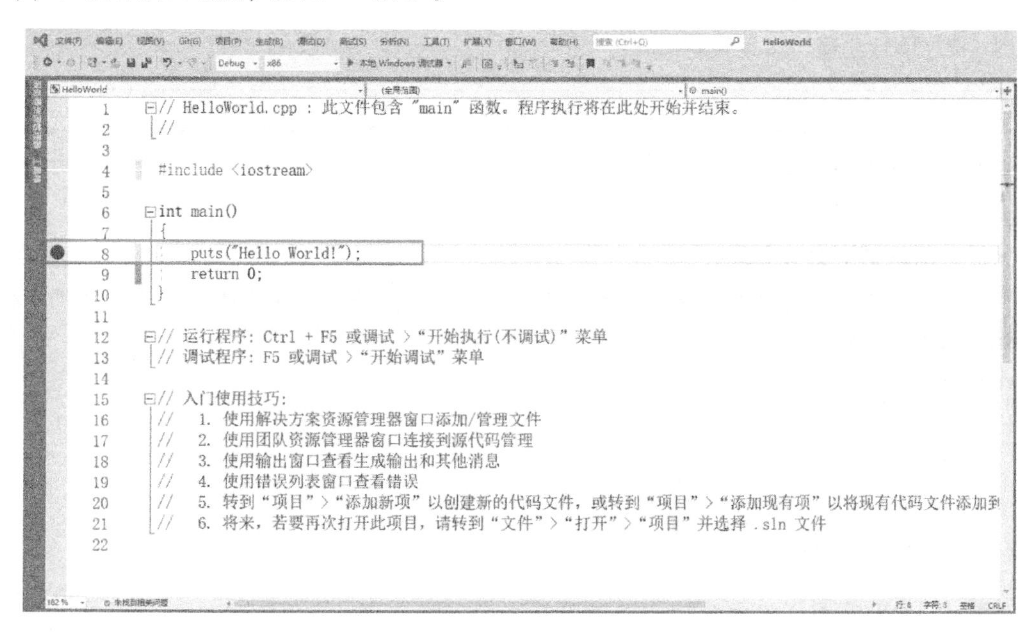

图 5-5　程序断点图示

2）选择“调试”→“开始调试（F5）”重新运行程序。由于加入了断点，程序会在断点所在的行停止执行，如图 5-6 所示。

3）继续执行程序，选择“调试”→“继续”或者在工具栏上单击“继续”按钮。

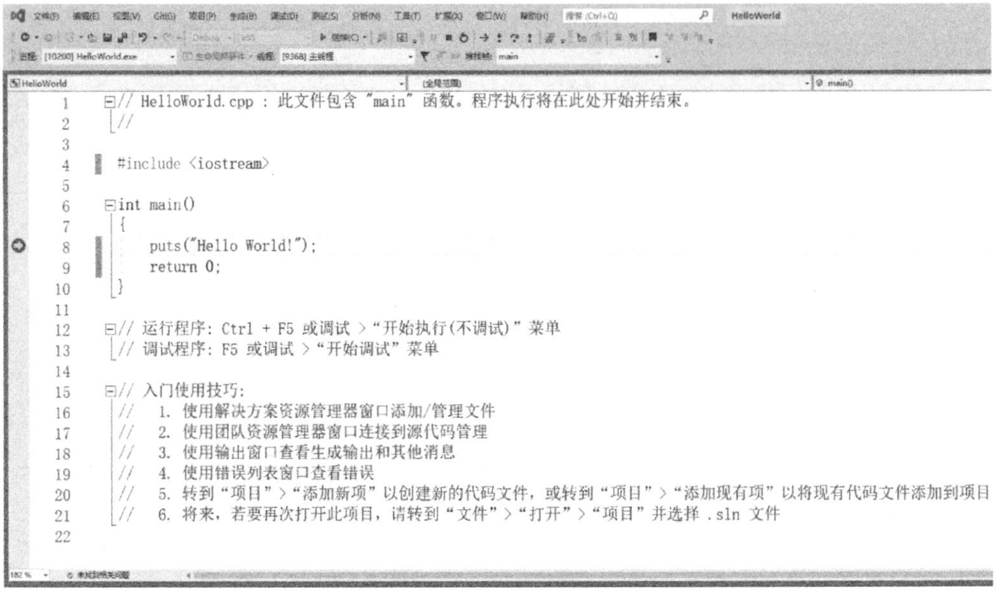

```
// HelloWorld.cpp : 此文件包含 "main" 函数。程序执行将在此处开始并结束。
//

#include <iostream>

int main()
{
    puts("Hello World!");
    return 0;
}

// 运行程序: Ctrl + F5 或调试 >“开始执行(不调试)”菜单
// 调试程序: F5 或调试 >“开始调试”菜单

// 入门使用技巧:
//   1. 使用解决方案资源管理器窗口添加/管理文件
//   2. 使用团队资源管理器窗口连接到源代码管理
//   3. 使用输出窗口查看生成输出和其他消息
//   4. 使用错误列表窗口查看错误
//   5. 转到“项目”>“添加新项”以创建新的代码文件，或转到“项目”>“添加现有项”以将现有代码文件添加到项目
//   6. 将来，若要再次打开此项目，请转到“文件”>“打开”>“项目”并选择 .sln 文件
```

图 5-6　程序在断点停止图示

三、注释

C++中的代码注释不会改变程序的执行，通过注释可以使代码变得更加有条理。例 1-2 为例 1-1 的代码添加了注释，运行结果如输出 5.2 所示。

例 1-2　单行注释与多行注释

```
/* * * * * * * * * * * * * * * * * * * * * * * * * * * * * * * * * * * *
 * 多行注释举例说明 *
 * 在结束符出现前 *
 * 所有信息都不会参与编译 *
 * * * * * * * * * * * * * * * * * * * * * * * * * * * * * * * * * * * * */
#include <iostream>
void main()
{
   //单行注释
   puts("Hello World!");//语句后面的单行注释
   //printf("本语句不会执行");
}
```

输出 5.2：

```
> Hello World!
请按任意键继续...
```

从输出结果上，可以看到最后一个 printf 没有参与编译和执行。灵活地使用注释，可以使程序具有较高的可读性。养成良好的注释习惯，不仅可以帮助自身理清思路、提高开发速度，

还能使阅读的人更加容易理解编程者的编程思路。

四、运动控制器指令函数库

1. 概述

GTS-800-PV-PCIe 运动控制器指令函数动态链接库、头文件和 lib 文件存放在产品配套的光盘资料中。运动控制器的动态链接库文件名为 gts. dll，头文件名为 gts. h，lib 文件名为 gts. lib。在 Windows 系统下，用户可以使用任何能够支持动态链接库的开发工具来开发应用程序。

GTS-800-PV-PCIe 运动控制器目前提供了 Visual C++、Visual Basic、C#、VB. NET 和 Delphi 等编程语言的动态链接库（这些动态链接库均为 C++编译，只是函数、结构体的声明因具体编译语言而异），它们的动态库文件夹分别为 VC、VB6. 0、C#、VB. NET 和 Delphi，它们的子目录包含 32bit 和 64bit 两个文件夹。其中，32bit 为使用 32 位编译器生成的动态链接库，64bit 为使用 64 位编译器生成的动态链接库。每个子文件夹包含了 single_card 和 multi_card 两个子目录，其中，single_card 为单卡库，multi_card 为多卡库。本书涉及的函数指令说明均为单卡库函数指令。

2. 指令返回值

用户在编写应用程序时，通过调用运动控制器指令来操纵运动控制器。运动控制器按照主机发送的指令工作，将执行结果反馈到主机，指示当前指令是否正确执行。指令返回值的定义见表 5-1。

表 5-1　运动控制器指令返回值定义

返回值	意义	处理方法
0	指令执行成功	无
1	指令执行错误	检查当前指令的执行条件是否满足
2	license 不支持	如果需要此功能，请与生产厂商联系
7	指令参数错误	检查当前指令输入参数的取值
8	不支持该指令	DSP 固件不支持该指令对应的功能
-1 ~ -5	主机和运动控制器通信失败	1. 是否正确安装运动控制器驱动程序 2. 检查运动控制器是否接插牢靠 3. 更换主机 4. 更换控制器 5. 运动控制器的金手指是否干净
-6	打开控制器失败	1. 是否正确安装运动控制器驱动程序 2. 是否调用了 2 次 GT_Open 指令 3. 其他程序是否已经打开运动控制器，或进程中是否还驻留着打开控制器的程序
-7	运动控制器没有响应	更换运动控制器
-8	多线程资源忙	指令在线程里执行超时才返回，有可能是 PCI 通信异常，导致指令无法及时返回

建议使用者在程序中检测每条指令的返回值，以判断指令的执行状态，并建立必要的错误处理机制，保证程序安全可靠地运行。

3. 点位运动模式

运动模式是指规划一个或多个轴运动的方式。运动控制器支持的运动模式有点位运动模式、Jog 运动模式、电子齿轮（即 Gear）运动模式和插补运动模式。本书仅以点位运动模式为例介绍运动控制器程序的编写。

（1）概述

点位运动即点到点的运动，每个轴在规划静止时都可以设置为点位运动。在点位运动模式下，各轴可以独立设置目标位置、目标速度、加速度、减速度、起跳速度、平滑时间等运动参数，能够独立运动或停止。

调用 GT_Update 指令启动点位运动以后，控制器根据设定的运动参数自动生成相应的梯形曲线速度规划，并且在运动过程中可以随时修改目标位置和目标速度。

（2）指令列表

点位运动程序用到的运动控制器指令见表 5-2，指令的详细说明见运动控制器编程手册。

表 5-2　点位运动模式指令列表

指令	说　明
GT_PrfTrap	设置指定轴为点位运动模式
GT_SetTrapPrm	设置点位运动模式下的运动参数
GT_GetTrapPrm	读取点位运动模式下的运动参数
GT_SetPos	设置目标位置
GT_GetPos	读取目标位置
GT_SetVel	设置目标速度
GT_GetVel	读取目标速度
GT_Update	启动点位运动

任务实施

一、运动控制器函数库的调用

单轴点位运动程序的编写

1. 新建基于控制台程序的 Win32 项目

1）启动 VS，单击“创建新项目（N）”创建新项目。在创建项目后弹出“创建新项目”界面，选择“控制台应用”，单击“下一步”按钮。

2）在创建控制台程序后弹出“配置新项目”界面，在“项目名称（N）”下面输入项目的名称“点位 Demo”，在“位置（L）”下选择项目存放的位置，单击“创建”按钮。

2. 添加动态链接库文件（.dll）、静态链接库文件（.lib）和头文件（.h）到项目文件

“点位 Demo”项目创建后，VS 自动在指定位置生成许多文件。将产品配套光盘 dll 文件夹中的动态链接库、头文件和 lib 文件复制到工程文件夹中，如图 5-7 所示。

注意：本任务所创建的程序是 32 位，应选择正确版本的文件。同时将前面保存的控制器配置文件 GTS800. cfg 也复制到工程文件夹中。

3. 在程序中添加头文件

如图 5-8 所示，在“点位 Demo”项目中右击“头文件”，选择“添加”→“现有项”。找到项目文件夹中的“gts. h”，单击“添加”按钮，如图 5-9 所示。

图 5-7　复制所需文件到工程文件夹

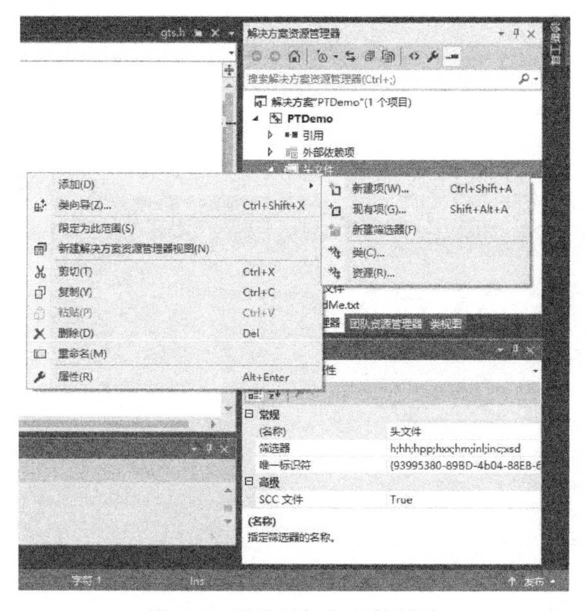

图 5-8　项目添加头文件图示

4. 在程序中添加头文件和静态链接库文件的声明

如图 5-10 所示，在应用程序中加入函数库头文件的声明，例如：#include "gts. h"。同时，在应用程序中添加包含静态链接库文件的声明，如：#pragma comment （lib," gts. lib" ）。至此，用户就可以在 Visual C++中调用运动控制器函数库中的任意函数，可开始编写运动控制程序。

二、点位运动示例程序

1）打开“点位 Demo”项目中源文件下的“点位 Demo. cpp”文件。

2）将“点位 Demo. cpp”修改成如下的点位运动程序。

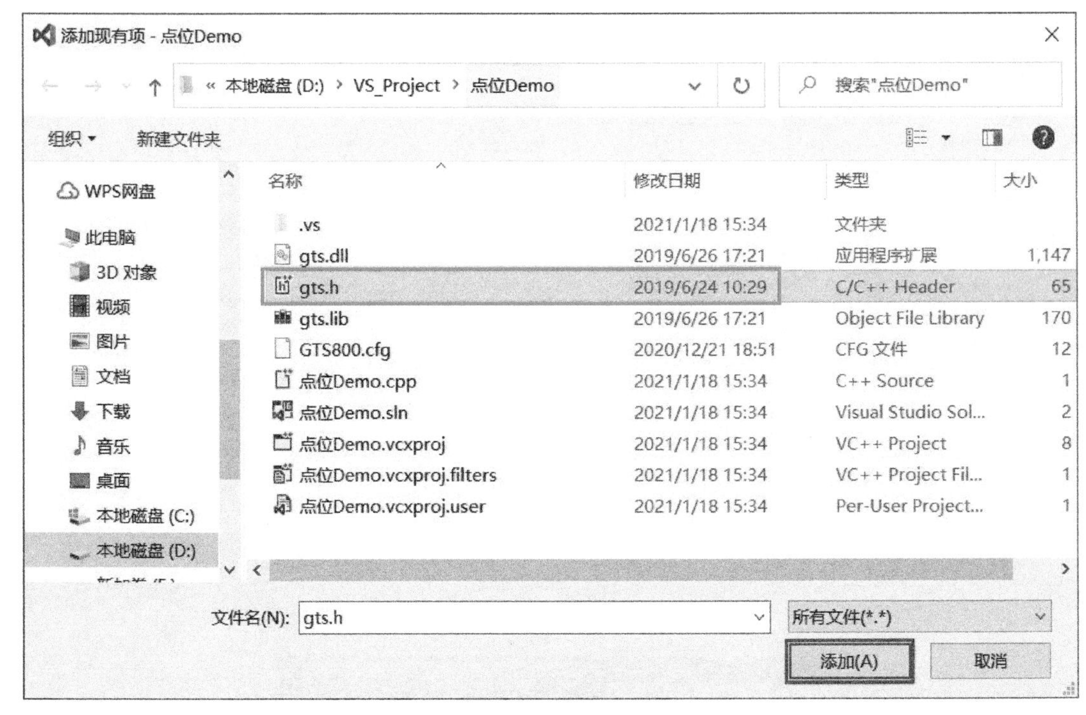

图 5-9　项目文件夹下选择、添加头文件

```
1  // 点位Demo.cpp : 此文件包含 "main" 函数。程序执行将在此处开始并结束。
2  //
3
4  #include <iostream>
5  #include "gts.h"
6
7  #pragma comment(lib,"gts.lib")
8
9  int main()
10 {
11
12 }
13
14 // 运行程序: Ctrl + F5 或调试 >“开始执行(不调试)”菜单
15 // 调试程序: F5 或调试 >“开始调试”菜单
16
17 // 入门使用技巧:
18 //   1. 使用解决方案资源管理器窗口添加/管理文件
19 //   2. 使用团队资源管理器窗口连接到源代码管理
20 //   3. 使用输出窗口查看生成输出和其他消息
21 //   4. 使用错误列表窗口查看错误
22 //   5. 转到“项目”>“添加新项”以创建新的代码文件，或转到“项目”>“添加现有项”以将现有代码文件添加到项目
23 //   6. 将来，若要再次打开此项目，请转到“文件”>“打开”>“项目”并选择 .sln 文件
```

图 5-10　应用程序中添加头文件和静态链接库文件声明

```
#include 〈iostream〉                   //头文件预编译
#include "gts. h"                      //运动控制卡函数库头文件的声明
#pragma comment (lib,"gts. lib")       //静态链接文件的声明

#define AXIS   1                       // 定义轴号
```

```
// 该函数检测某条 GT 指令的执行结果,command 为指令名称,error 为指令执行返回值
void commandhandler(char * command, short error)
{
  // 如果指令执行返回值为非 0,说明指令执行错误,向控制台输出错误结果
  if(error)
  {
    printf("%s = %d\n",command, error);
  }
}

int main(int argc, char * argv[])
{
  short sRtn;                                  //定义返回值,用以检测指令是否正常进行
  TTrapPrm trap;                               //声明点位运动参数
  long sts;                                    //声明轴状态参数
  double prfPos;                               //声明轴的规划位置参数

  sRtn = GT_Open();                            // 打开运动控制器
  sRtn = GT_Reset();                           // 复位运动控制器
  sRtn = GT_LoadConfig("GTS800.cfg");          // 加载运动控制器配置文件
  commandhandler("GT_LoadConfig", sRtn);
  sRtn = GT_ClrSts(1, 1);                      // 清除 1 轴的报警和限位
  commandhandler("GT_ClrSts", sRtn);
  sRtn = GT_AxisOn(AXIS);                      // 伺服使能
  commandhandler("GT_AxisOn", sRtn);
  sRtn = GT_ZeroPos(AXIS);                     // 位置清零
  sRtn = GT_PrfTrap(AXIS);                     // 将 AXIS 轴设为点位模式
  // 读取点位运动参数(需要读取所有运动参数到上位机变量)
  sRtn = GT_GetTrapPrm(AXIS, &trap);
  // 设置需要修改的运动参数
  trap.acc = 0.25;
  trap.dec = 0.125;
  trap.smoothTime = 25;
  sRtn = GT_SetTrapPrm(AXIS, &trap);           // 设置点位运动参数
  sRtn = GT_SetPos(AXIS, 30000L);              // 设置 AXIS 轴的目标位置
  sRtn = GT_SetVel(AXIS, 20);                  // 设置 AXIS 轴的目标速度

  // 启动 AXIS 轴的运动
  sRtn = GT_Update(1<<(AXIS-1));
  commandhandler("GT_Update", sRtn);
```

```
	do
	{
		sRtn = GT_GetSts(AXIS, &sts);              // 读取 AXIS 轴的状态
		sRtn = GT_GetPrfPos(AXIS, &prfPos);        // 读取 AXIS 轴的规划位置
	//将轴状态变量和规划位置参数的值输出至屏幕
		printf("sts=0x%-10lxprfPos=%-10.1lf\r", sts, prfPos);
	} while(sts&0x400);                            // 等待 AXIS 轴规划停止

	sRtn = GT_AxisOff(AXIS);                       // 伺服关闭
	printf("\nGT_AxisOff()=%d\n", sRtn);
	return 0;
}
```

3）确认将要进行点位运动的轴目前所处的位置，修正程序 sRtn=GT_SetPos（AXIS，30000L）这一行中的目标位置参数，确保轴运动后不会发生碰撞。

4）选择“调试”→“开始执行（不调试）”生成并运行程序。轴运行到目标位置后停止，并将轴状态变量和规划位置参数的值输出至控制台。

任务 5.2 综合供料系统搬运操作

任务引入

系统机械电气介绍

某工厂搭建的综合供料系统如图 5-11 所示，其动作包括供料、输送和搬运三个部分。要完成物料的搬运，需要了解其工艺流程以及每一步动作的判定条件。本任务具体要求如下：

熟悉现有的软件界面，了解综合供料系统的工艺流程，学会测定物料搬运过程中特征点的坐标，能利用现有的软件实现物料的搬运。

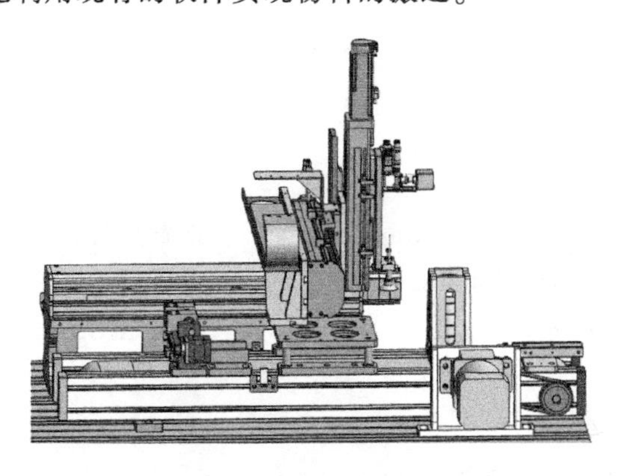

图 5-11　综合供料系统结构

相关知识

一、综合供料系统机械电气介绍

1. 气动回路

综合供料系统机械部分的气动回路如图 5-12 所示，主要包括推料气缸和真空吸盘的气动回路。

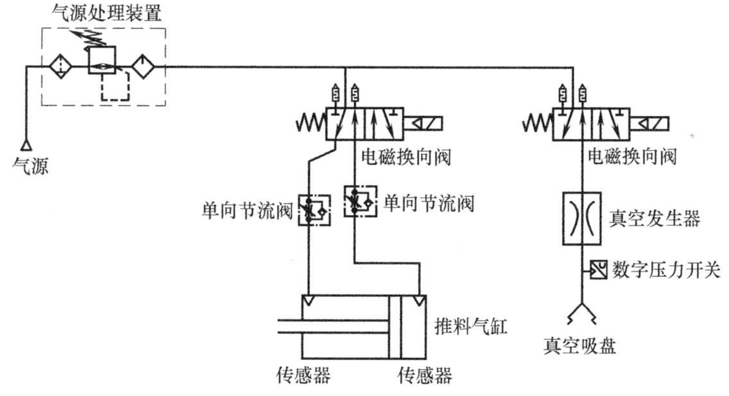

图 5-12　综合供料系统气动原理图

2. 主要电路图

1）综合供料系统总电源路接线如图 5-13 所示。

2）综合供料系统急停电路接线如图 5-14 所示。

3）综合供料系统伺服电源控制电路接线如图 5-15 所示。

4）综合供料系统控制框图如图 5-16 所示。

5）综合供料系统电磁换向阀电路接线如图 5-17 所示。

6）插线面板数字量输入电路接线如图 5-18 所示。

二、综合供料系统程序界面

系统软件使用和特征点测量

综合供料系统程序界面主要分为主界面和 4 个子界面。4 个子界面分别是单轴运动界面、回零界面、物料搬运操作界面和示教界面。其中单轴运动界面又包括点位运动和 Jog 运动（点动）两个子界面。接下来对各个界面的基本功能进行介绍。

1. 主界面

如图 5-19 所示，主界面分为子界面显示区和状态显示区。上半部分为子界面显示区，当切换不同子界面时，显示区域会显示不同子界面的内容；下半部分为状态显示区，包括轴状态显示、IO 指示灯显示和 4 个按钮。其中，轴状态显示包括 XYZ 三轴及定位电动机轴的使能信号、正负限位和伺服报警信号；IO 指示灯可以对推料气缸 0 位及 1 位检测传感器、料仓检测传感器 1 及传感器 2、流水线来料检测传感器的触发状态进行显示；4 个按钮可实现气缸推料、复位、真空电磁阀打开、关闭的功能。

2. 单轴运动界面

单轴运动界面如图 5-20 所示，主要实现单轴的点位运动和 Jog 运动（点动），包含选择轴号、轴使能、轴参数设置、启动运动、停止运动和清除轴状态的功能。界面左侧在选择对应运

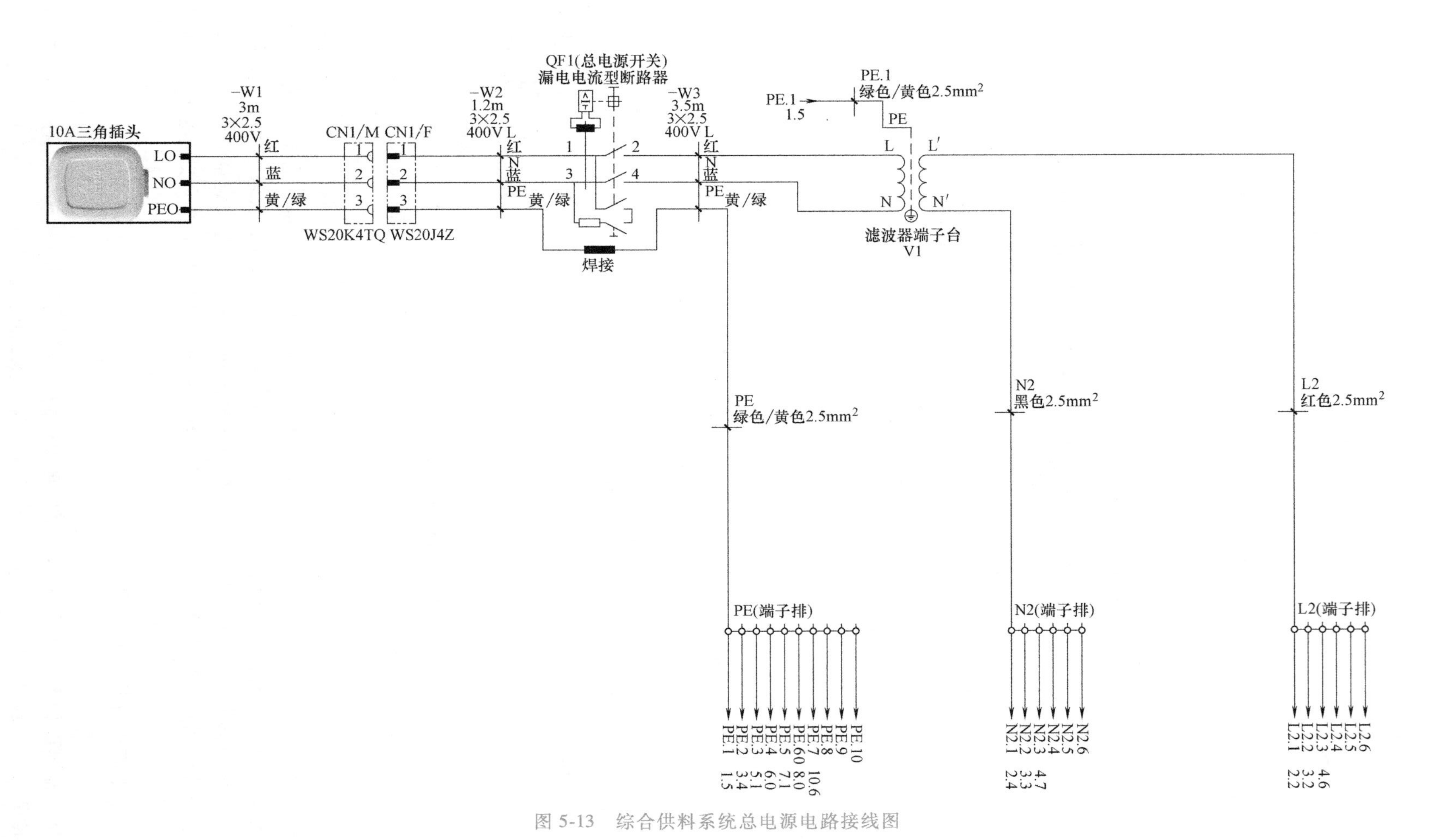

图 5-13 综合供料系统总电源电路接线图

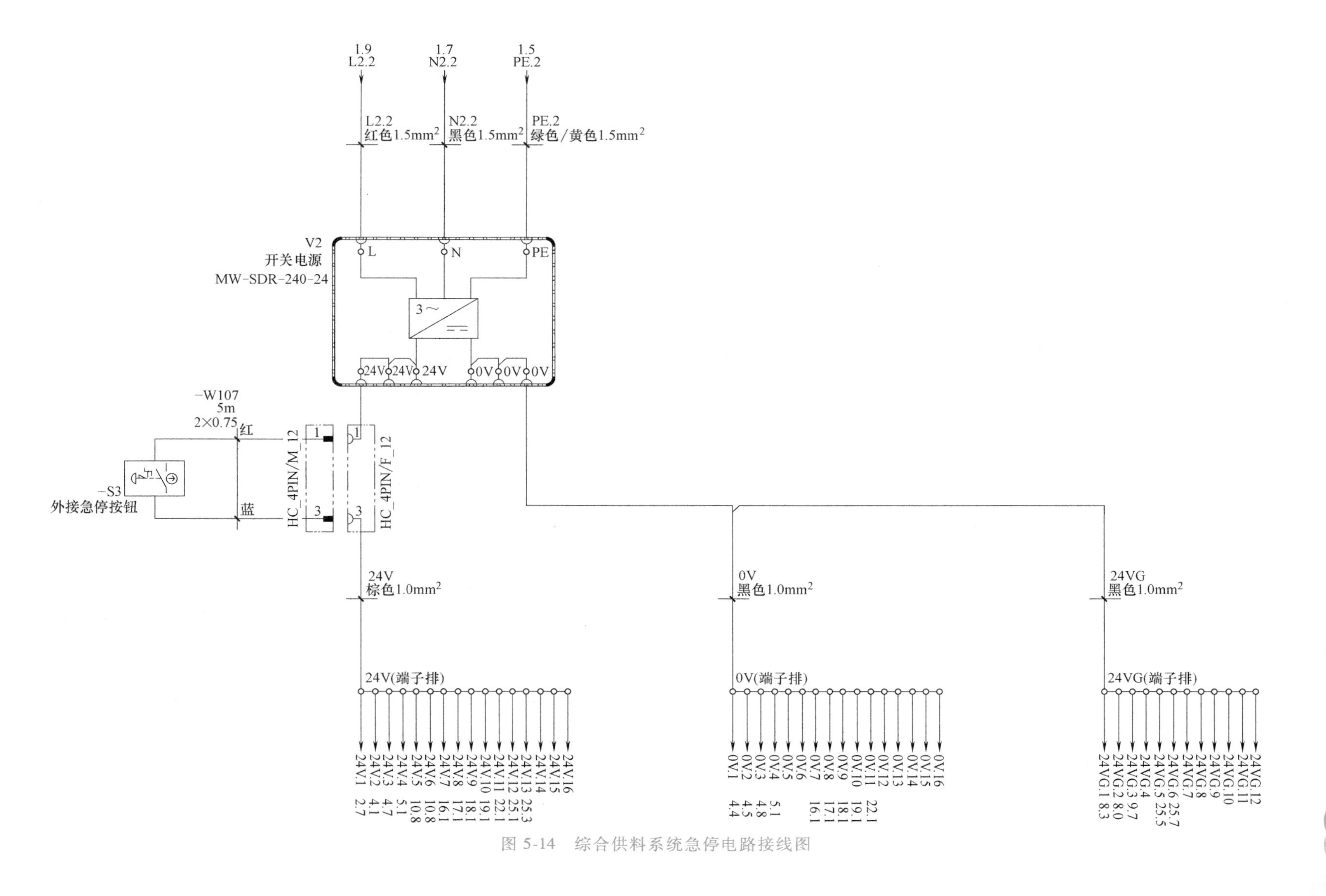

图 5-14 综合供料系统急停电路接线图

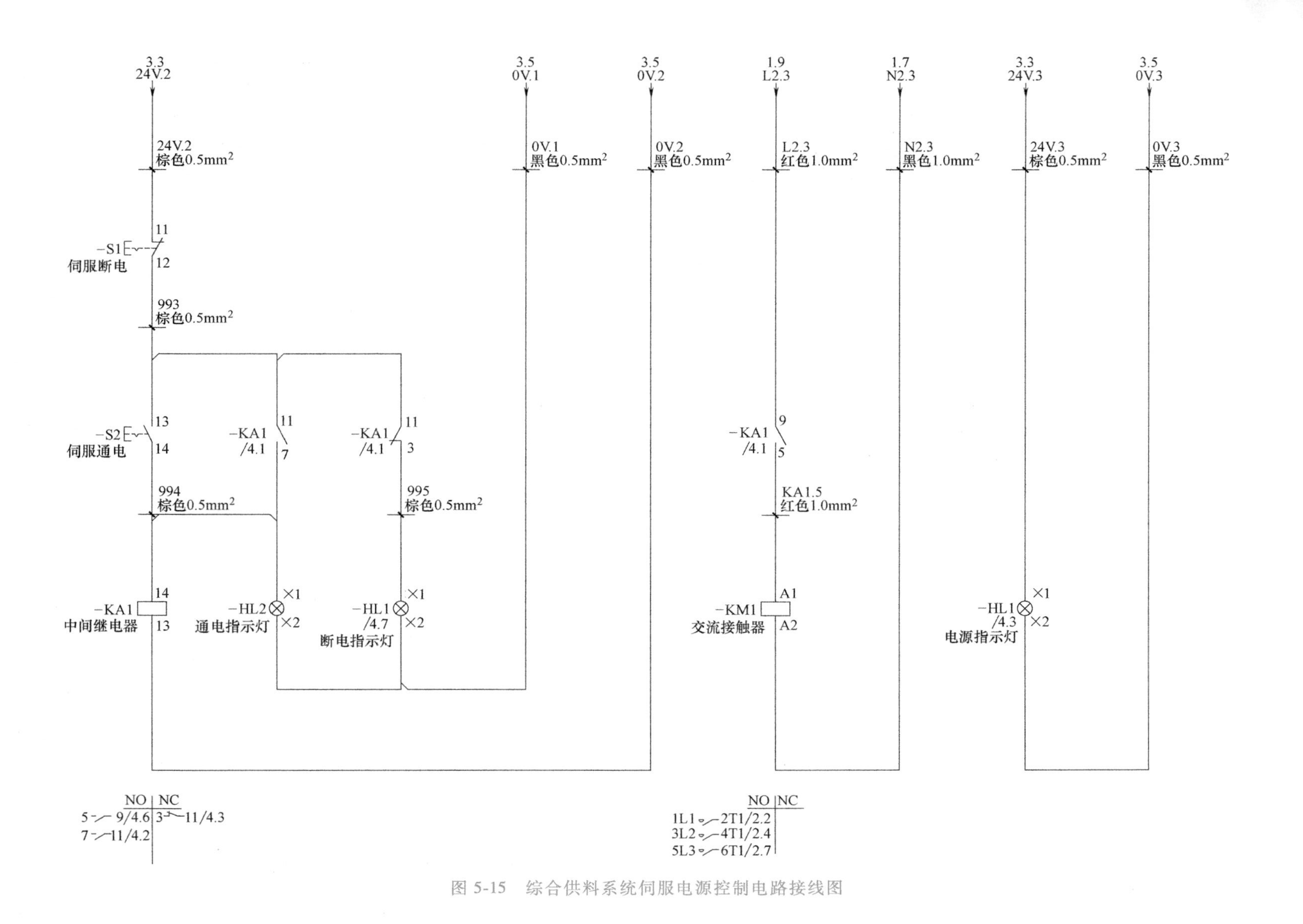

图 5-15 综合供料系统伺服电源控制电路接线图

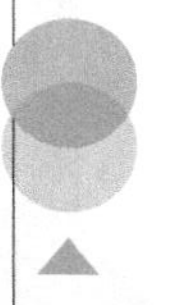

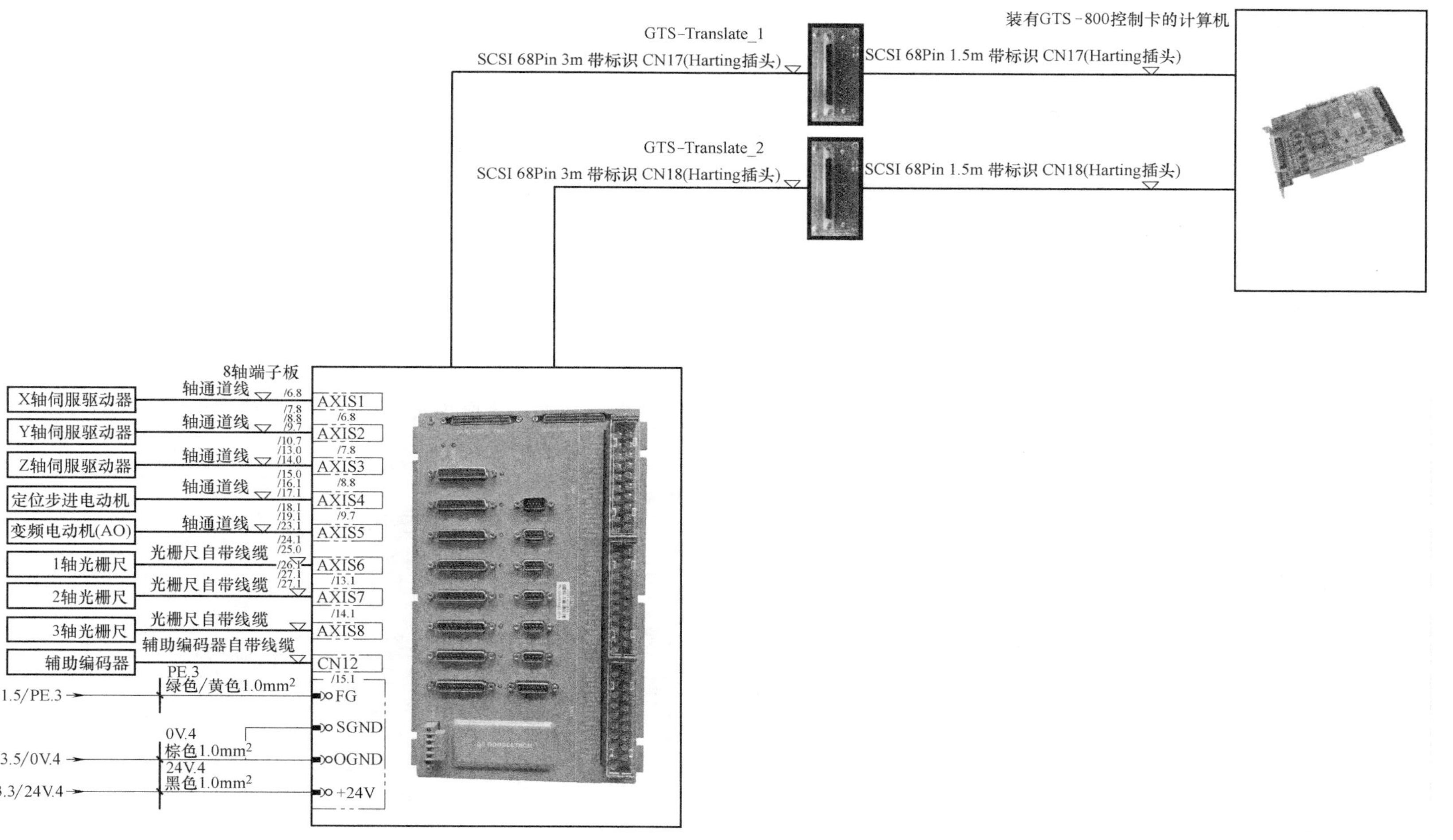

图 5-16 综合供料系统控制框图

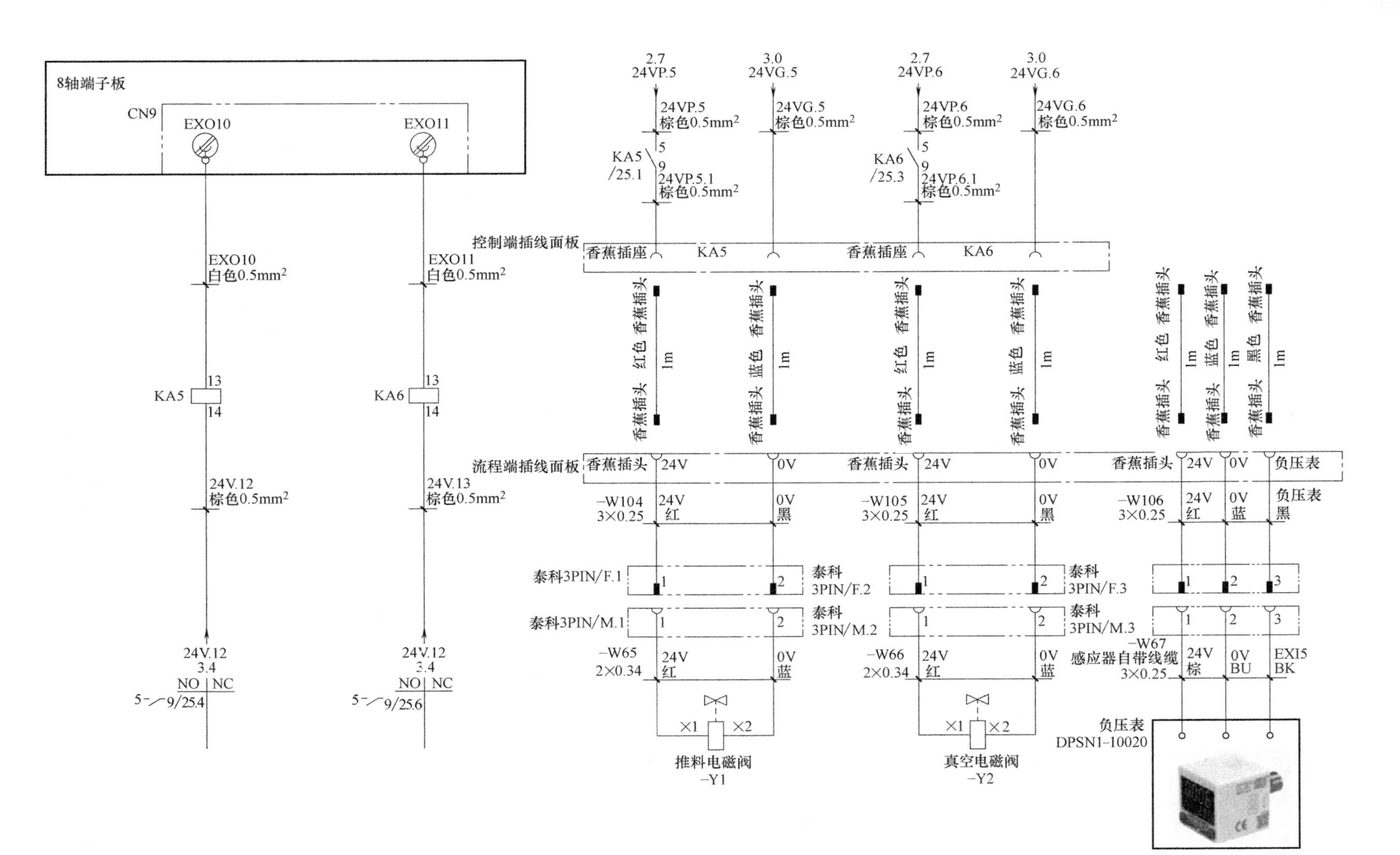

图 5-17　综合供料系统电磁换向阀电路接线图

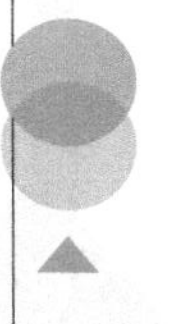

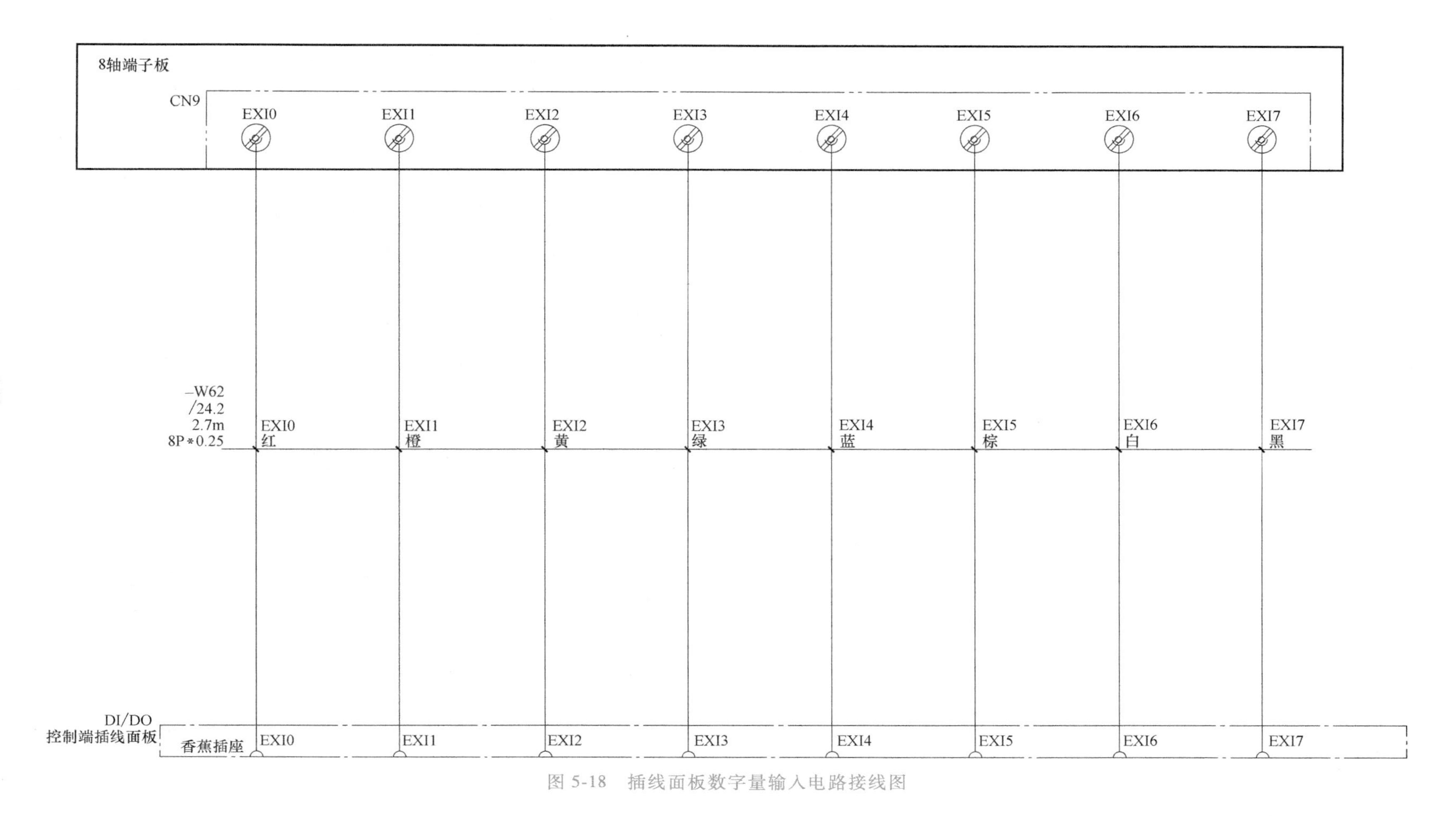

图 5-18　插线面板数字量输入电路接线图

动轴号后，才能设定该轴伺服使能。界面右侧为点位运动子界面，用来设置各轴点位运动的位置和速度参数；在轴伺服使能后可单击“启动运动”按钮启动轴的点位运动；“停止运动”按钮用来停止对应轴的运动并关闭使能信号。

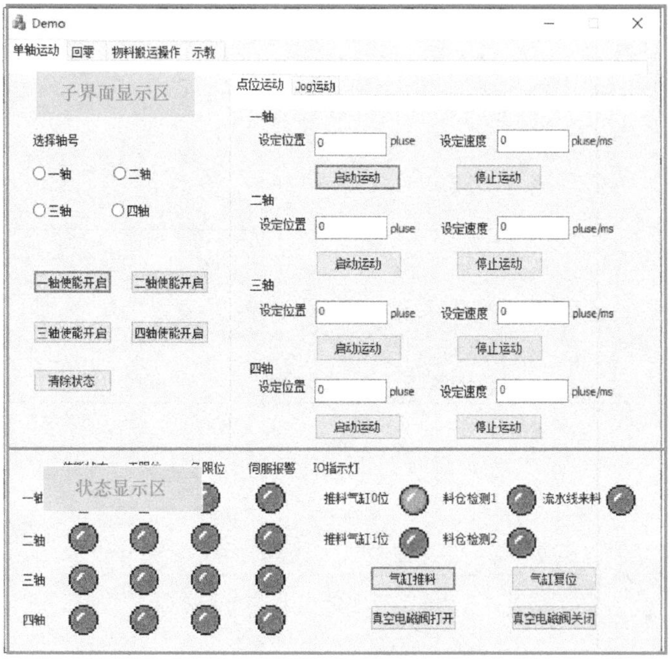

图 5-19　程序主界面

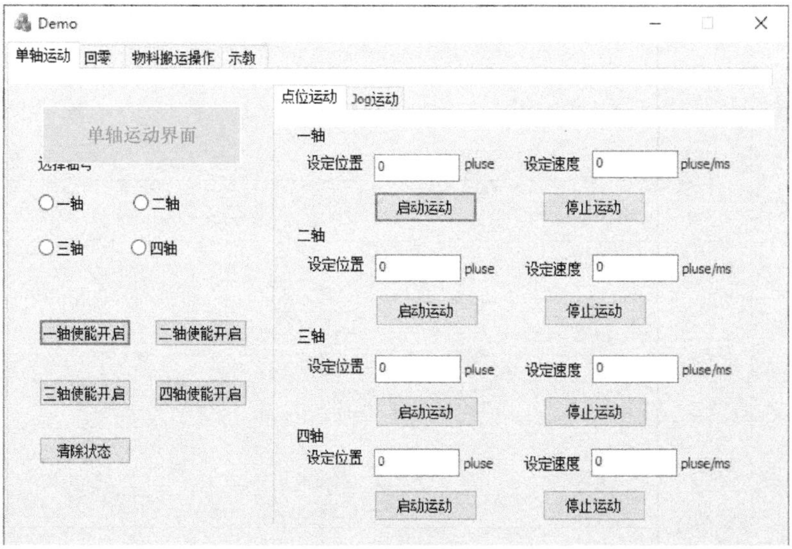

图 5-20　单轴运动界面

在单轴运动界面进行子界面的切换，可切换至 Jog 运动（点动）子界面，可以设置各轴 Jog 运动的速度参数。当轴伺服使能时，按下“正向运动”或“负向运动”按钮，轴会沿正/负方向运动，松开按钮后，轴停止运动。在运动结束后，单击“使能关闭”按钮可关闭对应轴的使能信号。

3. 回零界面

回零界面如图 5-21 所示，主要实现 XYZ 三轴模组以及定位电动机的回零动作。界面包含选择轴号、伺服使能、启动回零、清除状态和位置清零功能。XYZ 模组采用“限位+Home”的回零方式，定位电动机采用限位回零。

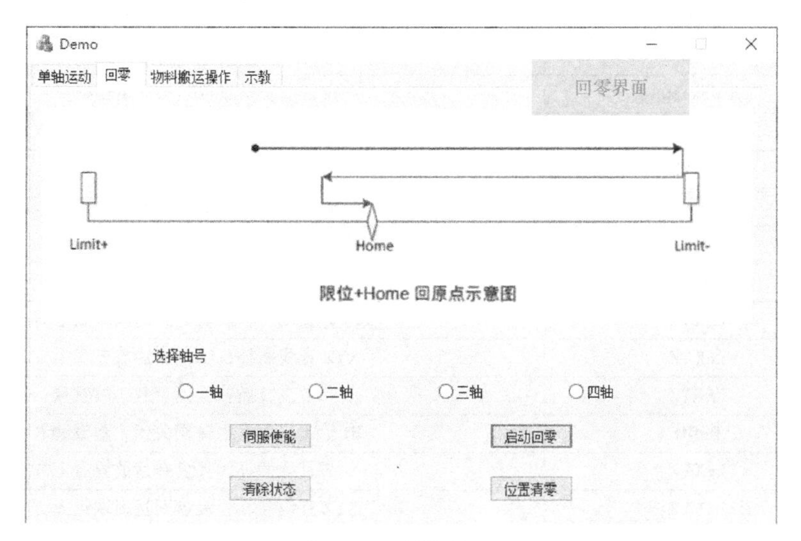

图 5-21　回零界面

在实践操作时，为保证回零过程的安全性，应先使定位电动机回零，然后三轴模组回零。XYZ 三轴模组的回零顺序应为 Z 轴回零→Y 轴回零→X 轴回零。在选定轴号后，单击“伺服使能”按钮，轴使能，此时单击“启动回零”按钮，轴开始回零动作。当四个轴的回零均完成后，应单击“清除状态”和“位置清零”按钮进行轴状态清除和位置清零。

4. 物料搬运操作界面

物料搬运操作界面如图 5-22 所示，主要实现单个物料的搬运，包含填写参数、伺服使能、运行和停止的功能。在实现单个物料搬运操作前，需要将各个参数填入界面的表格中，指令描述见表 5-3。

Demo

单轴运动　回零　物料搬运操作　示教

指令类型	目标点X	目标点Y	目标点Z	描述
BufIO				IO输出，气缸推料
Delay				延时，保证气缸完全推出，单位：ms
BufIO				IO输出，气缸复位
BufIO				等待流水线来料检测，执行下一步
stepMotorMove				定位电动机点位运动，定位物料
LnXYZ				XYZ直线插补，吸盘到达抓取点上方
LnXYZ				XYZ直线插补，吸盘到达抓取点
BufIO				IO输出，真空电磁阀打开，吸盘吸气
Delay				延时，等待物料抓取完成，单位：ms
stepMotorMove				定位电动机点位运动，回零位
LnXYZ				XYZ直线插补，吸盘到达抓取点上方
LnXYZ				XYZ直线插补，吸盘到达放置点上方
LnXYZ				XYZ直线插补，吸盘到达放置点
BufIO				IO输出，真空电磁阀关闭，放置物料
LnXYZ				XYZ直线插补，吸盘到达放置点上方
LnXYZ				XYZ直线插补，吸盘到达抓取点上方

伺服使能　运行　停止

图 5-22　单次物料搬运操作界面

表 5-3　物料搬运操作界面指令描述

序号	步骤指令	描　述
1	BufIO	IO 输出，气缸推料
2	Delay	延时，保证气缸完全推出，单位：ms
3	BufIO	IO 输出，气缸复位
4	BufIO	等待流水线来料检测，执行下一步
5	stepMotorMove	定位电动机点位运动，定位物料
6	LnXYZ	XYZ 直线插补，吸盘到达抓取点上方
7	LnXYZ	XYZ 直线插补，吸盘到达抓取点
8	BufIO	IO 输出，真空电磁阀打开，吸盘吸气
9	Delay	延时，等待物料抓取完成，单位：ms
10	stepMotorMove	定位电动机点位运动，回零位
11	LnXYZ	XYZ 直线插补，吸盘到达抓取点上方
12	LnXYZ	XYZ 直线插补，吸盘到达放置点上方
13	LnXYZ	XYZ 直线插补，吸盘到达放置点
14	BufIO	IO 输出，真空电磁阀关闭，放置物料
15	LnXYZ	XYZ 直线插补，吸盘到达放置点上方
16	LnXYZ	XYZ 直线插补，吸盘到达抓取点上方

在参数填写完成后，单击“伺服使能”按钮，四个轴使能开启，再单击“运行”按钮后开始单个物料的搬运。在搬运完成，运动结束后，可单击“停止”按钮停止轴的运动并关闭使能信号。

5. 示教界面

示教界面如图 5-23 所示，主要实现物料搬运的示教操作，包含特征点参数填写、多轴使能、示教启动、运动停止、清除状态和位置清零的功能。首先通过变频器面板使流水线开始运动，在料仓放置四块物料，再在表格中填写特征点坐标参数，单击“多轴使能”按钮打开 XYZ 三轴和定位电动机轴的使能信号，再单击“示教启动”按钮，开始物料搬运。当轴停止运动后，物料搬运完成，单击“运动停止”按钮可关闭轴的使能信号。最后，单击“清除状态”和“位置清零”按钮可清除轴状态和位置数据。

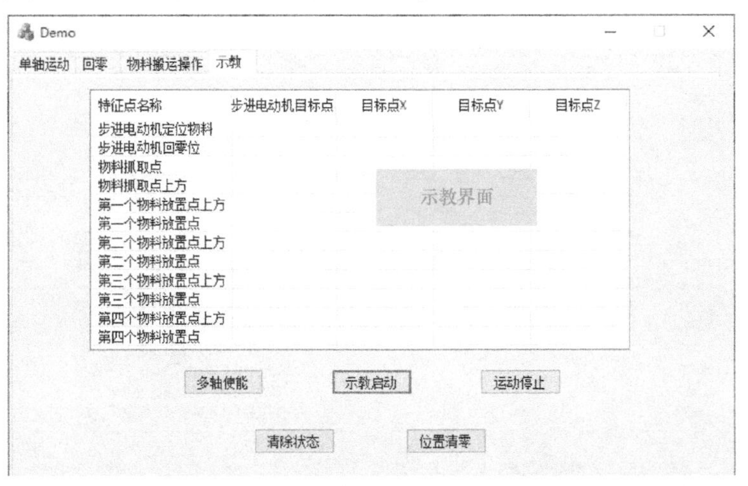

图 5-23　示教界面

三、流程图

物料搬运的流程图如图 5-24 所示。

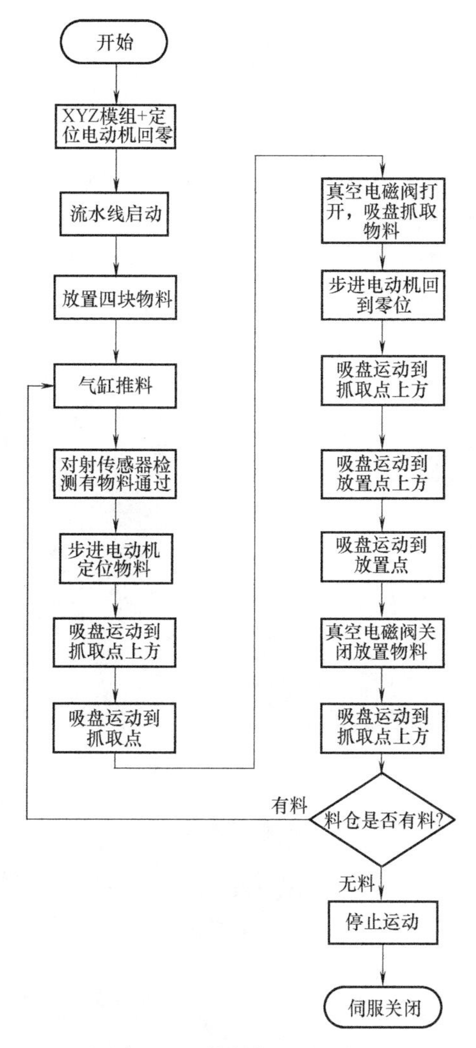

图 5-24　物料搬运流程图

四、物料搬运过程中的特征点坐标测定

每次物料搬运过程都需要知道定位电动机定位物料的坐标点和末端吸盘经过的四个坐标点，如图 5-25 所示，以保证抓取过程的完成及其安全性。

由图 5-25 中可以看出，物料搬运过程中的特征点坐标包括步进电动机定位物料点的坐标、物料放置点上方的坐标、物料抓取点的坐标、物料放置点上方的坐标和物料放置点的坐标。其中物料放置点上方的坐标和物料放置点的坐标根据放置点的不同而不同。在进行物料搬运操作之前首先要测定上述五个特征点的坐标，在后续搬运操作和示教时可以直接将测定得到的位置脉冲数进行应用。

1. 步进电动机定位物料坐标点的测定

如图 5-26 所示，对射传感器检测到流水线来料后，步进电动机需要定位物料，等待吸盘的抓取。为保证能定位物料，步进电动机初始位置应位于流水线的一侧，如图 5-26 所示，将该点定义为步进电动机的零位。因此，需要测定步进电动机定位物料点的坐标，即从零位运动到定位物料点所需要的位置脉冲数。

（1）定位电动机回零位

切换至回零界面，选择轴号为“四轴”，然后依次单击“伺服使能”→“启动回零”，定位电动机开始回零位，回零完成后会弹出“回零成功”的界面提示，如图 5-27 所示。

（2）轴使能

切换至单轴运动界面，选择轴号为“四轴”，单击“四轴使能开启”按钮。

（3）记录从零点到定位物料点的脉冲数

在点位运动子界面设定速度为“5”，尝试设定不同的“设定位置”参数，当设定的参数刚好能保证定位电动机从零位到达物料定位点（图 5-28）时，记录该参数。

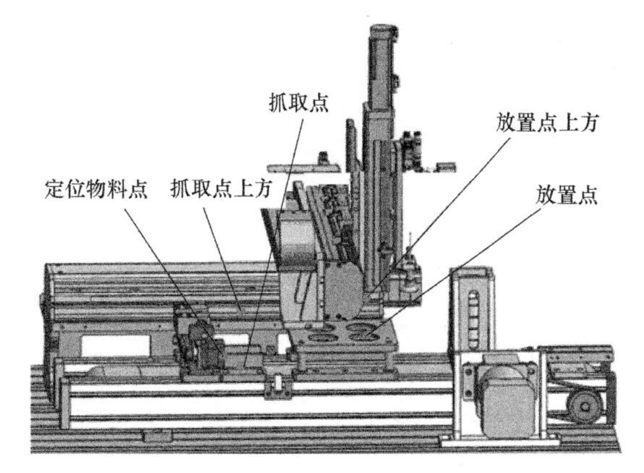

图 5-25 物料搬运的各特征点图示

图 5-26 定位电动机零位图示

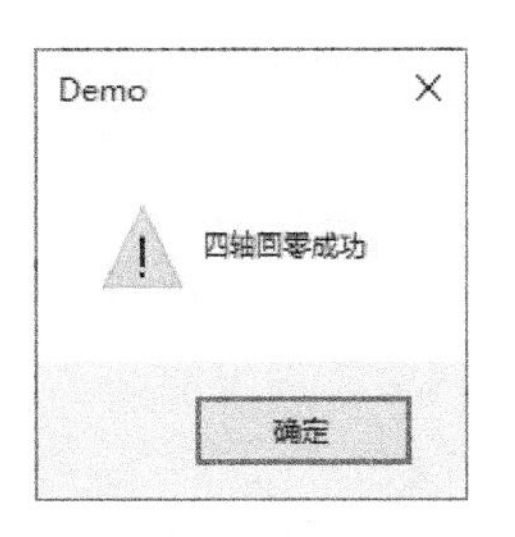

图 5-27 回零成功提示

图 5-28 物料定位点图示

2. 物料搬运过程中特征点坐标的测定

由图 5-25 可以看出，每搬运一次物料吸盘需要经历零位→物料抓取点上方→物料抓取点→物料抓取点上方→物料放置点上方→物料放置点→物料放置点上方→物料抓取点上方的过程。因此，每搬运一次物料需要提前测定四个特征点相对于零位的坐标。特征点的坐标是通过测量末端吸盘从零位运动到特征点，XYZ 三轴需要运动的脉冲数得到的。以吸盘从零位运动到物料抓取点为例，说明测定的过程。

1）Z 轴→Y 轴→X 轴依次回零位。由于 XYZ 三轴编码器均为增量式编码器，因此特征点

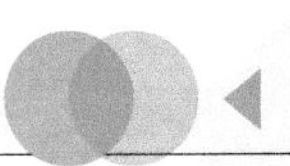

的坐标以零位作为零点基准。为了避免定位电动机对特征点测定过程的影响，首先使定位电动机回零位，然后对三轴进行回零操作。打开“回零界面”，选择轴号为“三轴”，单击“伺服使能”按钮，再单击“启动回零”按钮，三轴开始回零，当其回零完成后会弹出“三轴回零成功”的提示。按照上述操作分别完成二轴、一轴的回零。

2）XYZ 三轴点位运动参数的测定。切换至单轴运动界面，按照“选择轴号”→“轴使能开启”→填写“设定位置”参数→填写“设定速度”参数→“启动运动”的步骤分别实现三轴的点位运动，如图 5-29 所示，使得吸盘末端运动到抓取点。

图 5-29 吸盘运动到抓取点图示

3）记录 XYZ 三轴从零位到抓取点的位置脉冲数。经过多次测定后，记录 XYZ 三轴从零位运动到抓取点需要的位置脉冲数。

4）按照上述步骤测定吸盘从零位分别运动到物料放置点、物料放置点上方、物料抓取点上方所需要的位置脉冲数。

任务实施

以搬运物料至第一个物料放置点为例，单次搬运物料的操作如下：

单次物料的
搬运操作

一、XYZ 模组+定位电动机回零位

切换至“回零”界面，首先对定位电动机进行回零，选择“四轴”，单击“伺服使能”按钮，轴使能，再单击“启动回零”按钮，定位电动机开始回零，当完成回零后会弹出“回零成功”的界面提示。按照“选择轴号”→“伺服使能”→“启动回零”的顺序，依次将 Z 轴、Y 轴、X 轴回零。

二、清除状态，位置清零

在回零完成后，先后单击“清除状态”和“位置清零”按钮。

三、放置物料

往料仓放置一块物料，此时主界面的“料仓检测 1”“料仓检测 2”指示灯亮，推料气缸处于 0 位，如图 5-30 所示。

四、流水线运行

操作变频器，使流水线开始运行。

五、填写延时和特征点坐标参数

设定两次延时时间，并将测定的特征点坐标填入表格，如图 5-31 所示。注意每台设备的特征点值存在差异，需要重新测量，不可直接使用图 5-30 中的数据。

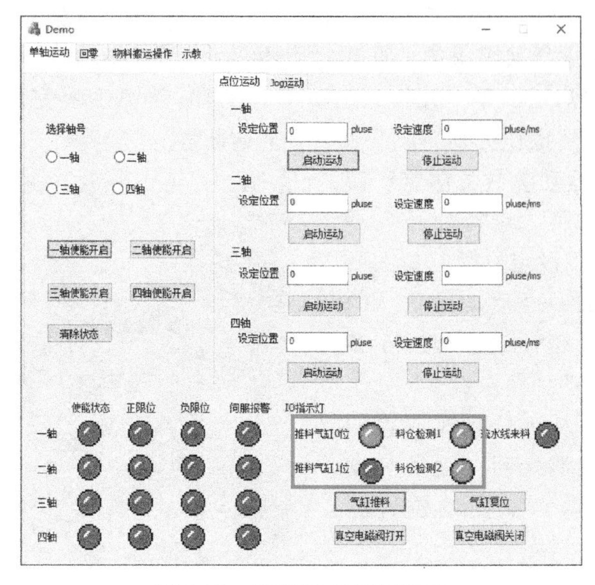

图 5-30　界面 IO 指示灯显示

Demo

单轴运动　回零　物料搬运操作　示教

指令类型	目标点X	目标点Y	目标点Z	描述
BufIO				IO输出，气缸推料
Delay	1000			延时，保证气缸完全推出，单位：ms
BufIO				IO输出，气缸复位
BufIO				等待流水线来料检测，执行下一步
stepMotorMove	8000			定位电动机点位运动，定位物料
LnXYZ	34189	-114928	0	XYZ直线插补，吸盘到达抓取点上方
LnXYZ	34189	-114928	-170931	XYZ直线插补，吸盘到达抓取点
BufIO				IO输出，真空电磁阀打开，吸盘吸气
Delay	500			延时，等待物料抓取完成，单位：ms
stepMotorMove	-8000			定位电动机点位运动，回零位
LnXYZ	34189	-114928	0	XYZ直线插补，吸盘到达抓取点上方
LnXYZ	-126387	-124075	0	XYZ直线插补，吸盘到达放置点上方
LnXYZ	-126387	-124075	-36013	XYZ直线插补，吸盘到达放置点
BufIO				IO输出，真空电磁阀关闭，放置物料
LnXYZ	-126387	-124075	0	XYZ直线插补，吸盘到达放置点上方
LnXYZ	34189	-114928	0	XYZ直线插补，吸盘到达抓取点上方

伺服使能　运行　停止

图 5-31　参数填写

六、伺服使能，开始搬运

参数填写完成后，单击“伺服使能”按钮，再单击“运行”按钮，物料搬运开始。

七、物料搬运完成，运行停止

物料搬运完成后，末端吸盘回到抓取点上方的位置，单击“停止按钮”，轴使能信号关闭。

八、回零位

将 XYZ 模组和定位电动机重新回零位。

拓展知识 物料搬运程序的示教

物料搬运的示教再现是通过在示教界面单击按钮实现的，流程如图 5-32 所示。首先将测定的搬运四次物料过程中的特征点坐标在界面中进行填写，如图 5-33 所示。再单击“多轴使能”按钮，然后单击“示教启动”按钮，开始实现物料的搬运，等到四个物料搬运完成后，单击“停止”按钮，示教完成。

物料搬运系统的示教

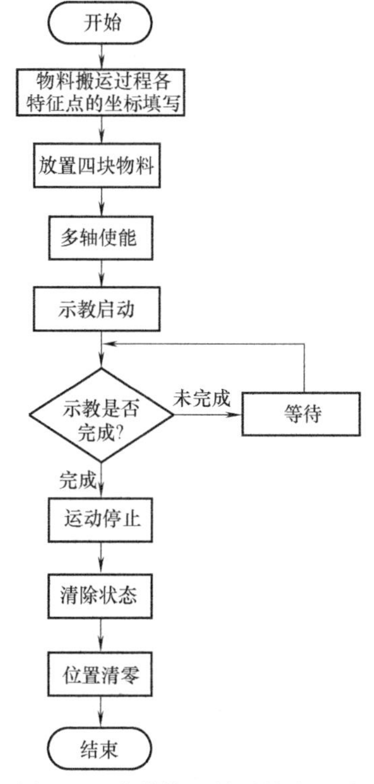

图 5-32 物料搬运的示教流程图

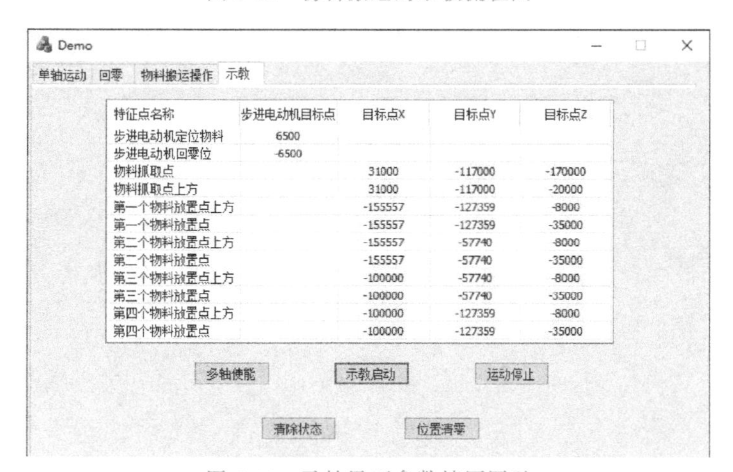

特征点名称	步进电动机目标点	目标点X	目标点Y	目标点Z
步进电动机定位物料	6500			
步进电动机回零位	-6500			
物料抓取点		31000	-117000	-170000
物料抓取点上方		31000	-117000	-20000
第一个物料放置点上方		-155557	-127359	-8000
第一个物料放置点		-155557	-127359	-35000
第二个物料放置点上方		-155557	-57740	-8000
第二个物料放置点		-155557	-57740	-35000
第三个物料放置点上方		-100000	-57740	-8000
第三个物料放置点		-100000	-57740	-35000
第四个物料放置点上方		-100000	-127359	-8000
第四个物料放置点		-100000	-127359	-35000

图 5-33 示教界面参数填写图示

参考文献

[1] 王珏翎. 气动与液压传动 [M]. 北京：机械工业出版社，2017.

[2] 谢蒂，科尔克. 机电一体化系统设计 [M]. 薛建彬，朱如鹏，译. 北京：机械工业出版社，2018.

[3] 师汉民，黄其柏. 机械振动系统：分析·建模·测试·对策　上册 [M]. 武汉：华中科技大学出版社，2013.

[4] 熊田忠. 运动控制技术与应用 [M]. 北京：中国轻工业出版社，2018.

[5] 基洛卡. 工业运动控制：电动机选择、驱动器和控制器应用 [M]. 尹泉，王庆义，等译. 北京：机械工业出版社，2018.

[6] 张雲枫，韩建海，李向攀，等. 气动轻量型机械臂伺服控制系统和碰撞检测方法研究 [J]. 液压与气动，2019 (3)：80-86.

[7] 米凯利斯. C# 7.0 本质论 [M]. 周靖，译. 北京：机械工业出版社，2019.